# 수학, 생각의 기술 ⓊⓅ

# 수학, 생각의 기술 UP

1판 1쇄 발행 2015. 4. 20.
1판 10쇄 발행 2022. 5. 26.
개정판 1쇄 발행 2023. 1. 10.
개정판 3쇄 발행 2024. 6. 17.

지은이 박종하

발행인 박강휘
편집 김애리 디자인 유향주 마케팅 윤준원 홍보 이태린·반재서
발행처 김영사
등록 1979년 5월 17일(제406-2003-036호)
주소 경기도 파주시 문발로 197(문발동) 우편번호 10881
전화 마케팅부 031)955-3100, 편집부 031)955-3200 | 팩스 031)955-3111

값은 뒤표지에 있습니다.
ISBN 978-89-349-6615-9  03410

홈페이지 www.gimmyoung.com       블로그 blog.naver.com/gybook
인스타그램 instagram.com/gimmyoung   이메일 bestbook@gimmyoung.com

좋은 독자가 좋은 책을 만듭니다.
김영사는 독자 여러분의 의견에 항상 귀 기울이고 있습니다.

# 수학, 생각의 기술 UP

박종하 지음

김영사

## 차례

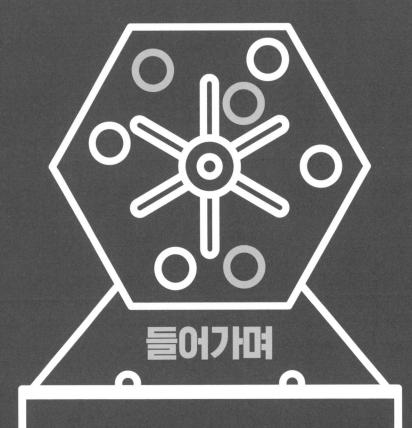

들어가며

수학으로 생각하다

# $f_x$ 수학으로 생각하다

"영어를 왜 배우죠?" 또는 "화학을 왜 배워요?" 이런 질문을 들어보셨습니까? 저는 들은 적이 없는 것 같습니다. 하지만 "수학을 왜 배워요?"라는 질문은 자주 들었습니다. 전혀 쓸모없어 보이는데, 배울 때 너무 많은 시간과 에너지를 들여야 해서 더더욱 그렇게 묻는 듯합니다. 그러나 수학은 다른 어떤 과목보다 중요합니다. 수학은 생각의 기술을 배우는 과목인데, 안타깝게도 수학을 '생각하는 방법을 배우는 과목'으로 인식하지 못하고 단지 문제를 푸는 과목으로만 경험하는 경우가 대부분입니다. 수학은 충분히 재미있는 학문이며 매우 실용적이라는 사실을 기억해야 합니다.

'수학'이라고 하면 사람들은 대부분 복잡한 계산을 떠올립니다. 이해할 수 없는 기호들이 골치 아프게 나열된 모습이 수학의 첫인상인 경우가 많죠. 하지만 이는 수학의 진짜 모습이 아닙니다. 수학의 진짜 모습은 생각하는 것입니다. 계산은 생각하는 과정에서 가끔 나타나는 단계일 뿐이죠. 사실은 수학을 복잡하고 짜증 나는 계산이라고 여기는 생각이야말로 우리가 수학을 즐기지 못하게 만들고, 수학적으로 생각하는 것을 가로막는 큰 장벽입니다. 수학은 복잡하고 어려운 계산이라는 이미지를 버리고, '재미있는 생각을 하는 학문'이라는 인식으로 이 책을 읽으면 좋겠습니다.

인간은 언어로 생각하는 만큼, 언어는 생각에 매우 중요한 역할을 수행합니다. 수학도 일종의 언어입니다. 수학이란 언어를 활용해서 우리는 더 쉽고 다양하게 생각할 수 있습니다. 수학을 활용하는 과정은, 일상의 문제를 숫자와 식 또는 도형 같은 수학적인 언어로 표현하고 그것을 수학적인 방법으로 해결해나가는 것입니다.

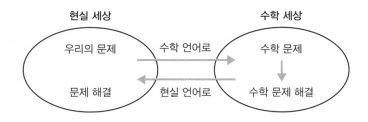

우리가 겪는 모든 문제나 현상은 수학적 언어로 표현될 수 있습니다. 방정식이나 부등식으로 표현하기도 하고 때로는 점과 선을 사용하는 그래프 등으로 나타냅니다. 수학적으로 표현된 문제를 수학적인 방법으로 해결합니다. 그렇게 현실 문제에서 답을 찾는 것이죠.

수학은 우리가 더욱 현명하고 지혜롭게 생각할 수 있게 하는 하나의 언어입니다. 수학을 경험하고 배우며 우리 생각의 힘을 키울 수 있습니다. 생각의 힘을 키우며 문제를 해결하고 새로운 문제를 발견하며 세상에 없던 것을 만들기도 합니다. 인생은 정답이 없는 문제라고 하지 않습니까? 정해진 답이 없으므로 생각의 힘은 더욱 중요합니다. 특히 요즘처럼 불확실성이 커지고 있는 세상에서는 답이 없는 문제에 가장 현명하게 대응하는 수학적 사고가 무엇보다 필요합니다.

지금 우리는 새로운 문명을 맞닥뜨리고 있습니다. 4차 산업혁명, 인공지능, 빅데이터 등의 단어로 이야기되는 새로운 세상에 적응하고 앞서나가려면 반드시 수학이 필요합니다. 수학은 다양한 분야에서 그 위력을 발휘하며, 일상의 놀라운 경험 뒤편에는 항상 수학이 숨어 있습니다. 가령 책을 사거나 영화를 예매하기 위해 어떤 사이트에 접속할 때 인공지능은 내가 좋아할 만한 책이나 영화를 추천해줍니다. 어떻게 추천할까요? 거기에는 수학이 있습니다. 날씨 예측에도, 최첨단 얼굴 인식에도 수학이 활용됩니다.

세계에서 가장 창의적인 조직인 실리콘밸리나 월스트리트의 회사들은 수학적 사고력이 높은 사람을 채용하고 싶어 합니다. 입사 면접에서 대답하기 어려운 질문을 던지고 그에 답하는 지원자를 보며 그가 어떻게 생각을 만들어가는지 평가하지요. '내가 유명한 소프트웨어 회사나 금융 기관에 지원했다'고 상상하며 다음 질문에 대답해보세요. 유명한 문제 세 개를 소개합니다.

## ☀️ 1. 파티의 남자와 여자

"남자 99명과 여자 1명, 모두 100명이 모여 파티를 시작했습니다. 남자의 비율이 99%죠. 파티 중간에 남자 몇 명이 집에 갔습니다. 현재 남자의 비율은 정확하게 98%입니다. 남자 몇 명이 집에 갔을까요?"

문제를 해결하려면 상황을 정리하여 써보는 것이 매우 중요합니다. 글이나 간단한 식으로 문제의 상황을 적절하게 표현할 수 있다면 해결법에 쉽게 접근할 수 있습니다. 이 문제의 상황은 이렇게 표현할 수 있습니다.

처음 100명 = 남자 99명 + 여자 1명

⬇️

현재 ○○명 = 남자 ○○명 + 여자 1명

처음에는 남자 99명과 여자 1명, 총 100명이 파티를 시작했는데, 현재는 남자 ○○명과 여자 1명이 남아서 ○○+1명이 파티에 있는 겁니다. 그러는 사이, 남자의 비율은 99%에서 98%로 바뀌었고요. "남자 99명 중 몇 명이 집에 갔는가?"라는 질문을 받으면 우리의 초점은 자연스럽게 남자의 변화로 향합니다. 이때 의도적으로 문제의 초점을 남자가 아닌 여자에 맞춰봅시다. 여자 1명이 처음에는 전체의 1%였는데, 바뀐 상태에서는 2%가 된 겁니다.

$$100명 = 남자\,99명 + \boxed{\begin{array}{c}여자\,1명\\1\%\end{array}}$$

$$99\%$$

⬇

$$\bigcirc\bigcirc명 = 남자\,\bigcirc\bigcirc명 + \boxed{\begin{array}{c}여자\,1명\\2\%\end{array}}$$

$$98\%$$

1명이 2%가 되는 것은 전체가 50명일 때입니다. 따라서 바뀐 상황은 남자 49명, 여자 1명으로 총 50명입니다.

$$100명 = 남자\,99명 + 여자\,1명$$
$$99\% \qquad 1\%$$

⬇

$$50명 = 남자\,49명 + 여자\,1명$$
$$98\% \qquad 2\%$$

상황을 정리하면 처음에는 남자 99명, 여자 1명이 파티를 시작했는데, 남자 50명이 집으로 돌아가서 현재 남자 49명, 여자 1명 총 50명이 파티에 남은 것입니다.

## ☀️ 2. 러시안룰렛

"6연발 권총에 2개의 총알을 연속으로 탄창에 넣고 총알의 위치를 알 수 없도록 탄창을 돌립니다. 러시안룰렛의 규칙에 따라 총구를 머리에 대고 방아쇠를 당깁니다. 다행히 죽지 않았습니다. 이제 또 한 번의 방아쇠를 당겨야 합니다. 다시 방아쇠를 당기는 방법은 두 가지가 있습니다. 탄창을 다시 돌려서 총알을 섞고 방아쇠를 당길 수도 있고, 탄창을 다시 돌리지 않고 연속으로 방아쇠를 당길 수도 있습니다. 만약 당신이 두 번째 방아쇠를 당겨야 한다면, 탄창을 돌려서 총알을 섞고 방아쇠를 당기겠습니까 아니면 그냥 처음 방아쇠를 당겼던 상태에서 연속으로 방아쇠를 당기겠습니까? 연속으로 2번 방아쇠를 당기는 것과 탄창을 돌려서 총알을 다시 섞은 후에 방아쇠를 당기는 것, 어느 쪽 상황에서 살아남을 가능성이 더 클까요?"

6연발 권총에 2개의 총알을 넣었기 때문에, 처음 방아쇠를 당길 때 내가 죽을 확률은 $\frac{2}{6}$, 즉 $\frac{1}{3}$ 입니다. 처음 방아쇠를 당겨서 죽지 않은 후 다시 방아쇠를 당길 때, 탄창을 돌리고 방아쇠를 당기

면 이때도 내가 죽을 확률은 $\frac{1}{3}$ 입니다. 2번째 방아쇠를 당길 때 탄창을 다시 돌리지 않고 연속으로 방아쇠를 당기면 내가 죽을 확률이 $\frac{1}{3}$ 보다 높은지 낮은지를 파악하는 문제입니다. 여기에서 중요한 사실은 2개의 총알을 연속으로 넣는다는 조건입니다.

문제를 해결하는 효과적인 방법 중 하나는 시각화입니다. 문제의 상황을 상상하거나 실제로 그리고 눈으로 보면서 생각하는 것이죠. 문제를 해결하기 위해 구체적으로 6연발 권총을 눈에 보이게 그려봅시다.

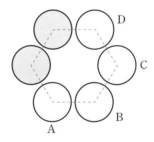

지금 보이는 6연발 권총에 2개의 총알을 연속으로 넣는다면 이렇게 생각할 수 있습니다.

색깔이 칠해진 부분에 2개의 총알이 연속으로 들어갔는데, 처음 방아쇠를 당겨서 내가 죽지 않은 것은 총의 해머가 A, B, C, D 중하나를 친 것입니다. 연속으로 총을 쏠 때 총알이 들어 있는 총열이 반시계 방향으로 돈다고 가정할 경우, 첫발이 발사되지 않은 후 2번째 방아쇠를 당겼을 때 총알이 발사되는 경우는 해머가 A, B, C, D 중 A를 쳤을 경우입니다. 즉, 확률은 $\frac{1}{4}$ 입니다. 해머가 A가 아닌 B, C, D를 쳤다면 연속으로 방아쇠를 당겼을 때 죽지 않고 살아남습니다. 탄창을 다시 돌려서 섞었을 때 내가 죽을 확률이 $\frac{1}{3}$ 이라고 했습니다. 연속으로 방아쇠를 당겼을 때 죽을 확률은 $\frac{1}{4}$ 로 더 낮지요. 결론적으로 연속으로 방아쇠를 당기면 살아남을 확률이 더 높습니다.

### 🔆 3. 전화선의 길이

"한 전화 회사가 장거리 전화망을 구축하기 위해 지구 중심을 한 바퀴 도는 전화선을 설치하려 합니다. 지표면에 설치하려다가 지상 10m 높이에 설치하기로 계획을 바꿨습니다. 지표면에 설치하는 것과 비교해서 지상 10m 높이에 설치할 때 전화선이 얼마나 더 필요할까요?"

지구의 둘레를 생각하면 어마어마한 전화선이 추가되어야 할 것 같지만, 실제로 계산을 해보면 그렇지 않습니다. 지표면의 둘레와 10m 상공의 둘레를 직접 계산해봅시다.

지구의 반지름을 $R$이라고 하면 지구표면을 한 바퀴 돈 둘레는 $2R\pi$입니다. 10m 상공을 따라 지구를 한 바퀴 돌면 반지름은 $(R+10)$이 되니까 둘레는 $2(R+10)\pi$입니다. 즉, 차이는 $20\pi$m 입니다. $\pi = 3.14$로 계산하면 62.8m 정도의 전화선이 더 필요할

뿐이죠.

실리콘밸리나 월스트리트의 면접에 나오는 문제들은 대부분 마틴 가드너Martin Gardner 같은 대중 수학자들이 연구하는 레크리에이션 수학Recreational mathematics에서 비롯합니다. 마틴 가드너는 미국의 유명한 과학잡지 〈사이언티픽 아메리칸Scientific American〉의 '수학 게임Mathematical Games'이라는 칼럼에 앞서 나온 문제들 같은 수학 문제를 25년간 소개했습니다.

그는 일반인들이 쉽게 이해하고 즐길 수 있는 수학과 과학에 관한 많은 저술을 남겼습니다. 레크리에이션 수학 문제를 풀기 위해서는 초등학교 수학 지식 정도면 충분합니다. 수학 지식이 좀 더 필요하다 해도 중학교 수준 이상을 요구하는 문제는 거의 없습니다. 지식보다는 아이디어 즉 생각의 기술이 필요합니다.

이 책에서 다루는 수학 문제들은 모두 레크리에이션 수학에 속합니다. 이 문제들을 풀기 위해서는 앞서 언급했듯 수학 지식이 거의 필요하지 않습니다. 지식보다 생각의 힘을 발휘해야 합니다. 그런 의미에서 수학적인 사고를 배우기 위해서는 레크리에이션 수학이 가장 적합하다고 할 수 있습니다.

여러분은 이미 이 책의 문제들을 풀기 위해 필요한 지식을 가지고 있습니다. 이제 생각의 기술만 익히면 됩니다. 생각의 기술도 배우고 익혀야 하는 것입니다. '머리 좋으면 이런 문제는 그냥 잘 풀어'라는 생각은 큰 착각입니다. 생각도 기술적으로 배우고 익혀야 합니다.

이 책의 첫 번째 목적은 수학을 재미있게 경험하며 즐기는 것입니다. 그렇게 즐기는 과정을 통해 자연스럽게 수학적 사고를 키우는 것이 또 하나의 목적입니다. 그러기 위해 수학적 사고를 7가지로 다음과 같이 정리했습니다.

1. 비판적 사고: 당연한 것에 "왜 그렇지?" 묻는다

2. 개념적 사고: 본질을 발견한다

3. 연결적 사고: 낯선 것들끼리 결합한다

4. 전환적 사고: 다른 시각으로 접근한다

5. 패턴적 사고: 단순화하여 해결한다

6. 차원적 사고: 한 단계 위에서 생각한다

7. 모순적 사고: 패러독스를 인정하고 즐긴다

이렇게 일곱 가지 수학적 사고를 즐기는 생각 여행을 떠나보세

요. 여행의 즐거움은 전에 알지 못했던 새로운 것을 경험하는 데 있습니다. 이 책을 읽는 시간이 그러하길 바랍니다.

이 책에는 가끔 어려운 문제도 있고 복잡한 개념을 담은 내용도 있습니다. 그런 문제에 스스로 도전해도 좋고, 설명을 보면서 이해하며 즐겨도 좋습니다. 내가 노래를 직접 불러도 흥겹지만, 가수가 부르는 노래를 듣기만 해도 좋은 것처럼요. 때로는 가수처럼 부르지 못해도 혼자 즐겁게 노래를 부르듯, 이 책이 알려주는 내용에 관해 혼자 여러 방법으로 생각해도 좋습니다. 그렇게 이 책을 즐기면서 자신도 모르는 사이에 수학적 사고가 커지고 생각의 힘이 강해질 것입니다. 여러분의 즐거운 여행을 응원합니다.

1장

비판적 사고

당연한 것에 "왜 그렇지?" 묻는다

# 창의력 미술관: 두 평행선은 만날 수 없을까?

$f_x$

### 르네 마그리트의 상상

르네 마그리트의 〈유클리드의 산책〉이라는 작품입니다. 창 밖을 향해 그림이 놓여 있는데요, 그림 안과 그림 바깥의 풍경이 연결되어 있어서 그림 속의 모습이 그림 밖의 진짜 풍경처럼 보입니다.

그림 안에는 두 사람이 걸어가는 모습이 매우 작게 보입니다. 작품 제목으로 미루어 보아, 작가인 마그리트와 고대 그리스의 수학자인 유클리드가 아닐까 합니다.

둘은 무슨 대화를 하며 걷고 있을까요? 저는 이 그림을 보면 둘이 '평행선에 대해 이야기하는 것은 아닐까'라고 생각합니다. 유클리드가 마그리트에게 이렇게 묻는 겁니다. "평행한 두 직선을 무한히 그리면 둘은 만날까, 만나지 않을까?" 이 질문에 마그리트는 이렇게 대답할지도 모르죠. "평행선이란 만나지 않는 것인데 왜 그런 질문을 하십니까?"

"평행선이 만날까, 만나지 않을까?" 바보 같은 질문인가요? 저는 실제로 대학교 1학년 때 이런 질문을 받은 적이 있습니다.

| 생각<br>실험 | 평행선 |
| --- | --- |
| | 평행한 두 직선은 만날까요? 안 만날까요? 물론, 종이 위에 연필로 평행선을 그으면 만나지 않을 것입니다. 그런데 우주로 평행선을 무한히 그어도 마찬가지로 안 만날까요? 내 눈에 보이는 땅에 평행선을 긋는 것이 아니라, 지구를 한 바퀴 돌도록 평행선을 그려도 만나지 않을까요? |

저는 이 질문에 당연히 만나지 않는다고 대답했죠. 그랬더니 질문한 선배는 이렇게 말하더군요.

"지금 네가 친구와 운동장에서 같이 평행선을 긋는다고 생각해보자. 둘 다 북쪽으로 평행선을 긋고 있어. 결국 너와 네 친구는 어디에 있게 될까?"

"둘 다 북극에 있겠죠."

"그럼 북극에서 만나는 거잖아, 너희 둘이 그은 평행선이."

'평행한 두 직선은 만나지 않는다'는 명제처럼 당연해 보이는 사실에 "왜 그렇지?" "정말 그럴까?" 하고 던지는 질문이 바로 수학의 출발입니다. 확신보다는 확인을 하는 질문이 필요합니다. 이를 '비판적 사고'라고 합니다.

〈유클리드의 산책〉에서 두 사람은 평행하게 쭉 뻗은 도로를 따라 나란히 걷고 있습니다. 원근법으로 인해 도로는 멀어질수록 폭이 좁아지고, 결국에는 한 점에서 만나는 듯 보입니다. 마치 왼쪽 건물의 원뿔 모양 지붕처럼 말이죠. 그림을 가만히 보고 있으면, 그들이 나누는 이야기가 들려오는 듯합니다.

# $f_x$     유클리드의 공리

## 💡 생각의 출발점: 공리

수학적 사고의 첫 번째 단계는 생각을 확인하는 것입니다. 다른 사람의 말이나 자신의 생각을 확인하는 과정을 갖는 것이 수학적 사고입니다. 너무나 당연한 것에 "왜 그렇지?" "꼭 그렇게 해야 하나?" 같은 질문을 던지는 겁니다. 이런 질문을 통해 더 많이, 더 깊이 알게 되는 것이 수학입니다.

"평행한 두 직선이 만나는가?"라는 질문의 답을 찾으려면 유클리드에 대해 알아볼 필요가 있습니다. 유클리드는 기원전 300년경 당시까지 알려진 수학 지식을 집대성하여 저술한 《기하학 원론》을 통해 수학의 기초를 세운 위대한 수학자입니다.

그는 저서에서 정의, 공리, 공준이라는 개념을 도입하여 생각의 출발점을 마련했습니다. 정의definition는 규정을 하거나 약속을 만드는 것입니다. 가령 '선line이란 길이는 있지만 폭은 없는 것'이 정의입니다. 공리axiom란 수학이 존재하기 위해 증명할 수는 없지만, 의심하지 말고 그냥 받아들여야 하는 것입니다.

물리학에는 원자라는 개념이 있지요. 물체를 쪼개고 또 쪼개다

보면 더 이상은 쪼갤 수 없는 가장 기본적인 구성 요소를 원자라고 합니다. 수학에도 이와 비슷한 개념이 있습니다. '피타고라스 정리' 같은 것은 증명할 수 있는 반면, 옳다는 것을 알아도 너무 당연해서 이를 증명할 수 없는 기본 개념이 있는데, 그것은 그냥 받아들이자는 것이 공리입니다.

유클리드는 공리를 생각의 출발점으로 삼았고 철학자들은 공리에 깊은 영향을 받았습니다. 일례로 데카르트는 의심할 수 없는 근본적인 것을 찾는 방법으로 철학적 사고를 했는데, 그것은 유클리드의 영향입니다.

유클리드는 5개의 일반적인 공리를 제시했고, 기하학에 한하여 적용되는 공리에 '공준postulate'이라는 이름을 붙여 다시 5개를 제시했습니다. 5개의 공리와 5개의 공준은 너무도 당연해서 옳다는 것은 알지만 증명할 수 없기에 그냥 받아들여야 하는 개념입니다.


### 공리

**공리 1** 동일한 것과 같은 것은 서로 같다.

**공리 2** 동일한 것에 같은 것을 더하면 그 전체는 같다.

**공리 3** 동일한 것에서 같은 것을 빼면 나머지는 같다.

**공리 4** 겹쳐 놓을 수 있는 것은 서로 같다.

**공리 5** 전체는 부분보다 크다.

## 공준

**공준 1** 한 점에서 다른 한 점에 하나의 직선을 그릴 수 있다.

**공준 2** 유한한 직선은 그 양쪽으로 얼마든지 연장할 수 있다.

**공준 3** 임의의 점을 중심으로 임의의 반지름을 갖는 원을 그릴 수 있다.

**공준 4** 모든 직각은 서로 같다.

**공준 5** 두 직선이 하나의 직선과 만날 때 같은 쪽에 있는 두 내각의 합이 180도보다 작으면, 두 직선을 무한히 연장했을 때 반드시 그쪽에서 만난다.


수학은 정의, 공리, 공준이라는 뿌리에서 뻗어나가는 학문입니다. 일반적으로 수학을 논리적이고 절대적인 학문이라고 생각하지만, 논리적이라고 해서 모두 옳은 것은 아닙니다. 논리적으로 생각한다는 것은 참인 전제에서 시작하여 생각의 단계를 하나하나 오류 없이 밟아가며 검증한다는 의미입니다. 만약 전제가 옳지 않다면, 이후에 아무리 논리적이고 합리적으로 생각해나간다 해도 잘못된 결론을 내릴 수 있습니다.

가령 정치 성향이 서로 다른 두 사람 모두 논리적인 생각의 과정을 거쳤어도 같은 이슈에 대해 서로 다른 결론을 도출할 것입니다. 둘 중 누군가가 논리적으로 생각하는 과정 중 오류를 범해서가 아닙니다. 생각의 출발점이 서로 다른 사람들은 사실적인 정보를 선택할 때에도 서로 다른 정보를 취사선택합니다. 따라서 완벽하게 논리적으로 생각하는 과정을 밟아도 서로 다른 결론에 도달하게 됩니다.

유클리드의 공리와 공준은 어려워 보이지만, 사실 따지고 보면 당연한 이야기입니다. 가령 공리 1은 'A = B, A = C → B = C'를 의미하고, 공리 2는 'A = B → A + C = B + C'입니다. 5개의 공준은 아래 그림처럼 간단하게 표현할 수 있습니다.

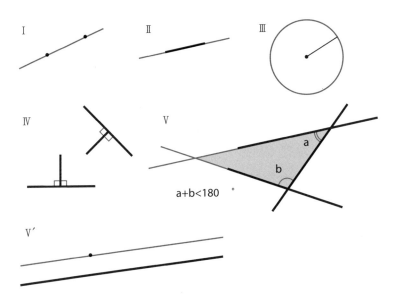

앞에서 말한 것처럼, 공리는 너무 당연하기에 증명 없이 그냥 옳다고 받아들이자는 개념이며, 수학의 출발점입니다. 그런데 마지막 공준인 평행선 공준은 다른 공준보다 길고 복잡합니다. 수학자들은 평행선 공준이 정말 당연한지 확신할 수 없었습니다. 어떤 수학자는 평행선 공준을 증명하거나 반증하려고 노력했고, 어떤 수학자는 단순하게 나타내려고 애썼습니다. 그러나 19세기 전까지는 아무런 성과도 내지 못했습니다.

평행선 공준은 "평행한 두 직선이 만나지 않는다"라고 말할 수 있습니다. 평행선 공준은 "삼각형 내각의 합은 180도이다"라는 삼각형 공준과 수학적으로 동치同値, 즉 동일한 내용입니다. 따라서 삼각형 공준이 옳으면 평행선 공준 역시 옳습니다. 그렇다면 삼각형 공준은 당연하게 옳은 명제일까요? 다음 문제를 한번 살펴봅시다.

| 생각<br>실험 | **오래된 수수께끼** |
| --- | --- |
| | 어떤 곰이 선 자리에서 출발하여 '남쪽으로 1km 가다가, 방향을 바꿔 동쪽으로 1km 가다가, 다시 북쪽으로 1km 갔더니' 처음 출발한 자리로 되돌아왔습니다. 그 곰의 색깔은? |

너무 엉뚱한 문제죠? 주어진 조건에 따라 문제를 한번 풀어봅시다. 먼저 곰이 움직인 길을 생각해보면 다음과 같습니다.

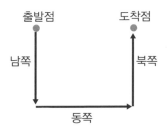

곰이 화살표를 따라 움직여서 처음 출발한 위치로 되돌아왔다는 말은 위 그림에서 출발점과 도착점이 같다는 뜻입니다. 이런 말도 안 되는 일이 가능할까요? 터무니없어 보이는 이 문제의 주인공인 곰은 흰색입니다. 왜냐하면 북극곰이기 때문이죠. 다시 말해, 남쪽으로 1km 가다가, 방향을 바꿔 동쪽으로 1km 가다가, 다시 북쪽으로 1km 갔을 때 처음 출발한 지점으로 되돌아오는 점은 북극입니다. 지구본을 보면 더 쉽게 이해할 수 있습니다.

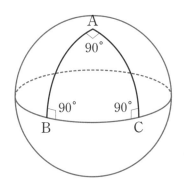

그런데, 한 가지 이상한 것이 있습니다. 북극에서 출발한 곰이 움직인 길을 연결하면 삼각형이 되는데, 그 길을 따라 만든 삼각형은 3각이 모두 90도인 삼각형입니다. 남쪽으로 가다가 동쪽으로 가면 90도의 각을 만들고, 동쪽으로 가다가 북쪽으로 가면 역시 90도로 회전한 것이죠. 결론적으로 곰이 움직여서 만든 삼각형 내각의 합은 180도가 아니라 270도입니다. "삼각형 내각의 합은 180도이다"라는 유클리드의 공준 5와 어긋납니다.

사실 곰이 움직이며 만든 삼각형을 생각하기 위해서는 공 위에 삼각형을 그려보면 됩니다. 공 위에는 모든 각이 90도인 삼각형을 어렵지 않게 그릴 수 있습니다. 마찬가지로 지구도 하나의 공처럼 생겼잖아요? 그래서 지구 위에 삼각형 내각의 합이 180도가 아닌 삼각형을 그릴 수 있는 겁니다. 평행선 문제도 마찬가지입니다. 학교 운동장처럼 평평한 곳에서 그리는 평행선은 결코 만나는 일이 없습니다. 하지만 공 위에 삼각형을 그린 것처럼 둥근 지구 위에 평행선을 그리면 때때로 만나기도 하는 겁니다.

### 💡 새로운 기하학의 탄생

많은 수학자들이 유클리드의 공준 5에 관해 의문을 품었습니다. "'삼각형 내각의 합은 180도'는 증명할 수 있을 거 같은데, 왜 증명할 수 없다고 했을까? 만약 내가 이것을 증명하면 나는 유클리드처럼 위대한 수학자로 기억되겠군!" 이런 생각으로 많은 사람이 이 문제에 달려들었지만 쉽지 않았습니다. 이것 때문에 정신적인 문제까지 생긴 사람도 있을 만큼, 좀처럼 풀리지 않았죠. 그러던 중 1830년경 러시아 수학자 로바쳅스키Lobachevsky와 헝가리 수학자 보여이Bolyai는 새로운 질문을 던지며 이 문제에 접근합니다. "만약 삼각형 내각의 합이 180도가 아니라면 어떤 현상이 벌어질까?"

그들은 삼각형 내각의 합이 180도가 아닌 기하학을 연구하기 시작합니다. 그리고 '삼각형 내각의 합이 180도가 아니라면 새로운 기하학이 만들어진다'는 사실을 발견했습니다. 이는 유클리드의 공준 5가 필요 없는 새로운 기하학입니다. 그래서 공준 5가 필요한 기하학을 유클리드 기하학, 공준 5가 필요 없는 기하학을 비유클리드 기하학이라고 부릅니다.

유클리드가 《기하학 원론》에서 제시했던 공준 5는 2,000년 동안 의심과 의문의 대상이었습니다. 진리체계를 바꾸고 싶은 열망에 사로잡힌 수많은 수학자들이 이 공인된 진리인 공준 5에 도전했지만 실패하고 말았죠. 그러나 2명의 젊은 수학자들은 새로운 질문을 던지며 결국 문제를 해결했습니다. 모든 사람들이 "삼각형 내각의 합은 180도이다"를 증명하려고만 할 때, "만약 삼각형 내각의 합이 180도가 아니라면 어떤 현상이 벌어질까?"로 질문을 전환한 것입니다.

가장 단순한 형태로 이해할 수 있는 비유클리드 기하학은 앞의 수수께끼에서 보듯 곡면 위에 그려지는 기하학입니다. 평평한 땅

위에 도형을 그리던 사람들은 유클리드 기하학으로 모든 것을 해결했지만, 둥근 지구와 같이 곡면 위에서 도형이나 그래프를 그리는 사람들에게는 비유클리드 기하학이 매우 중요해지기 시작했습니다. 이렇듯 기존의 공리에 도전한 새로운 공리로 새로운 기하학이 만들어진 덕분에 아인슈타인은 "우주는 평평하지 않고 중력에 의해 휘어 있다"라는, 세상을 바꾸는 연구를 할 수 있었던 것입니다.

무한 동력을 가진 로켓을 우주 저편으로 쏘아 보낸다면, 오랜 시간 뒤에 로켓은 어떻게 될까요? 우주의 끝에서 벽을 만나게 될까요, 아니면 지구를 한 바퀴 돌면 제자리로 돌아오듯이 우주를 한 바퀴 돌고서 지구로 돌아올까요? 당연한 것이 당연하지 않을 수 있듯이, 알 수 없는 것은 더더욱 많은 가능성을 품고 있습니다. 왜 그렇지? 정말 그럴까? 이렇게 모든 것에 질문을 던지는 연습을 해야 합니다. 질문을 해야 답을 얻을 수 있습니다.

물으라, 그러면 답을 얻으리라!

# 주식 흐름을 10번 연속으로 맞힌 사람

$f_x$

## 💡 비판적 사고

비판적 사고의 사전적 정의는 '사물의 옳고 그름을 가리어 판단하거나 밝히는 것'입니다. 비판은 비난과 다릅니다. 비난은 '남의 잘못이나 결점을 책잡아서 나쁘게 말하는 것'인 반면, 비판은 비난과 달리 부정적인 의미가 없습니다. 단지 옳고 그름을 확인하는 것이죠. 그래서 사람들이 "비난 말고 비판을 하라"고 말합니다. 수학적 사고는 다른 사람의 말이 옳은지 확인하고, 내 생각이 옳은지 확인하는 과정입니다.

언젠가 어느 강사의 강의를 들었습니다. 그는 시간을 아껴 쓰라고 충고하며 우리가 앞으로 60년을 더 산다면 그 시간은 매우 긴 것이라고 강조했죠. 자신은 정확한 사람이라며 60년을 초로 계산한 결과를 보여줬는데, 다음은 실제 그 강사가 계산한 결과입니다.

$$60년 = 60년 \times 365일 \times 24시간 \times 60분 \times 60초$$
$$= 1,892,160,000초$$

여러분은 이 계산 결과를 보고 무슨 생각이 드나요? 저는 그가 쓴 숫자들을 보며 마음속으로 이렇게 말했습니다. '아닌데? 뭐가 빠졌는데?'

다른 사람의 말에 '비판' 없이 무조건 고개를 끄덕이면 안 됩니다. 믿고 신뢰하는 것과 그냥 무조건 옳다고 받아들이는 것은 엄연히 다릅니다. 그 사람을 믿는다 해도 그의 말이나 주장이 정확한지 확인하는 과정을 거쳐야 합니다. 앞의 계산이 틀린 이유를 발견했습니까? 이 계산에는 4년마다 찾아오는 윤년이 빠져 있습니다. 4년마다 1년은 365일이 아닌 366일입니다. 2월 29일이 4년에 1번씩 찾아오지요. 앞으로 60년 동안 윤년은 15번 있습니다. 따라서, '15일×24시간×60분×60초=1,296,000초'를 앞의 계산에 더해줘야 합니다.

물론 이런 실수는 누구나 할 수 있으며 똑똑한 사람도 자주 합니다. 그래서 비난이 아닌 비판적 사고로 다시금 확인해야 합니다. 생각을 확인하려면 기본적으로 정확하고 확실하게 생각해야 합니다. 우리의 뇌는 효율을 높이기 위해 대충 작동합니다. 해오던 패턴대로 일을 처리하는 것이 뇌를 효율적으로 사용하는 방법입니다. 그래서 이런 실수나 착각이 자연스러운 겁니다.

## 공의 가격

테니스 라켓과 공이 있고, 둘을 합친 가격은 11,000원
입니다. 라켓이 공보다 10,000원 비싸다고 합니다. 공
은 얼마인가요?

이 질문에서 11,000원과 10,000원이 눈에 띕니다. 자연스럽게
"공은 1,000원!"이라고 하기 쉽습니다. 하지만 좀 더 따져봅시다.
라켓이 10,000원이고 공이 1,000원이면 라켓은 공보다 10,000원
비싼 것이 아니라 9,000원 비쌉니다. 그러니 틀린 답이지요. 라켓
이 10,500원이고 공이 500원이어야 둘의 합이 11,000원이고 차이
는 10,000원이 됩니다. 공은 500원입니다.

$$11,000 = 10,000 + 1,000 (9,000원 차이)$$
$$11,000 = 10,500 + 500 (10,000원 차이)$$

### 🔅 쉽게 틀리는 생각, 착각과 오류

우리의 생각은 한 번 더 확인해야 합니다. 확인하는 과정을 거치
지 않으면 너무나 쉽게 틀리기 때문이죠. 우리가 엉뚱하게 생각하
고 착각하는 것은 어떻게 보면 다음과 같은 착시를 닮았습니다. 다
음 '샌더의 평행사변형Sander parallelogram'에는 2개의 대각선이 있는

데요, 이 두 대각선은 길이가 같습니다. 하지만 왼쪽의 파란색이 오른쪽 빨간색보다 더 길어 보이죠. 우리의 눈이 틀리게 보고 있는 것입니다. 우리의 눈이 틀리듯이 우리의 생각도 자주 쉽게 틀린다는 사실을 기억해야 합니다.

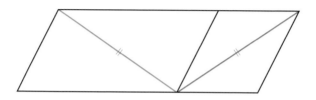

위의 평행사변형 착시는 우리의 생각이 주변 상황에 얼마나 쉽게 영향을 받으며 때로는 틀릴 수도 있는지를 잘 보여주는 사례입니다. 평행사변형에서 빨간선과 파란선의 길이가 같다는 사실은 아래와 같이 평행사변형을 제거하면 쉽게 확인할 수 있습니다.

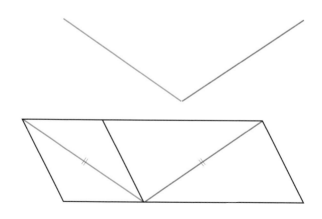

그런데 또 재미있는 것은, 빨간선과 파란선을 둘러싸고 있는 평행사변형을 반대 방향으로 그리면 이번에는 파란선이 아닌 빨간선이 더 길어 보인다는 사실입니다. 이렇게 우리의 생각은 주변 상황이나 환경에 쉽게 영향을 받고 착각을 일으킵니다. 그래서 자신이 하는 생각을 자주 확인해야 합니다.

　이런 착시와 착각은 쉽게 확인할 수 있습니다. 가장 간단한 형태를 하나 더 소개하겠습니다. 다음과 같이 하나의 선을 수평으로 그은 뒤 수직으로 세워보세요.

　두 직선의 길이를 보세요. 어떤 선이 더 길어 보이나요? 둘의 길이는 같습니다. 이번에는 이 둘을 다음과 같이 배치해봅시다.

이렇게 단순히 배치만 바꿨을 뿐인데 수평인 직선보다 수직인 직선이 훨씬 더 길어 보이죠? 길이가 같다는 사실을 알고 보는데도 말입니다.

**생각
실험**

## 원의 중심 찾기

원 안에 2개의 점을 찍었습니다. 둘 중 하나가 원의 중심입니다. 오른쪽 점과 왼쪽 점 중 어느 점이 원의 중심일까요?

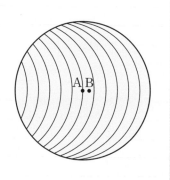

먼저 눈으로 원의 중심을 하나 정해보세요. 그리고 원 안에 있는 선의 개수를 세어 원의 중심을 확인해보세요. 눈으로 보면 오른쪽 점이 원의 중심처럼 보이지만, 선의 개수를 세어보면 왼쪽 점이 원의 중심임을 확인할 수 있습니다. 이렇듯 우리의 눈은 쉽게 틀립니다. 우리의 생각도 마찬가지이기에 자주 확인해야 합니다.

### 💡 우연과 필연

어느 날 아침, 당신에게 이메일이 왔습니다. "오늘 삼성전자 주식이 오를 것"이라는 내용이었습니다. 실제로 그날 삼성전자 주식이 올랐습니다. 다음날 아침에도 이메일이 옵니다. 이메일은 그날 삼성전자 주식이 오를지 떨어질지를 예측합니다. 놀랍게도 그 예측은 10번 연속 적중했습니다. 어떤 주식이 오를지 떨어질지에 대한 확률이 $\frac{1}{2}$이라고 가정한다면, 무작위로 예측하여 10번이나 연속으로 맞힐 확률은 $\left(\frac{1}{2}\right)^{10}$입니다. $2^{10}$은 1024입니다. 무작위로 10번이나 예측을 맞힐 확률은 대략 $\frac{1}{1,000}$입니다. 이런 일이 일어난다면 대부분의 사람들은 10번까지 기다리지 않고 이메일을 보낸 사람을 수소문하여 그에게 거액의 자금을 투자하겠지요.

당신이 증권회사에 취직했다고 가정합시다. 증권회사에서는 소액 투자자 100명보다 거액 투자자 1명이 더 중요하다고 합니다. 그렇게 생각한다면 부자 1만 명의 정보를 구해서 두 그룹으로 나눠 5,000명에게는 "내일 삼성전자 주식이 오를 것"이라는 이메일을 보내고, 나머지 5,000명에게는 "내일 삼성전자 주식이 떨어질 것"이라는 이메일을 보내세요.

만약 주식이 올랐다면 떨어진다고 이메일을 보낸 사람의 명단을 버리고, 나머지 5,000명을 다시 둘로 나눠서 이메일을 보내는 겁니다. 2,500명에게는 삼성전자 주식이 오른다고, 나머지 2,500명에게는 떨어진다고 보내는 거죠. 이렇게 반씩 나눠서 한쪽에는 "오를 것이다", 다른 한쪽에는 "떨어질 것이다"라고 보내며 실제 주식의 움직임을 반영해 틀린 쪽은 버리고 맞힌 쪽에는 계속 이메일을 보내는 겁니다. 이렇게 10번 정도 반복하면 1만 명 중 10명은 당신이 주가를 10번이나 연속으로 정확하게 예측하는 것을 본 사람들입니다. 그들은 곧 큰돈을 들고 당신을 찾아올 겁니다.

이것은 재미로 만든 이야기일 뿐이지만, 수학적 사고의 중요성을 명확하게 전달합니다. 분석적이고 논리적으로 현상과 사물을 바라봐야 합니다. 자신만의 생각이나 편견 또는 사회적 오류에 빠지지 말아야 합니다. 다른 사람의 말이나 자신의 생각을 확인해야 한다는 뜻입니다.

| 생각 실험 | **왕의 고민** |
|---|---|
| | 옛날 아라비아에 여자를 밝히는 왕이 있었습니다. 그 왕은 자신의 나라에 되도록 많은 여자들을 거느리고 싶었습니다. 남자보다는 여자가 많은 나라를 만들고 싶었던 왕은 고민을 하다가 다음과 같은 법을 만들었습니다. "누구든지 아들을 낳은 부모는 더 이상 자식을 낳을 수 없다." 왕은 그렇게 하면 딸이 많은 집은 있겠지만, 아들이 둘 이상 있는 집은 없을 테니 당연히 남자보다 여자가 많아 |

질 것이라고 생각했습니다. 정말 그 나라는 여자가 남자보다 많아질까요?

언뜻 보면 왕의 생각대로 향후 남자의 수가 줄어들고 여자의 수가 늘어날 것처럼 보입니다. 하지만, 새롭게 만들어진 법을 확인해보면 그 정책은 효과가 없다는 사실을 알 수 있죠. 가령 태어난 100명의 아이 중 50명은 남아, 50명은 여아라고 생각할 수 있습니다. 이제 다시 아이를 낳을 수 있는 집은 여아를 낳은 50가정이며, 이들이 또 아이를 낳으면 25명은 남아, 25명은 여아를 낳는다고 생각할 수 있습니다. 결과적으로 태어나는 남자 아이와 여자 아이의 수는 계속 같습니다. 왕의 생각처럼 여자의 수는 증가하지 않습니다. 이 상황을 그림으로 간단하게 표현하면 다음과 같습니다.

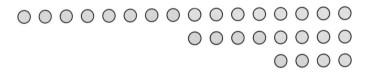

비슷한 질문을 몇 개 더 살펴볼까요?

1. 카지노에서 주사위 던지기 도박을 합니다. 짝수가 연속으로 6번 나왔고 다시 주사위를 던질 차례입니다. 이때 홀수에 베팅해야 할까요?

2. 무작위로 포탄이 날아오는 전쟁터에서, 한 번 포탄이 떨어진 자리에 또다시 포탄이 떨어질 확률은 정말 낮을까요?

3. 20년 동안 복권을 산 할아버지와 한 번도 복권을 산 적이 없는 내가 같이 복권을 샀다면, 할아버지가 복권에 당첨될 확률이 내가 복권에 당첨될 확률보다 더 높을까요?

4. 3할3푼3리인 야구 선수가 2번 연속 안타를 치지 못했다면, 3번째 타석에서 안타를 칠 가능성이 과연 더 높을까요?

5. 제주도로 출장을 가던 중 초등학교 때 좋아했던 여자 동창을 우연히 만났습니다. 이러한 우연은 정말 일어나기 힘든 일이죠. 우리의 만남은 과연 운명일까요?

먼저 주사위 던지기를 살펴봅시다. 연속으로 짝수가 6번 나왔다면 다음에는 홀수가 나올 확률이 훨씬 더 높을까요? 이 질문에 대하여 수학자 요한 베르누이는 "주사위는 양심도, 기억력도 없다"라고 말했습니다. 다시 말해, 이미 연속으로 6번이나 짝수가 나왔어도 새로 던졌을 때 짝수가 나올 확률이나 홀수가 나올 확률은 모두 $\frac{1}{2}$입니다.

많은 사람들이 이를 오해합니다. 주사위를 던져서 홀수가 나올 확률과 짝수가 나올 확률이 모두 $\frac{1}{2}$이라는 말은, 주사위를 10번 던졌을 때 홀수와 짝수가 5번 정도씩 비슷하게 나온다는 의미입니다. 하지만 이는 일반적인 기대입니다. 실제로 10번 모두 홀수만

나오는 특수한 상황은 얼마든지 있을 수 있지요. 주사위를 지금 새로 던지는 일은 이전의 결과와는 아무 상관없는 독립적인 일이기 때문입니다.

주사위에게 기억력이 없듯이 포탄과 복권 역시 기억력이 없습니다. 이전의 사건과 전혀 상관없이 다음의 사건이 일어나는 겁니다. 따라서 이미 포탄이 떨어진 자리에 또 다시 포탄이 떨어질 확률은 다른 자리에 떨어질 확률과 같고, 마찬가지로 할아버지가 복권에 당첨될 확률이나 내가 당첨될 확률은 똑같습니다. 타율이 3할3푼3리라고 하면 대략 타석에 3번 서면 한 번은 안타를 칠 거라는 의미이지만, 이것이 2번 연속 안타를 못 쳤다고 3번째 타석에서 안타를 치리란 뜻은 아닙니다. 오히려 그날 선수의 컨디션에 따라 안타를 계속 못 치거나 몰아칠 가능성이 더 높습니다.

5번 질문에 대해서 생각해봅시다. 제주도로 출장 가던 중, 초등학교 때 좋아하던 여자친구를 우연히 만난 것은 정말 일어나기 힘든 운명적인 만남일까요? 일반적으로 확률이 매우 낮은 사건이라고 여겨지지만, 실상은 생각보다 자주 일어납니다. 다시 말해서 가능성이 높은 일이지요. 김포공항에서 아이유를 만날 확률은 무척 낮습니다. 그러나 어느 카페에서 초등학교 동창을 마주칠 확률은 그다지 낮지 않죠. 전자는 장소, 인물, 시간 등 일치해야 하는 조건이 많고, 후자는 그렇지 않기 때문입니다. 이처럼 특별한 일과 일반적인 일을 구별하는 것은 수학적 사고를 통해 이뤄집니다.

수학적 사고가 부족한 사람들은 때로 엉뚱한 결론을 내리고는 합니다. 신문 기사 몇 개를 살펴봅시다.

1. 집 근처에서 운전하는 것이 고속도로에서 운전하는 것보다 더 위험하다. 교통사고가 발생한 위치를 통계 낸 자료에 따르면, 자동차 사고 대부분이 운전자의 집 근처에서 일어났다. 고속도로에서 일어난 사고는 전체 사고에서 차지하는 비율이 상대적으로 적었다. 따라서 집 근처보다는 고속도로가 더 안전하다.

2. 어떤 조사에 따르면 자동차 사고로 죽은 운전자 10명 중 6명이 안전띠를 매고 있었고, 4명은 그렇지 않았다. 따라서 운전 중 안전띠를 매지 않는 것이 더 안전하다.

3. 살해당한 모든 여성의 절반 이상이 남편이나 애인에게 살해당했다. 사랑의 반대는 미움이 아니라 무관심이다. 사랑하는 사람이 당신을 살해할 가능성이 더 높다. 그들을 조심하라.

4. 여자는 남자보다 운전을 더 잘한다. 교통사고를 낸 사람들에 대한 통계 자료를 보면, 전체 교통사고는 대부분 남성 운전자에 의해서 일어난다. 여성 운전자 대부분은 교통사고를 내지 않는다. 여자는 남자보다 운전에 더 소질이 있다.

5. 어떤 지역의 통계에 따르면, 이 지역 우유 소비량이 증가하면서 범죄와 암 환자도 같은 속도로 증가했다. 몇 개 지역을 추가로 조사한 결과 우유 소비량이 증가한 지역에서는 범죄와 암 환자도 같은 속도

로 증가했다. 따라서, 우유 소비는 범죄의 증가와 암 환자의 발생에 영향을 주는 듯하다.

이런 어처구니없는 기사들이 실제로 신문이나 몇몇 매체에 진지하게 소개된 적이 있습니다. 빅데이터를 활용하는 세상입니다. 하지만 엄청난 양의 데이터를 확보하는 것보다 더 중요한 일은 그것을 현명하게 해석하는 것입니다. 수학적인 생각 없이 데이터를 그냥 사용하면 이런 엉뚱한 결론에 이르게 됩니다. 교통사고가 집 근처에서 더 많이 일어나는 이유는 그곳을 더 많이 다니기 때문입니다. 안전띠 역시 대부분의 사람이 안전띠를 매고 있기 때문에 교통사고를 당한 사람 중 안전띠를 매지 않은 사람보다 안전띠를 맨 사람이 더 많습니다.

살해당하는 여성의 경우도 집 앞이나 낮 시간에 교통사고가 더 많이 발생하는 것처럼, 많은 여성들이 남편이나 애인 이외의 사람들과 관계를 적게 맺기 때문입니다. 또한 여자들은 면허가 있어도 차를 운전하지 않는 경우가 더 많아서 여성의 교통사고율이 낮은 것입니다. 우유 소비와 범죄가 같이 증가했다면 그 지역에 사람들이 더 많이 유입되어 인구가 증가했을 가능성이 높습니다. 이렇게 원인과 결과를 올바르게 판단하지 못하고 단순히 숫자만 보고 생각하면 바보 같은 결론을 내리게 됩니다.

통계를 잘못 인용해 '2쌍 중 1쌍이 이혼한다'는 잘못된 판단을 내리는 사람들도 많습니다. 물론 통계청에서 조사한 숫자는 거짓이 아닙니다. 문제는 숫자를 잘못 해석한 것입니다. 2019년 혼인 건수는 23만 9,159건이고 이혼 건수는 11만 831건인데요, 이 수치를 보고 우리나라 이혼율은 46.3%라고 성급한 판단을 내리면 안 됩니다. 여기서 혼인 건수는 2019년 혼인 신고한 신혼부부를 의미하며 이혼 건수는 이들이 아닌 2019년 한 해 동안 이혼한 부부들 이야기입니다. 혼인과 이혼은 각각 다른 사람의 수치인 것이죠.

혼인을 할 연령대의 사람이 100명인 반면에 이혼을 할 가능성이 있는 연령대의 사람이 1,000명이라면 단순히 숫자만으로 비율을 낼 수는 없지 않습니까? 혼인과 이혼에 대한 올바른 판단은 국제통계 기준인 조이혼율입니다. 이혼에 관한 가장 기본적인 지표로 1년에 발생한 총 이혼건수를 해당년도의 총 인구로 나눈 수치를 1,000분비로 나타낸 것입니다. 인구 1000명 당 이혼건수를 의미하죠. 2019년 우리나라의 인구 1,000명당 이혼 건수는 2.2건이라고 합니다.

## 💡 심프슨의 역설

어떤 사람들은 의도적으로 숫자를 자기 좋을 대로 해석하여 남을 속이거나 혼란에 빠뜨리기도 합니다. 그런 상황에 속지 않으려면 항상 비판적 사고를 유지해야 합니다. A학원과 B학원의 남학생과 여학생 합격률을 비교하면 다음과 같습니다.

남학생: A학원 60% 합격, B학원 50% 합격

여학생: A학원 80% 합격, B학원 70% 합격

이 자료를 보면 A학원은 남학생과 여학생 모두 B학원보다 합격률이 높습니다. 따라서 A학원이 B학원보다 전체 학생의 합격률이 높다고 생각하겠지만, 이는 성급한 결론일 수 있습니다. 아래의 표를 살펴봅시다.

| | A학원의 합격률 | B학원의 합격률 |
|---|---|---|
| 남자 | 60% (180명 합격/300명) | 50% (20명 합격/40명) |
| 여자 | 80% (80명 합격/100명) | 70% (210명 합격/300명) |
| 합 | 65% (260명 합격/400명) | 67.6% (230명 합격/340명) |

잘 믿어지지 않는 이런 현상은 사실입니다. 마치 앞의 착시 그림처럼 우리의 생각에 혼란을 일으키지요. 우리의 생각이 왜 빗나간 것일까요? 비율을 단순 숫자처럼 생각했기 때문입니다. 이를 수식으로 표현하면 명쾌하게 이해할 수 있습니다. 이 이야기는 다음과 같은 식으로 나타낼 수 있습니다.

$$\frac{a_1}{A_1} > \frac{b_1}{B_1} \text{이고 } \frac{a_2}{A_2} > \frac{b_2}{B_2} \text{이라고 반드시}$$

$$\frac{(a_1 + a_2)}{(A_1 + A_2)} > \frac{(b_1 + b_2)}{(B_1 + B_2)} \text{라고 말할 수는 없다.}$$

이렇게 작은 부분의 대소 관계가 부분을 합한 전체에서 역전되는 현상을 '심프슨의 역설'이라고 합니다. 이런 일은 실제로 많은 곳에서 일어납니다. 가령, 모든 지역에서 투표율의 우세를 보인 후보가 전체를 합하면 역전되는 경우도 발생할 수 있습니다. 이런 현상을 이용하여 자신에게 유리한 주장을 펼치는 사람들도 있습니다. 이를 확인하는 것이 수학적 생각입니다.

# $f_x$ 마술 같은 피보나치 수열

## 💡 마술사의 절단과 수학

과거에 마주친 사람을 떠올릴 때면, 가장 먼저 얼굴이 생각납니다. 여행지에서 보았던 풍경을 그려보며 여행을 추억하죠. 이처럼 우리는 대부분의 정보를 시각에 의존하고 처리합니다. 하지만 아쉽게도 우리의 시각은 그리 정밀하지 않습니다. 특히 계획적으로 잘 만들어진 속임수에 정밀하지 않은 우리의 눈은 쉽게 속아 넘어갑니다. 그래서 시각적인 정보에 관한 생각은 더더욱 조심해서 확인해야 합니다.

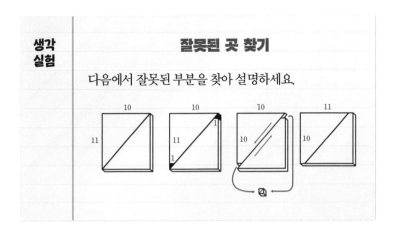

생각
실험

### 잘못된 곳 찾기

다음에서 잘못된 부분을 찾아 설명하세요.

가로 10cm, 세로 11cm인 사각형을 대각선으로 자릅니다. 그리고 그림과 같이 양쪽 코너에서 한쪽 길이가 가로 1cm, 세로 1cm인 삼각형 두 개를 잘라냅니다. 대각선을 따라 삼각형을 밀어서 가로 11cm, 세로 10cm인 사각형을 만듭니다. 우리는 중간에 분명 가로 1cm, 세로 1cm만큼의 삼각형 두 개를 잘라냈습니다. 결론적으로 1cm²만큼의 면적이 줄어야 정상인데, 앞의 그림에서는 그렇게 하고도 면적이 처음과 달라지지 않았습니다. 왜 그럴까요?

다른 사람의 이야기를 들은 후 꼼꼼하게 따져보며 확인하지 않으면 위의 문제처럼 혼자 바보가 되는 경우도 종종 있습니다. 그래서 꼼꼼하게 따져보는 연습이 필요합니다. 이렇게 무엇인가 잘못된 것을 잘 찾으려면 많은 경험이 필요합니다. 다른 사람이 만든 이야기나 계산을 그냥 그대로 듣고 따라 하지 말고, 면밀하게 구체적으로 따져보는 경험을 많이 해야 합니다.

앞의 문제에서 잘못된 부분은 2단계에서 대각선으로 사각형을 자르고 작은 삼각형을 떼어냈을 때, 가로 세로가 모두 1cm인 삼각형이 나왔다는 것입니다. 문제의 사각형은 10cm×11cm로 정사각형이 아닙니다. 따라서, 사각형을 대각선으로 자르면 가로와 세로가 각각 10cm, 11cm인 삼각형 2개로 나뉩니다. 가로·세로가 10cm·11cm인 삼각형에서 작은 삼각형을 잘라내면 그 작은 삼각형도 가로와 세로가 10:11의 비율이어야 합니다. 즉, 가로가

1cm이면 세로는 1.1cm가 됩니다. 그래서 잘라낸 삼각형 2개를 더하면 가로 1cm, 세로 1.1cm인 사각형이 됩니다. 2개로 자른 삼각형을 다시 하나의 사각형으로 붙인다면 가로 11cm, 세로 9.9cm인 사각형이 남습니다. 결과적으로 처음 넓이는 110이고 잘라낸 부분의 넓이는 1.1, 남은 넓이는 108.9입니다.

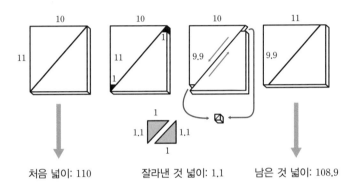

처음 넓이: 110          잘라낸 것 넓이: 1.1          남은 것 넓이: 108.9

## 💡 피보나치 수열과 마술

자연현상에서는 피보나치 수열이 자주 등장합니다. 앞의 두 항을 더해서 그 다음 항을 만드는 수열로, 일반항 $a_n$은 이렇게 표현합니다.

$$a_n = a_{n-1} + a_{n-2}$$

피보나치 수열을 몇 개만 써보면 다음과 같습니다. 처음 $a_1 = a_2 = 1$이라고 하면,

$$a_1 = 1$$
$$a_2 = 1$$
$$a_3 = 1 + 1 = 2$$
$$a_4 = 1 + 2 = 3$$
$$a_5 = 2 + 3 = 5$$
$$a_6 = 3 + 5 = 8$$
$$a_7 = 5 + 8 = 13$$

꽃잎의 개수에도 피보나치 수열이 있고, 고대 건축물에도, 우리가 사용하는 A4지에도 피보나치 수열이 숨어 있습니다. 주식시장에서 주가를 예측하는 기법에도 피보나치 수열이 등장합니다. 그리고 다음과 같은 마술도 만듭니다.

| 생각<br>실험 | ## 사라진 사각형 |
|---|---|

왼쪽의 사각형을 선을 따라 자르고 A, B, C, D를 다르게 배열하여 오른쪽의 사각형을 만들었습니다. 왼쪽 사각형은 가로 8칸, 세로 8칸으로 총 64칸인데,

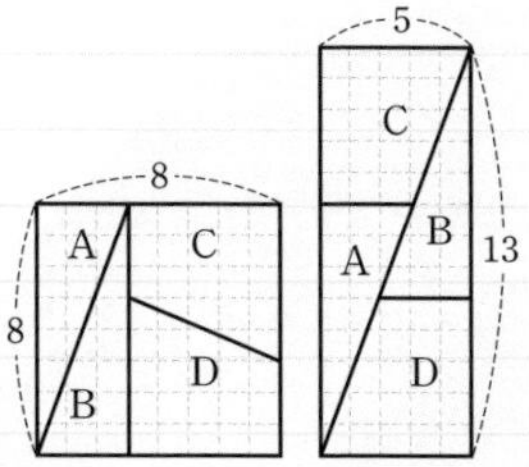

64칸의 사각형을 잘라서 65칸의 사각형을 만들다니, 마치 마술 같습니다. 물론 실제로는 눈속임이겠죠. 그럼, 어떻게 속였을까요? 실제로 잘라 붙인 것은 사각형이 아닙니다. 직선의 기울기를 계산해보면 알 수 있습니다.

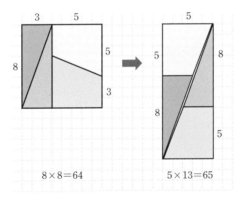

앞에서 언급했듯 이 마술은 피보나치 수열과 관련 있습니다. 위의 그림을 다음과 같이 생각해봅시다.

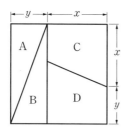 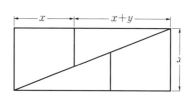

왼쪽의 사각형을 잘라서 오른쪽 사각형이 된다면 두 사각형의 면적이 같아야 합니다. 따라서 $x, y$는 다음을 만족시킵니다.

$$(x+y)^2 = (2x+y)x$$
$$x^2 - xy - y^2 = 0$$
$$\left(\frac{x}{y}\right)^2 - \frac{x}{y} - 1 = 0$$

이때, $\frac{y}{x} = t$라고 하면, $t^2 - t - 1 = 0$입니다. 황금비를 근으로 갖는 방정식입니다. 피보나치 수열의 비율은 황금비로 수렴합니다. 따라서 이 방정식의 $x$와 $y$ 자리에 피보나치 수열의 숫자를 넣으면 트릭이 일어날 것을 예상할 수 있습니다.

피보나치 수열: 1, 1, 2, 3, 5, 8, 13, 21⋯

64칸이 65칸으로 변하는 마술과 비슷하게 25칸이 24칸을 만드는 마술 하나를 소개합니다.

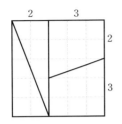
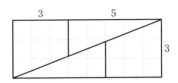

왼쪽 사각형은 가로 5칸 세로 5칸, 총 25칸입니다. 이를 그림과 같이 잘라서 오른쪽처럼 붙이면 가로 8칸 세로 3칸으로 총 24칸의 사각형이 됩니다. 1칸이 사라졌지요? 앞에서 언급했듯이 피보나치 수열에 등장하는 2, 3, 5를 이용해 만든 것입니다. 같은 방법으로 3, 5, 8을 이용하거나, 5, 8, 13을 이용하여 이런 마술을 연출할 수 있습니다. 이렇게 하나의 생각을 정리하여 그 성질을 찾으면 예상하지 못했던 곳에서 이용할 수 있습니다. 이것이 수학의 힘입니다.

## 💡 커리의 삼각형

이런 눈속임으로 재미있는 문제들을 만들 수 있습니다. 다음 그림을 볼까요? 삼각형을 여러 색으로 표시한 부분을 따라 잘라서 아래와 같이 재배치했더니 중간의 사각형 하나가 사라졌습니다. 사각형 하나는 어디로 갔을까요?

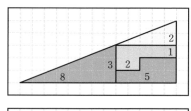

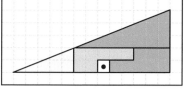

　이 문제를 처음 접하는 사람은 아래 그림의 사라진 사각형이 어디로 갔는지, 이 마술 같은 트릭은 어떻게 일어났는지 알아내기가 어려울 수 있습니다. 그래서 호기심과 승부욕이 강한 사람들은 종종 이런 문제를 풀다가 머리를 쥐어뜯으며 괴로워한다더군요. 이 삼각형은 이를 사람들에게 처음 선보였던 아마추어 마술사 커리의 이름을 붙여 '커리의 삼각형Curry triangle'이라고 합니다.

　당연히 이것도 눈속임으로, 우리가 보고 있는 위 아래의 큰 삼각형들은 실제로는 삼각형이 아닙니다. 빨강색과 노란색 삼각형의 기울기와 전체 삼각형의 기울기를 측정하면 전체 삼각형의 빗변이 직선이 아님을 알 수 있습니다. 꼭짓점 A에서 꼭짓점 B까지의 기울기는 밑면과 높이를 보면 $\frac{8}{13}$ 인데, 작은 삼각형들의 기울기는 각각 $\frac{3}{8}$ 과 $\frac{2}{5}$ 입니다. A에서 B까지의 선이 직선이 아니고, 우리가 보는 전체의 큰 삼각형은 실제로 삼각형이 아니라는 이야기죠. 삼각형처럼 보이는 눈속임에 불과합니다.

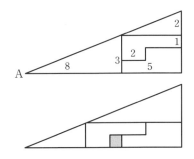

이런 교묘한 절단의 마술은 이번에도 피보나치 수열과 관련 있습니다. 피보나치 수열은 1, 2, 3, 5, 8, 13, 21… 이렇게 진행되는데, 앞의 그림에서 절단된 면들의 길이는 모두 피보나치 수열에 등장하는 숫자입니다. 다른 형태의 커리 삼각형을 하나 더 소개합니다.

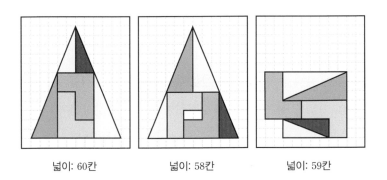

넓이: 60칸          넓이: 58칸          넓이: 59칸

이 삼각형 역시 색깔별로 작은 부분으로 나눠서 다시 합치면 중간에 사각형이 2개나 비는 모습을 볼 수 있습니다. 1번째 삼각형의 넓이는 60이고 이것을 다시 배열한 2번째 삼각형의 넓이는 중간에 2칸이 없으니 58이죠. 6개의 작은 부분을 삼각형이 아닌 단순한 다각형으로 만들면 3번째처럼 나타나는데, 이때의 넓이는 59입니다. 도대체 어떻게 된 일일까요?

앞에서 본 것과 마찬가지로 우리가 보고 있는 삼각형은 실제로는 삼각형이 아닙니다. 다시 말해서 직선처럼 보이지만 실제 기울기를 계산하면 직선이 아닌 거죠. 빨간 삼각형의 기울기는 $\frac{7}{3}$이고 노란 삼각형의 기울기는 $\frac{5}{2}$입니다. 삼각형이라고 보이는 전체의 큰 도형은 실제로 삼각형이 아닙니다. 위의 3가지 도형 중 가장 정직하다고 할 수 있는 도형은 3번째입니다.

단지 다르게 재배열했을 뿐인데, 중간에 사각형 하나가 없어지는 마술은 매우 흥미롭죠. "이렇게 쉽게 속고 속일 수 있구나" 하는 경각심을 주는 재미있는 소재입니다. 다음을 살펴볼까요?

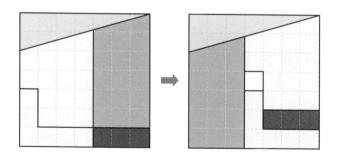

왼쪽 그림은 5개의 도형이 전체 정사각형을 모두 채운 것 같지만, 실제로는 아닙니다. 눈에 보이지 않는 미세한 빈틈이 있습니다. 그런 빈틈이 오른쪽 그림처럼 재배열하면 하나의 사각형으로 나타나는 것입니다.

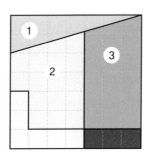

1번 도형과 2번, 3번 도형 사이에 빈틈이 있다는 사실은 2번, 3번 도형의 경계 부분 기울기로 파악할 수 있습니다. 1번과 경계에 있는 2번 도형의 기울기는 $\frac{1}{4}$, 3번 도형의 기울기는 $\frac{1}{3}$ 입니다. 친구들 앞에서 이렇게 사각형이 사라지는 마술을 연출해보는 것도 재미있겠지요.

### 💡 지구를 떠난 검객

재미있는 퍼즐 문제를 많이 남긴 샘 로이드Sam Loyd의 문제 하나를 소개합니다. 한 미국인이 성조기를 그렸습니다. 국기의 빨간 줄과 흰 줄이 합쳐서 13개여야 하는데 실수로 15개를 그려왔다고 합니다. 이 국기를 들고 다른 나라의 대표와 만나기 직전인데, 어떻게 하면 좋을까요? 샘 로이드는 다음과 같이 국기를 잘라서 붙이면 된다고 말합니다.

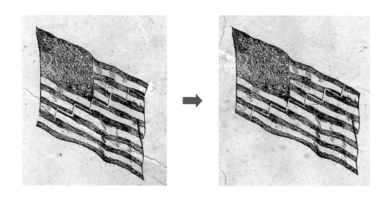

재미있는 아이디어죠? 이런 상황도 봅시다. 13개의 선을 아래처럼 점선을 따라 자릅니다. 그러면 13개의 선은 두 부분으로 나뉘는데, 잘린 왼쪽 반을 한 칸씩 오른쪽으로 보내서 붙이면 다음과 같이 12개의 선이 됩니다. 이렇게 하면 선 13개를 12개로 만들 수 있습니다.

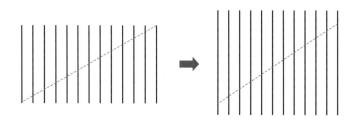

앞에서는 사각형이 사라지는 마술을 몇 개 살펴봤는데, 샘 로이드는 사람이 사라지는 마술도 보여줍니다. 아래의 왼쪽 그림을 보면 13명의 중국인 검객이 있습니다. 이번에는 지구를 약간 돌려봅시다. 지구의 중심을 관통하는 화살표가 N.E에 맞춰진 것을 대략 30° 정도 시계 반대방향으로 돌려서 N.W에 맞춘 것이 오른쪽 그림인데, 검객이 12명으로 줄었습니다. 사라진 1명은 어디로 갔을까요?

샘 로이드의 '지구 위의 검객'이 13명에서 12명으로 줄어든 것은 앞에서 13개의 선이 12개의 선으로 줄어든 것과 같은 방법 때문입니다. 지구 위에 12명이 있는 '지구 위의 검객 2'는 13명이 있는 '지구 위의 검객 1'을 지표면을 따라 동그랗게 잘라서 지구의 안과 밖으로 구분하고 돌려서 붙인 것입니다. 13개의 선을 점선을 따라 잘

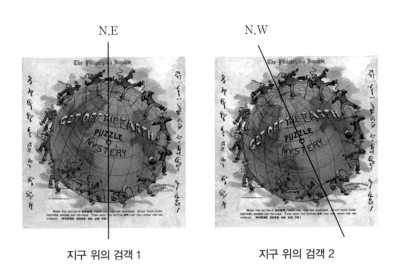

지구 위의 검객 1          지구 위의 검객 2

라서 1칸씩 옮겨 붙인 것과 같지요. 그 과정에서 모든 선이 12분의 1의 길이를 흡수한 것처럼, '지구 위의 검객'에서는 한 사람의 발, 다리, 팔, 칼 등을 다른 검객들이 고르게 흡수했습니다. 결과적으로는 1명이 사라진 것처럼 보이지만 말이죠. 샘 로이드는 1896년 이 것을 특허 출원하여 사람들에게 판매했습니다. 카드 형태로 만들어진 이 퍼즐은 그가 죽을 때까지 1,000만 장이나 팔렸다고 합니다.

 '지구 위의 검객'은 이렇게 만들 수 있습니다. 먼저 다음과 같이 겉 그림과 속 그림을 따로 만듭니다. 하나는 지구의 화살표를 N.E에 맞춰서 아래의 동그란 속 그림을 위의 겉 그림에 넣고, 다른 하나는 지구의 화살표를 N.W에 맞춰서 아래의 동그란 속 그림을 위의 겉 그림에 끼워 넣지요. 화살표를 N.E에 맞춘 그림은 '지구 위의 검객 1'처럼 검객이 13명이지만 화살표를 N.W에 맞춘 그림은 '지구 위의 검객 2'처럼 12명입니다.

겉 그림

속 그림

커리의 삼각형에서 미세한 기울기 차이는 네모난 구멍이 되었습니다. '지구 위의 검객'에서는 검객 한 명이 있고 없고를 판가름했죠. 만약 수학적으로, 즉 꼼꼼하고 철저하게 따져보지 않는 사람이라면 이 모든 게 속임수에 불과하다고 생각할 겁니다. 수학에서 숫자 1은 무한대만큼의 차이로 이어지기도 합니다. 수학자는 1을 꼼꼼하게 확인하는 반면, 일반인은 1을 쉽게 무시합니다. 수학자와 일반인의 차이는 고작 1에 불과할지도 모릅니다. 그러나 그 1이 무한한 사고력의 차이를 낳습니다.

# fx 유대인 어머니의 질문법

## 💡질문의 힘

'피타고라스의 정리'를 들어보았을 겁니다. 직각삼각형의 세 변은 다음 관계를 갖는다는 내용입니다.

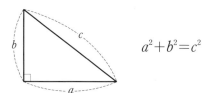

$$a^2 + b^2 = c^2$$

피타고라스의 정리를 만족시키는 가장 간단한 정수는 3, 4, 5입니다.

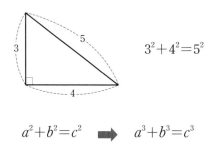

$$3^2 + 4^2 = 5^2$$

$$a^2 + b^2 = c^2 \quad \Longrightarrow \quad a^3 + b^3 = c^3$$

피타고라스의 정리를 만족시키는 정수는 (5, 12, 13) (6, 8, 10) (7, 24, 25) 등 무수히 많습니다. 그런데, $a^2+b^2=c^2$이 아니라 $a^3+b^3=c^3$이라면, 이것을 만족시키는 정수는 어떤 것이 있을까요?

피타고라스의 정리는 기원전 1,800년경에 만들어진 점토판에도 등장하니, 인류는 매우 오래전부터 이를 알아서 땅을 측량하고 건물을 짓는 데에 활용한 것으로 보입니다. 그런데 "$a^2+b^2=c^2$이 아니라, $a^3+b^3=c^3$, $a^4+b^4=c^4$이면 어떻게 될까요?" "어떤 정수가 이런 관계를 만족시킬까?" 같은 질문을 한 사람은 그렇게 많지 않았던 것 같습니다.

17세기 수학자 페르마는 이 질문의 답을 찾아 연구하던 중 놀라운 사실을 발견합니다. $a^3+b^3=c^3$을 만족시키는 어떤 $(a, b, c)$라는 정수를 찾을 수 있을 것도 같은데 페르마는 그런 관계를 만족시키는 정수는 없다고 단언했습니다. $a^3+b^3=c^3$뿐 아니라 $a^4+b^4=c^4$, $a^5+b^5=c^5$ 등 3제곱 이상에서는 이런 형태를 만족시키는 정수가 없다는 것입니다. 페르마의 주장은 이렇게 정리할 수 있습니다.

$n \geq 3$인 경우 $a^n+b^n=c^n$을 만족시키는 정수 $a$, $b$, $c$는 존재하지 않는다.

1637년 페르마는 공부하던 책의 한쪽 여백에 이 정리를 메모하고 이렇게 적었습니다. "나는 놀라운 방법으로 이것을 증명했다. 하지만 여백이 부족하니 증명은 생략한다." 페르마는 이 정리에 관하여 분명 무엇인가를 공부했고 발견했을 겁니다. 그러나 그가 확실하게 증명한 것은 아닌 듯합니다. 왜냐하면 그가 남긴 이 정리를 정확하게 증명하기 위해 358년 동안 무수히 많은 수학자들이 매달렸는데 모두 실패했기 때문이죠. 자신의 일생을 바친 수학자도 있었지만 이 정리는 증명되지 않았습니다. 그래서 350년이 넘어도 풀리지 않은 이 신비로운 수학의 정리를 '페르마의 마지막 정리Fermat's last theorem'라고 불렀습니다. 사실 페르마의 말이 맞는지 틀린지도 모른 채 350년이 넘는 시간이 흐른 것이죠.

결국 '페르마의 마지막 정리'는 1995년 증명되었습니다. 페르마가 문제를 남긴 지 358년 만이었지요. 처음 이 정리가 증명되었을 때에는 정말 맞는지 확인하기 위해 많은 시간이 필요했고 그 증명을 이해하는 사람도 세상에 몇 명 되지 않았습니다. 페르마의 마지막 정리에 대한 앤드루 와일즈Andrew Wiles의 증명은 기네스북에 가장 어려운 수학 문제로 등재되기도 했습니다.

17세기에 페르마가 이 문제를 정확하게 풀었다고 생각하는 사람은 아무도 없는 것 같습니다. 페르마는 자신이 올바르게 풀었다고 착각했을 겁니다. 그 문제는 결국 앤드루 와일즈가 풀었지만 사람들은 이를 앤드루 와일즈의 정리라고 부르지 않습니다. 이 문제를 풀어낸 사람의 이름보다도 문제를 처음 제시한 페르마의 이름으로 기억하는 것입니다. 문제를 푼 사람보다 의미 있는 문제를 제시한 사람이 더 중요하니까요. 정답보다 그 답을 존재하게 하는 질문이 더 중요합니다.

페르마가 문제를 제시할 수 있었던 이유를 생각해야 합니다. 남들이 피타고라스의 정리를 그냥 배우고 지나갈 때, 그는 질문을 던졌습니다. "$a^2 + b^2 = c^2$이 아니라, $a^3 + b^3 = c^3$이라면, 이 식을 만족시키는 정수는 무엇이 있을까?" 누가 시켜서도 아니고 혼자 떠올렸던 그 질문이 관련 연구를 하도록 이끌었으며 역사상 가장 유명한 문제를 만들었습니다. 중요한 것은 질문하기입니다.


헝가리의 생화학자 알베르트 스젠트 기요르기는 어느 날, 색이 까맣게 변해가는 바나나 껍질을 보며 질문을 떠올립니다. '바나나 껍질은 시간이 조금만 지나도 색이 변하는데, 오렌지 껍질은 왜 색깔이 변하지 않을까?' 그는 식물이 함유한 폴리페놀이라는 화합물이 산소와 작용하면 일종의 딱지인 갈색이나 검은색 물질을 만들어낸다는 사실을 밝혀냈습니다. 그리고 폴리페놀이 산소와 작용해 산화되는 것을 막아주는 비타민 C를 발견합니다. 자신의 질문에 합당한 답을 찾는 과정에서 비타민 C를 찾게 된 것입니다. 더욱이 그의 발견을 통해 겉이 상했을 때 바나나처럼 색이 변하는지 아니면 오렌지처럼 색의 변화가 없는지 여부만 따져서 비타민 C 함유량을 알 수 있게 되었습니다.

에드윈 랜드Edwin Land는 어린 딸과 해변에서 놀며 사진을 찍었습니다. 사진을 빨리 보고 싶었던 딸이 에드윈 랜드에게 물었습니다. "아빠, 왜 사진은 찍으면 바로 볼 수 없나요?" 딸의 질문을 그냥 넘기지 않은 에드윈 랜드는 그 질문에 직접 답을 찾기로 했고, 그 결과 폴라로이드 사진기를 만들었습니다.

1990년대 후반 메이저리그의 야구팀 오클랜드 애슬레틱스는 최악의 부진에서 헤매고 있었습니다. 팀 성적은 최하위권이었고 구단의 재정도 매우 열악해 좋은 선수를 영입할 수 없었습니다. 미래가 보이지 않던 당시 새로 취임한 빌리빈 단장은 이런 질문을 던집니다. "홈런 잘 치고 안타 많이 치는 선수가 정말 최고의 선수일까?" "우리에게 필요한 선수는 어떤 선수일까?"

야구에 대한 새로운 질문을 던진 그는 선수들을 평가하는 방법에 다르게 접근했습니다. 일반적으로 사람들은 홈런, 타율, 타점, 도루 등의 요소로 타자를 평가합니다. 하지만 그는 새로운 평가법을 만들었습니다. 출루율, 장타율, 사사구 비율 등을 평가요소로 선택했죠. 투수에 대해서는 승수, 방어율, 직구 구속과 같은 사람들의 평가를 바꿔서 사사구, 땅볼/뜬공 비율 등과 같은 다른 평가요소를 만들었습니다. 특히 선수의 성품과 사생활 같은, 눈에 보이지 않는 요소까지 평가했다고 합니다. 볼넷 출루에 대한 사람들의 인식이 "투수가 공을 잘 못 던졌다"였다면 그는 "타자가 공을 잘 골랐다"고 평가한 것입니다. 그래서 타율과 홈런은 저조하지만 출루율이 높은 타자라면 영입했습니다.

이렇게 기존의 방법으로는 높은 평가를 받지 못해도 자신이 만든 평가법에서 높은 평가를 받는 선수를 영입함으로써 적은 돈으로 자신이 원하는 새로운 팀을 꾸릴 수 있었습니다. 빌리빈 단장의 생각은 적중했습니다. 오클랜드는 2000~2003년 포스트시즌에 연속 진출하는 강팀으로 거듭났고, 빌리빈 단장과 오클랜드의 성공 스토리는 〈머니볼〉이라는 영화로까지 만들어졌습니다.

페르마는 피타고라스 정리에서 한 걸음 더 나아갔습니다. 그리하여 수백 년 동안 수많은 수학자가 지성을 다투고 열의를 불태운 질문을 던질 수 있었죠. 페르마의 마지막 정리는 수학에서 질문이 얼마나 중요한지 보여주는 대표적 사례입니다.

페르마의 마지막 정리를 푼 앤드루 와일즈는 하버드대학교 수학자들과 함께 밀레니엄 문제를 선정했다고 합니다. 페르마의 마지막 정리만큼이나 어려운 난제를 후대에게 남긴 것이지요. 밀레니엄 문제를 푼 사람은 와일즈처럼 수학의 발전에 거대한 공헌을 한 수학자로 역사에 길이 남을 겁니다. 이처럼 수학은 혁신적인 질문을 던지고 그에 대한 해답을 찾아가는 방식으로 발전해왔습니다. 페르마처럼, 비타민 C를 발견한 기요르기처럼, 하위 팀을 우승시킨 빌리빈처럼 질문을 던지세요. 훌륭한 해답이 돌아올 테니까요.

## 💡 질문과 답: 질문이 있어야 답이 있다

우리의 생각은 질문과 답으로 작동합니다. 어떤 것에 대해서 '왜 그럴까?' 혼자 생각하며 스스로 질문을 던지기도 하고, 다른 사람에게 묻기도 하죠. 자신의 질문에 답을 찾기도 하고, 다른 사람의 질문에 답을 하면서 생각을 확장해 나갑니다. 질문과 답 중에 먼저 오는 것은 질문입니다. 질문이 없으면 생각도 없습니다. 우리는 학창 시절 공부하면서 질문한 경험이 거의 없습니다. 이해하고 외우는 공부는 대부분 주어진 문제의 답을 찾는 과정만을 연습시킵니다.

노벨상 수상자의 25%를 차지하고 전 세계 부를 거머쥔 유대인의 공부법에 많은 사람이 관심을 보이는데, 유대인 공부법의 핵심은 질문입니다. 우리는 학교에 다녀온 자녀에게 "오늘 학교에서 무엇을 배웠니?"라고 묻지만, 유대인 부모는 "너는 오늘 학교에서 무슨 질문을 했니?"라고 묻는다고 합니다. 실제로 그들은 답을 찾는 공부보다는 질문을 찾는 공부를 더 많이 한다고 합니다. 질문은 그들이 말하는 창의성의 원천입니다.

질문은 주도적이고 능동적으로 이루어지고, 답은 반응적이고 수동적으로 찾는 것입니다. 질문과 답의 가장 큰 차이는 여기에 있습니다. 비즈니스에서 시장의 요구에 응답하여 고객이 원하는 것을 제공하는 사람은 답을 찾는 사람입니다. 반면 새로운 시장을 개척하며 고객에게 새로운 제품과 서비스를 먼저 창조하여 선보이는 일은 질문을 던지는 사람만이 할 수 있습니다. 대량생산의 산업사회에서는 답을 잘 찾는 사람이 성공했지만, 새로운 상품과 서비스를 끊임없이 창출해야 하는 창조경제의 시대에는 먼저 질문을 던지는 사람이 성공합니다.

질문과 답을 문제의 발견과 문제의 해결이란 측면으로 보면, 질문은 문제의 발견이고 답은 문제의 해결입니다. 똑똑한 사람은 둘 다 잘할 것 같지만, 사실 문제를 발견하는 것과 해결하는 것은 매우 다른 능력입니다. 아래 질문을 살펴봅시다.

**생각
실험**

## 시골의 3형제

옛날 어느 성에 왕과 공주가 살았습니다. 어느 날 공주가 병에 걸렸습니다. 많은 의원이 치료를 해보았지만 공주의 병은 낫지 않았습니다. 왕은 성에 방을 붙였습니다.

"공주의 병을 낫게 하는 사람은 공주와 결혼할 것이며 다음 왕이 되리라!"

시골에 3형제가 있었습니다. 그들에게는 각각 소중한 보물이 있었는데, 첫째는 천리 밖을 볼 수 있는 망원경이 있었고, 둘째는 천리를 하루 만에 갈 수 있는 말이 있었으며, 셋째는 모든 병을 치료하는 마법의 사과가 있었습니다. 첫째가 망원경으로 왕이 붙인 방을 보고, 3형제가 둘째의 천리마를 타고 왕궁으로 가서, 셋째의 마법 사과를 공주에게 먹여 병을 낫게 했습니다. 이런 상황에서 왕은 3형제 중 누구와 공주를 결혼시켜야 할까요?

우리가 어렸을 적 읽은 이 옛날 이야기의 결말은 마법의 사과를 가진 셋째와 공주를 결혼시키는 것입니다. 첫째의 망원경이나 둘째의 천리마는 그들에게 그대로 있지만, 셋째의 사과는 공주가 먹어서 없어졌으니까요. 이것이 우리가 알고 있는 결론입니다. 그러나 시대상을 반영한다면 이 동화의 결말은 바뀌어야 합니다. 3형제 중 공주의 병을 치료하는 데 가장 크게 기여한 사람이 마법의 사과를 준 셋째라고 본다면, 농경사회의 프레임으로 동화를 읽은 것입니다. 식량이 무엇보다 중요했던 농경사회에서는 먹을 것으로 공주를 구한 셋째가 가장 크게 기여했다고 생각할 수 있습니다.

하지만 산업사회의 프레임으로 보면 천리마로 3형제에게 운송 수단을 제공한 둘째가 가장 크게 기여했습니다. 지식정보화 사회의 프레임으로 보면 망원경으로 성에 붙은 방을 보고 공주가 병든 사실을 알아낸 첫째가 공주와 결혼해야 합니다. 지식과 정보를 알아낸 첫째가 가장 큰 기여를 했기 때문이죠.

이 이야기를 문제의 발견과 해결이라는 관점에서 살펴봅시다. 첫째는 망원경으로 문제를 발견했습니다. 둘째와 셋째는 문제를 해결했지요. 문제의 해결보다는 발견이 더 중요합니다. 문제의 발견은 곧 기회를 발견하는 것이니까요. 또 문제를 먼저 발견해야 해결할 문제도 있지 않겠습니까? 이것을 질문과 답이라는 관계로 생각할 수도 있습니다. 답을 찾는 것보다 중요한 것은 질문을 던지는 것입니다.

## 💡 문제를 발견하는 조건

어떻게 새로운 문제를 발견하여 기회를 찾을 수 있을까요? 우선 여유를 갖고 주변을 살펴보아야 합니다. 우리는 목적지향적으로 상황에 집중합니다. 그래야 일도 잘하고 공부도 잘한다고 생각하지요. 그러나 집중할 것에 집중하면서도 때로는 주위를 돌아보는 여유를 가져야 합니다. 그래야 지금 생각하지 못했던 어떤 기회를 발견하고, 새로운 시각을 가질 수 있기 때문입니다. 업무 외의 일에 시간을 일부 투자하며 더 참신하고 창의적인 일들을 만들어내는 사람들처럼요.

1999년 미국의 심리학자 대니얼 사이먼스Daniel Simons와 크리스토퍼 차브리스Christopher Chabris는 36명의 대학생을 대상으로 한 실험을 했습니다. 그들에게 75초 정도의 영상을 보여줬는데, 영상에는 흰색 셔츠를 입은 3명과 검은 셔츠를 입은 3명이 농구공을 주고받고 있었습니다. 실험은 흰 셔츠를 입은 사람들이 서로 공을 몇 번 주고받는지 세는 것이었습니다. 누구나 정답을 맞힐 수 있는 간단한 질문이었죠. 그런데 영상을 다 본 사람들은 이런 질문을 받았습니다.

"혹시 고릴라를 보셨나요?"

실제로 영상 중간쯤에 약 5초간 고릴라 복장을 한 사람이 지나가며 화면의 중앙에서 주먹으로 가슴을 쾅쾅 치기도 했습니다. 그런데 실험 참가자들 중 약 절반이 조금 못 되는 사람들이 고릴라를 못 봤다고 대답했습니다. 눈에 뻔히 보이는 고릴라를 많은 사람들이 전혀 알아채지 못했다는 놀라운 결과였습니다. 어떤 것에 집중하고 주의를 기울이다 보면 거기에 집중하느라 자연스럽게 보이는 것들을 못 보는 현상이 일어난다고 합니다.

이런 현상을 '보이지 않는 고릴라invisible gorilla'라고 합니다. 어떤 사람은 이 고릴라를 '기회' 또는 '행운'이라고 이야기합니다. 무언가에 집중하다 보면, 주위에 있는 또 다른 것을 놓치기 쉽습니다. 그것이 바로 집중의 한 가지 단점입니다. 이 단점에 빠지지 않으려면 집중하면서도 항상 주위를 보는 여유를 잃지 않아야 합니다.

문제를 발견하기 위해 2번째로 생각해볼 것은 때때로 패턴에서 벗어나기입니다. 우리는 많은 일들을 패턴대로, 하던 대로 대충대충 처리합니다. 아래 단락을 읽어보세요.

캠리브지 대학의 연결구과에 따르면, 한 단어 안에서 글자가 어떤 순서로 배되열어 있는가 하것는은 중하요지 않고, 첫째번와 마지막 글자가 올바른 위치에 있것는이 중하요다고 한다. 나머지 글들자이 완전히 엉진창망의 순서로 되어 있지을라도 당신은 아무 문없제이 이것을 읽을 수 있다. 왜하냐면 인간의 두뇌는 모든 글자를 하나 하나 읽것는이 아니라 단어 하나를 전체로 인하식기 때문이다. 우리는 무식의적으로 이렇게 한다.

놀랍게도 우리는 이 엉망진창인 글을 문제없이 읽을 수 있습니다. 우리가 이렇게 허술하게 대충 글을 읽고 생각하는 것은 그것이 효율적이기 때문입니다. 인간의 두뇌는 효율을 높이는 방향으로 작동한다고 합니다. 그래서 일정한 패턴에 따라 대충 처리하지요. 많은 문제는 때때로 효율을 약간 포기하며 꼼꼼하게 돌아보고, 귀찮아도 해오던 패턴에서 한 번씩 벗어나는 일탈에서 발견됩니다.

문제 발견을 위해 3번째로 제시하고 싶은 방법은 부분과 전체를 같이 보는 것입니다. 많은 일들은 때로는 부분적으로, 때로는 전체적으로 봐야 합니다. 우리가 겪는 많은 일들은 부분적으로만 보거나, 전체적으로만 봐서는 제대로 이해할 수 없습니다.

사람은 가까이에 있는 것을 볼 때 부분적인 것을 보고, 멀리 있는 것을 볼 때에는 전체적인 것을 본다고 합니다. 이 현상을 설명하기 위해 미국 MIT의 오드 올리바Aude Oliva 박사는 다음 그림을 제시했습니다.

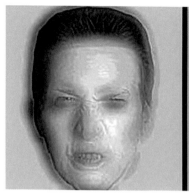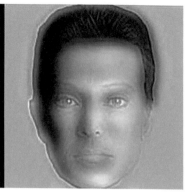

〈화난 박사와 미소 씨Dr. Angry and Mr. smile〉라는 이름의 이 작품은 왼쪽 사람이 찡그리고 있는 반면 오른쪽 사람은 살짝 미소 짓고 있습니다. 하지만 이 그림을 멀리서 보면 오른쪽 사람이 찡그리고 왼쪽 사람이 미소 짓는 것으로 보입니다.

어떤 대상을 볼 때는 대략적인 것과 세밀한 것을 모두 보는데, 가까이에서 볼 때는 부분적이고 세밀한 것을 먼저 보고 멀리서 볼 때는 세밀한 것보다 전체적인 것을 먼저 보기 때문에 이런 착시가 발생합니다.

가까이에서 부분을 보고, 또 멀리서 전체를 보려는 노력이 모두 필요합니다. 그것이 문제를 발견하는 데 매우 중요합니다. 다른 사람들이 문제라고 인식하지 못하는 것을 문제라고 인식하는 발견에서 새로운 기회가 시작됩니다. 앞에서 제시한 문제를 발견하는 3가지 방법은 한마디로 "다람쥐 쳇바퀴 돌듯이 살지는 말아야 한다"는 의미입니다.

한번쯤 멈추거나, 뛰면서도 주위를 둘러보며 당연한 것에 "정말 그럴까?" "꼭 그래야만 할까?"라는 질문을 던지는 여유를 가져보세요.

# 피타고라스의 무리수와 소크라테스의 질문

## 🔆 유연한 생각

당연한 것에 질문하며 자신의 생각을 확인해야 하는 가장 중요한 이유는 틀리지 말고 확실하게 생각하기 위해서입니다. 그리고 또 한 가지 중요한 이유는 그 과정을 통해 기존의 고정관념에서 벗어나 새롭고 창의적으로 생각하기 위해서입니다. 엄밀하고 확실한 생각을 기반으로 자유롭고 유연한 생각을 더해야 합니다. 정답보다 질문이 더욱 강조한 이유도 자유롭고 창의적인 생각을 위해서입니다.

유연하게 생각하기는 중요하지만, 쉽지 않습니다. 유연하게 생각하는 것도 경험과 학습이 필요합니다. 다음 4개의 점을 연결하는 정사각형을 그려볼까요?

4개의 점을 지나는 정사각형을 그리라고 하면 많은 사람들이 불

비판적 사고: 당연한 것에 "왜 그렇지?" 묻는다

가능하다고 대답합니다. 4개의 점이 정사각형의 꼭짓점이 되어야
한다는 선입견으로 문제를 접하기 때문입니다. 이 문제에서 4개의
점이 정사각형의 꼭짓점이어야 한다는 조건은 없습니다. 따라서,
다음처럼 4개의 점을 지나는 정사각형을 그리면 됩니다.

## 다리 건너기

4명이 다리를 건너야 합니다. 1명은 다리를 건너는 데
1분이 걸리고 다른 사람들은 각각 2분, 5분, 10분씩 걸
립니다. 밤이라서 반드시 손전등을 들고 가야 하고, 다
리는 폭이 좁아서 동시에 최대 2명이 건널 수 있습니다.
그러니까 2명이 같이 다리를 건너서 1명을 바래다 주고
다시 다리를 건너올 때는 혼자 손전등을 가지고 와야겠
죠. 2명이 같이 다리를 건널 때에는 걸음이 느린 사람의
시간에 맞춰야 합니다. 예를 들어, 1분 걸리는 사람과 5
분 걸리는 사람이 함께 다리를 건넌다면 5분의 시간이

걸립니다. 17분 만에 4명이 전부 다리를 건너려면 어떻게 해야 할까요?

이 문제를 사람들과 같이 풀어보면 대부분 19분이라고 대답합니다. 일단 먼저 계산을 해보세요. 아이디어에 따라 계산을 했는데, 19분이 나왔다면 당신은 상식의 틀에 갇힌 겁니다. 상식의 틀에서 벗어나려면 지금 갖고 있는 아이디어를 과감히 버려야 합니다. 다른 방법으로 계산해야 17분이 나옵니다. 하지만 사람들은 쉽게 틀을 벗어나지 못하고 계속 같은 아이디어로 계산을 반복하며 19분에서 벗어나지 못합니다.

문제를 같이 풀어볼까요? 이 문제는 딱 보는 순간 어떻게 풀어야 할지 감이 잡힙니다. 그 방법은 다리를 건너는 데 1분밖에 안 걸리는 사람을 활용하는 것이죠. 1분인 사람이 빨리 왔다 갔다 하면 시간이 최소가 될 거라는 생각의 틀이 생깁니다. 그래서 그 틀 안에서 같은 계산을 반복하면 19분을 벗어나지 못합니다. 이 문제를 이렇게 해결해봅시다. 먼저 다리를 건너는 데 1분 걸리는 사람과 2분, 5분, 10분 걸리는 사람들을 각각 1, 2, 5, 10이라고 부릅니다. 그리고 다음과 같이 합시다.

1. 1과 2가 건너가서 2는 반대편에 남고, 1만 돌아옵니다.

→ 3분 소요(2분＋1분)

2. 이번엔 5와 10이 같이 건너가고, 2가 돌아옵니다.

　　→ 12분 소요(10분＋2분)

3. 1과 2가 같이 건너갑니다.

　　→ 2분 소요

그러면 총 17분이 소요됩니다.


　시간이 많이 걸리는 5와 10을 동시에 건너가게 하는 것이 핵심입니다. 이 문제는 처음 보면 시간이 가장 적게 걸리는 1이 많이 움직여야 할 것 같지만, 그렇게 계산한 결과가 우리가 원하는 조건을 만족시키지 못한다면 새로운 방법으로 접근해야 합니다. 문제를 해결할 다른 포인트를 찾아야 하지요.

| 생각 실험 | 쓰레기 꺼내기 |
| --- | --- |
| | 다음 그림과 같이 성냥개비 4개로 된 쓰레기통 속에 쓰레기를 넣었습니다. 성냥개비 2개를 움직여서 쓰레기가 쓰레기통 밖으로 나오게 해보세요. 쓰레기통의 모양은 바뀌지 않지만 방향은 바뀔 수 있습니다. |

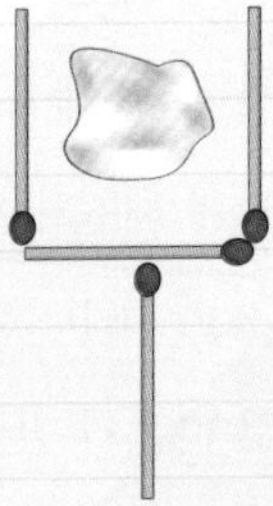

쉽게 해결할 수 있을 것 같으면서도 막상 어떻게 해야 할지 모르겠지요? 이 문제가 쉽게 풀리지 않는 이유는 우리가 성냥개비의 움직임에 어떤 고정관념을 갖고 있기 때문입니다. 바로 성냥개비의 한쪽 끝을 다른 쪽 끝에 붙여야 한다는 생각입니다. 꼭 그래야 할 필요는 없지요. 다음 그림처럼 성냥개비 하나를 옮기고, 다른 하나를 밀면 문제는 쉽게 해결됩니다.

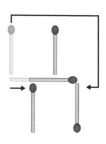

어떤 사람이 수레를 끌고 언덕을 올라가는데, 젊은이가 뒤에서 수레를 밀고 있었습니다. 지나가던 사람이 젊은이에게 물었습니다.

"앞에서 수레를 끄는 사람이 당신 아버지입니까?"

"네."

이번에는 앞에서 수레를 끄는 사람에게 물었습니다.

"뒤에서 수레를 미는 젊은이가 당신 아들입니까?"

"아니요."

어떻게 된 일일까요?

뒤에서 수레를 미는 젊은이는 아들이 아니라 딸이라는, 유명한 수수께끼입니다. 수레 등을 미는 힘 쓰는 일은 남자가 한다는, 무의식적으로 발생하는 선입견을 지적하는 문제입니다.

## 💡 질서와 혼돈 그리고 새로운 질서를 찾아서

세상은 어떤 규칙이 있고 질서를 따릅니다. 그 규칙을 파악하고 잘 정리하는 것이 수학이라고 했습니다. 내가 생각하는 규칙이 세상의 전부는 아닐 수 있습니다. 우리가 아직 파악하지 못했고 정리하지 못한 또 다른 규칙이 있을 수 있습니다. 그래서 항상 겸손한 마음으로 생각해야 합니다.

다음과 같이 상자에 캔을 넣는 일을 생각해봅시다. 캔을 왼쪽 그림처럼 규칙적으로 상자에 넣어야 가장 많이 넣을 수 있다고 생각하기 쉽지요. 하지만 실제로 캔을 더 많이 넣는 방법은 오른쪽처럼 벌집 모양의 정육각형을 만드는 것입니다.

캔을 5개씩 8줄로 넣으면 40개가 들어가지만, 5개씩 5줄을 넣고 4개씩 4줄을 넣으면 $5 \times 5 + 4 \times 4 = 41$개가 들어갑니다. 모두 5개씩 통일하여 줄을 맞추는 것이 균형과 대칭 때문에 더 안정적이고 더 많은 캔을 넣을 수 있을 것 같지만, 그것은 벌집 모양의 '육각 채우기'를 경험하지 못한 사람의 틀에 박힌 생각일 뿐입니다.

단지 박스에 캔 하나를 더 넣고 못 넣고의 문제만이 아닙니다. 한정된 공간에 물건을 최대한 집어넣는 방법을 찾는 것은 경제적으로도 매우 중요한 문제입니다. 반도체를 생각해보세요. 반도체에 사용되는 실리콘 칩은 원형의 실리콘 웨이퍼에서 잘라내는데, 원형에서 작은 정사각형 조각들을 잘라내고 남은 웨이퍼는 그냥 버립니다. 같은 웨이퍼에서 정사각형 조각들을 어떻게 자르느냐가 경제적인 문제와 직결되는 것입니다.

그런데 벌집 모양의 정육각형 모양으로 캔을 넣는 방법이 최선은 아닙니다. 괴짜이며 천재인 수학자 파울 에르되시Paul Erdös는 정사각형 모양과 정육각형 모양을 섞어 더 많은 캔을 넣는 방법을 발견했습니다. 한 변의 길이가 1m인 정사각형 상자 안에 지름이 10cm인 음료수 캔을 넣는다고 가정하면, 상자 안에는 최대 몇 개가 들어갈까요?

앞에서 처음 생각한 것처럼 정사각형의 모형으로 캔을 넣으면 쉽게 100개라고 대답할 수 있습니다. 1m는 100cm이니까 10cm $\times 10 = 100$cm입니다. 따라서 정사각형의 모형으로 캔을 넣으면 가로 세로 10개씩, 총 100개의 캔이 들어갑니다. 82페이지의 왼쪽과 같은 모양이죠.

하지만 캔을 정육각형의 벌집모양으로 넣으면 100개보다 더 많은 캔을 넣을 수 있습니다. 정육각형 배열로 넣으면 10개짜리 6줄, 9개짜리 5줄로 105개($=10 \times 6 + 9 \times 5 = 60 + 45$)를 넣을 수 있습

정사각형 배열

육각형 배열

니다. 정사각형 배열로는 100개밖에 넣지 못하지만 육각형 배열로는 5개를 더 넣을 수 있지요. 똑같은 포장으로 5% 더 많은 물건을 옮길 수 있는 것입니다. 그렇다면 이게 최대일까요?

파울 에르되시의 지적대로, 정사각형 배열과 육각형 배열을 섞어 다음과 같이 배열하면 1개를 더 넣을 수 있습니다.

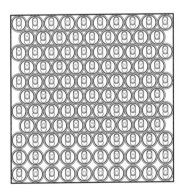

정사각형 배열로 30개, 육각형 배열로 10개짜리 4줄, 9개짜리 4줄이니까 총 106개(=30+40+36)를 넣을 수 있습니다. 두 배열을 섞어서 규칙성은 깨졌지만 처음의 정사각형 배열보다 6%나 더 많은 캔을 넣을 수 있지요. 파울 에르되시는 최선의 답은 항상 질서 정연하고 규칙적이지만은 않다고 지적합니다. 규칙적이고 질서 있다는 것은 우리가 이미 이해하고 있다는 의미입니다. 우리가 이해하지 못하는 새로운 것은 우리가 이미 알고 있는 것보다 훨씬 더 많습니다. 그런 새로운 경험이 수학의 재미이고 실용적인 가치입니다.

사람들은 하늘을 날고 싶어 했습니다. 사람들의 눈에는 하늘을 날고 있는 새의 날갯짓이 들어왔지요. 그래서 날개를 위아래로 움직이는 것이 하늘을 나는 규칙이라고 생각했습니다. 그것이 하늘을 나는 유일한 질서처럼 보였죠. 많은 사람들이 펄럭이는 날개를 만들어 하늘을 날려고 시도했지만 모두 실패했습니다.

실제로 사람은 날개를 고정하면서 하늘을 날 수 있게 되었습니다. 날개를 고정시키는 것은 과거의 시각으로는 하늘을 나는 규칙이 아니었습니다. 하지만 지금은 날개를 고정시키는 것이 하늘을 나는 규칙이 되었습니다. 날개를 위아래로 움직이는 것이 사실은 고정관념이었고 인간이 하늘을 나는 일을 가로막는 장벽이었던 것입니다.

## 💡 오래된 수수께끼의 또 다른 정답

"내가 아는 유일한 사실은 내가 아무것도 모른다는 것이다." 소크라테스의 명언입니다. 소크라테스는 성품뿐 아니라 지적으로도 겸손했던 듯합니다. 생각의 겸손이 더 많은 것을 더 유연하게 받아들이고 더 좋은 생각을 하게 만드는 발판이 되었겠지요. 현명하게 생각하는 방법은 자신이 모르는 또 다른 것을 인정하고 그것을 더 좋은 기회로 여기는 것입니다. "평행한 두 직선이 만날까, 만나지 않을까?" 같은 너무나 당연한 질문을 던지며 또 다르게 생각하여 비유클리드 기하학을 만들었던 수학자들에게서 배울 수 있는 교훈입니다.

유클리드보다 200년 정도 전에 살았던 피타고라스는 세상의 모든 것을 수로 설명했습니다. 그는 자신이 만든 종교의 교주였고 그가 믿는 신은 수학이었습니다. 세상은 수로 이루어졌다고 굳게 믿었죠. 그런데 그가 알고 있는 수는 유리수였습니다. 피타고라스는 유리수가 수의 전부인 줄 알았던 것입니다. 그런데 어느 날 그의 제자가 $\sqrt{2}$를 발견했습니다. 무리수의 존재를 몰랐던 피타고라스는 $\sqrt{2}$를 자신이 생각하는 수로 이루어진 세상을 무너뜨리는 존재로 받아들였습니다. 고민하던 피타고라스는 결국 제자를 죽이고 $\sqrt{2}$의 존재까지 비밀로 묻어두었습니다.

그 이후 한참이 지나서, 피타고라스의 제자들은 무리수의 존재를 알게 되었고 피타고라스의 정리도 활용하게 되었다고 합니다.

피타고라스가 무리수의 존재를 받아들이고 무리수에 대해 더 많이 공부했다면 더 새로운 수학을 만들 수 있었을 겁니다. 기존의 것을 개량하고 발전시키는 것도 중요하지만, 때로는 전혀 다른 접근이 필요합니다. 새롭고 혁신적인 것은 그렇듯 전혀 다른 접근으로 탄생하기 때문입니다.

**생각 실험**

## 오래된 수수께끼의 다른 접근

27쪽의 '오래된 수수께끼'에서 남쪽으로 1km 가다가, 방향을 바꿔 동쪽으로 1km 가다가, 다시 북쪽으로 1km 가서, 처음 출발한 자리로 되돌아오는 곰은 북극곰이라고 했습니다. 그런데, 지구상에서 '남쪽으로 1km 가다가, 방향을 바꿔 동쪽으로 1km 가다가, 다시 북쪽으로 1km 가면, 처음 출발한 자리로 되돌아오는 지점'은 북극이 유일할까요? 그렇지 않습니다. 북극 외에 '남쪽으로 1km 가다가, 방향을 바꿔 동쪽으로 1km 가다가, 다시 북쪽으로 1km 가서, 처음 출발한 자리로 되돌아올 수 있는 곳'이 또 존재합니다. 그곳은 어디일까요?

앞에서 제시한 오래된 수수께끼의 또 다른 정답을 찾는 문제입니다. 그전과는 전혀 다른 방법으로 접근해야 합니다. 일단 동쪽으로 간다는 것은 위도를 따라가는 것이고, 남쪽 북쪽으로 가는 것은 경도를 따라가는 것입니다. 지구본을 보면 적도 부근의 위도는 매우 길지만, 극지방의 위도는 상대적으로 짧습니다. 그래서 남극 근처에는 동쪽으로 1km 가면 제자리로 돌아오는 위치가 있습니다. 문제에서 찾는 지점은 바로 동쪽으로 1km 가면 제자리로 돌아오는 위치에서 북쪽으로 1km 간 곳입니다. 남쪽으로 1km 갔다가, 방향을 바꿔 동쪽으로 1km 갔다가, 다시 북쪽으로 1km 가면, 처음 출발한 자리로 되돌아오게 되는 곳이죠.

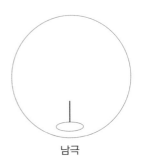

남극

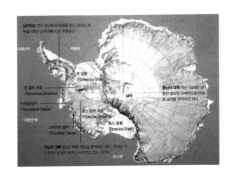

물론 동쪽으로 1km 갔을 때 위도 선을 2바퀴 돌고 제자리로 돌아온 위치나, 3바퀴 돌고 제자리로 돌아온 위치에서 북쪽으로 1km 위에 있는 점도 오래된 수수께끼의 또 다른 정답이 될 수 있습니다.

오래된 수수께끼의 또 다른 정답은 비유클리드 기하학과는 전혀 상관이 없습니다. 새로운 관점에서 접근해야만 얻을 수 있습니다.

앞에서 푼 오래된 수수께끼를 알고 있는 사람들 대부분은 이 문제를 처음 접하는 사람들보다도 정답을 찾기 어려워합니다. 생각의 틀에 갇혀 있기 때문입니다. 자신이 믿는 상식과 기존에 성공한 방식으로 문제에 접근하기 때문에 새로운 해답을 내놓지 못하지요. 이른바 '경험의 함정'입니다.

수학 문제를 해결하려면 항상 새로운 관점이 필요합니다. 열린 생각과 도발적인 도전이야말로 수학의 정신입니다. 생각의 틀에서 벗어나기란 무척 어렵습니다. 그러나 그만큼 값진 결과를 가져온다는 사실을 기억하기 바랍니다.

수학, 생각의 기술 UP

2장

개념적 사고

본질을 발견하다

# 창의력 미술관:
# 그림이란 무엇일까?

$f_x$

### 자신의 감정을 그린 뭉크

이 작품은 노르웨이 작가 뭉크의 대표작 〈절규〉입니다. 몇 년 전 뉴스에서 이 작품이 뉴욕 소더비 경매에서 대략 1,300억 원에 거래되면서 당시 최고 기록을 세우는 모습에 매우 놀란 기억이 있습니다.

뭉크는 눈에 보이는 것이 아닌, 자신의 감정을 그렸다고 합니다. 그를 표현주의의 선구자라고 부르는데, 그림이란 눈에 보이는 것을 그린다는 고정관념에서 벗어나 그림으로 자신의 감정과 내면의 마음을 표현하는 것을 표현주의라고 합니다.

미술의 역사를 살펴보면 19세기 들어 사람들이 "그림이란 무엇인가?"라는 질문을 본격적으로 던진 듯합니다. 보이는 사물 그대로 똑같이 그리는 것이 그림이라고 생각하던 사람들의 마음속에 '정말 그럴까?'라는 의심이 들기 시작했던 거죠. 더욱이 카메라도 등장했습니다. 보이는 것을 그대로 정확하게 옮겨 놓는 역할로서 그림은 사진과 경쟁하여 이길 수 없습니다. 그래서 사람들은 "그림이란 무엇인가?"라는 질문을 통하여 그림의 새로운 역할을 찾았던 것입니다.

어떤 사람들은 보이는 객관적 사물을 그리기보다는 보이는 것에서 자신이 받은 주관적 인상을 표현했습니다. 그들을 인상주의라고 부릅니다. 대상으로부터 받은 인상만이 아닌 자신의 감정을 표현하는 표현주의, 철학자처럼 자신의 생각을 그림으로 남긴 초현실주의 등 다양한 미술 사조가 등장했습니다. 그들은 "그림이란 무엇인가?"라는 질문에 대한 자신의 답을 찾은 듯합니다.

화가의 집을 방문한 적이 있습니다. 학회에서도 매우 유명하고, 그림도 매우 비싸게 팔리는 화가였습니다. 집에 있는 많은 그림을 보며 화가 선생님께 이렇게 말했습니다.

"그림도 그려보고 싶은데, 재주가 없어서요."

그림을 잘 그리지 못한다는 제 말에 화가는 이렇게 말해주었습니다.

"보이는 대로 그리는 그림이 제일 못 그린 그림이에요. 그리고 싶은 것이 있다면 부담 갖지 말고 그냥 그려보세요."

가끔은 '저 정도는 나도 그리겠다' 싶은, 유치해 보이는 그림들이 있습니다. 그러나 눈에 보이는 대로 잘 옮겨 그리는 것이 화가의 목표가 아닙니다. 그들은 "그림이란 이런 거야!"라는 자신만의 주관이 있고, 그것을 잘 표현하고 드러내려고 노력합니다. 사진과도 다르고 여타 유수한 화가들의 그림과도 다른, 자신만의 독창적이고 의미 있는 작품을 남기고 싶어 하는 것이지요. 그림에 대한 자신만의 주관을 가지고요.

# 자연수와 짝수의 개수는 같다 : 갈릴레이의 논증

$f_x$

## 💡 수학은 약속이다: 정의

수학은 정의definition에서 시작합니다. 자연수는 무엇인지, 짝수는 무엇인지 정의해야 자연수와 짝수에 대해 이야기할 수 있겠지요. 그래서 수학 책의 앞부분은 수학 용어들의 정의를 소개합니다. 내가 다루려는 것이 무엇인지에 대한 정의와 개념을 생각하는 일이 중요합니다. 좀 엉뚱한 생각 실험을 해봅시다.

| 생각<br>실험 | 자연수와 짝수의 개수는 같다 |
|---|---|
| | 자연수의 집합과 짝수의 집합은 다음과 같은 1대1 대응이 존재합니다. |
| | $$\begin{array}{ccccc} 1 & 2 & 3 & 4 & 5 \quad \cdots\cdots \\ \updownarrow & \updownarrow & \updownarrow & \updownarrow & \updownarrow \\ 2 & 4 & 6 & 8 & 10 \quad \cdots\cdots \end{array}$$ |
| | 1대1 대응이 존재한다는 것은 두 집합의 개수가 같다는 |

의미입니다. 따라서 자연수와 짝수는 개수가 같다는 결론을 내릴 수 있습니다. 이런 말도 안 되는 결론이 왜 나왔을까요? 무엇이 잘못되었을까요?

이런 생각을 처음 한 사람은 갈릴레오 갈릴레이였습니다. 종교재판으로 가택연금을 당해 집에 갇힌 그는 1638년 〈두 가지 새 과학에 대한 논의와 수학적 논증〉이라는 논문을 집필했습니다. 논문에서 갈릴레오는 앞의 생각 실험과 같은 1대1 대응을 발견하고, 자연수와 짝수의 개수가 같다는 결론을 내렸습니다. 하지만 매우 이상한 궤변 같았지요. 짝수는 자연수에 포함되고, '자연수＝짝수＋홀수'입니다. 그런데 짝수와 자연수의 개수가 같다니, 말도 안 됩니다.

그럼 1대1 대응이 존재한다는 명제는 어떻게 해석해야 할까요? 개수를 세는 것에 대한 수학적인 정의부터 천천히 생각해봅시다. 개수를 세는 방법은 1대1 대응을 찾는 과정입니다. 가령, 다음 6개의 점이 있습니다.

● ● ● ● ● ●

어린아이들에게 점이 몇 개냐고 물으면 "하나, 둘, 셋, 넷, 다섯, 여섯"이라고 소리 내어 세면서 손가락을 이용해 6개라고 대답할 것입니다. 아이들의 이런 방법은 지극히 수학적인 행동입니다. 수학에서 개수의 정의는 자연수 '집합과 1대1 대응을 시켜서 가장 큰 수'입니다. 위의 점이 6개인 이유는 이 점들과 자연수 집합 {1, 2, 3, 4, 5, 6}을 짝짓는 1대1 대응이 존재하고 이 자연수 집합 중 가장 큰 수가 6이기 때문이지요. 이것이 점의 개수를 세는 방법에 대한 수학의 정의입니다.

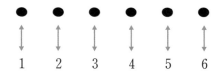

또, 어떤 두 집합의 개수가 같다는 것은 두 집합 사이에 1대1 대응이 존재한다는 의미입니다. 이것이 '두 집합의 개수가 같다'는 것의 수학적인 정의이며 우리가 합의한 약속입니다. 만약 두 집합 사이에 1대1 대응이 존재한다면 두 집합의 개수는 같습니다. 따라서 앞에서 갈릴레오가 발견한 1대1 대응은 자연수의 개수와 짝수의 개수가 같다는 것을 수학적으로 증명한 것입니다.

지금까지의 이야기는 궤변이 아닌 정통 수학입니다. 누가 지어낸 재미있는 거짓말이 아니라 집합론이라는 정통 수학을 소개한 것입니다. 직관적으로 자연수와 짝수의 개수가 같다는 것이 자연스럽게 이해되나요? 많은 수학자들도 이것을 이해하려 하지 않았습니다. 종교재판까지 받은 갈릴레오 역시 자신이 발견한 이상한 현상을 사람들에게 공개하지 않았다고 합니다. 아마 자연수와 짝수 모두 무한히 많은 원소를 갖는 집합이기에 벌어진 일처럼 보였죠. 직관적으로 받아들일 수 없는 이야기였기 때문에 많은 수학자들의 외면을 받았습니다.

## 💡 정의와 약속 그리고 의미

여기에서 생각해야 할 것은 '개수가 같다는 것'의 의미입니다. 개수는 무엇이며, 개수가 같다는 것의 의미는 무엇일까요? 마치 "사랑이란 무엇일까?" "정의란 무엇일까?" "공부란 무엇일까?" 같은 질문처럼, 무엇에 대해 질문을 던지고 생각해야 합니다. 그런 질문으로 자신이 하고 있는 일이나 다루고 있는 대상을 더욱 분명히 알게 되고, 더 깊게 이해할 수 있습니다. 개념을 명확하게 파악해야 합니다.

수학의 약속인 정의에 대해 좀 더 살펴봅시다. 가령 연산 $*$을 다음과 같이 정의해볼까요?

$$a*b=a \times b+a+b$$

이렇게 정의된 연산에서 $2*3$의 값을 구해봅시다. 연산의 규칙에 맞춰서 계산하면 $2*3=2 \times 3+2+3=11$입니다. 재미있는 수수께끼 같은 생각 실험을 하나 소개합니다.

# 미국의 동서남북

미국은 50개 주로 이루어졌습니다. 50개 주 중에 가장 동쪽, 가장 서쪽, 가장 남쪽, 가장 북쪽에 있는 주는 각 각 어디일까요? (지도를 보고 대답해도 좋습니다.)

이 질문은 정의에 대하여 생각하게 합니다. 질문의 답을 먼저 말하면, 미국의 가장 동쪽, 서쪽, 북쪽에 있는 주는 모두 알래스카입니다. 가장 남쪽에 있는 주는 하와이죠. 북극에서 본 지구의 모습을 살펴봅시다.

먼저 가장 북쪽과 가장 남쪽이라는 말의 의미는 무엇인가요? 가장 북쪽은 북극에 가장 가깝다는 말이고, 가장 남쪽은 남극에 가장 가깝다는 말입니다. 지도를 보면 가장 북쪽은 알래스카이고 가장 남쪽은 하와이입니다. 그럼 가장 동쪽에 있다는 말과 가장 서쪽에 있다는 말의 의미는 어떻게 생각해야 할까요? 사람들은 그에 대한 기준을 정하고 약속을 만들었습니다.

위도와 경도라는 단어로 살펴보면 남쪽·북쪽은 경도와, 동쪽·서쪽은 위도와 관련 있습니다. 그리니치 천문대를 지나는 자오선에서 오른쪽으로 가까워지는 방향을 동쪽, 왼쪽으로 가까워지는 방향을 서쪽이라고 정의하면, 극지방에 있어 양극단이 자오선과 가까이 위치한 알래스카가 미국에서 가장 동쪽에 있는 주이자 가장 서쪽에 있는 주입니다.

## 💡 '개수가 같다'는 것의 정의

다시, 개수를 세는 것에 대해 생각해보겠습니다. 수학적으로 1대 1 대응이 존재한다면 두 집합의 개수가 같다고 했습니다. 자연수와 짝수가 개수가 같듯이 말입니다. 1대1 대응을 찾는 것이 두 집합의 개수가 같다는 것을 증명한다면, 우리는 큰 원에 있는 모든 점의 개수와 작은 원에 있는 모든 점의 개수가 같다는 것을 증명할 수 있습니다. 다음 간단한 그림이 바로 그 증명입니다.

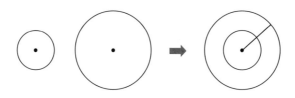

두 원의 중심을 같은 곳에 놓고 작은 원과 큰 원을 지나는 선을 그으면 이 선은 작은 원의 점 하나에 큰 원의 점 하나를 1대1로 대응시킵니다. 작은 원의 모든 점 하나는 큰 원의 모든 점 하나에 1대1로 대응되죠. 반대로 큰 원의 모든 점도 작은 원의 모든 점에 1대1로 대응됩니다. 따라서 작은 원과 큰 원의 원소의 개수는 같다고 할 수 있습니다.

이 방법으로 우리는 작은 사각형과 큰 사각형의 점의 개수도 같다는 사실을 증명할 수 있습니다. 두 사각형의 모든 점을 1대1로 대응시킬 수 있으면 됩니다. 복잡한 수식이나 긴 문장을 쓸 필요도 없이 다음 그림을 봅시다.

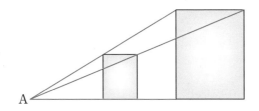

가령 A라는 점에서 불을 켜면, 작은 사각형의 그림자로 벽에 큰

사각형이 비칠 겁니다. 작은 사각형의 모든 점과 큰 사각형의 모든 점이 1대1로 대응된다는 것을 보여줍니다. 이것이 바로 '모든 사각형의 점들은 개수가 같다'는 명제의 수학적 증명입니다.

자연수와 짝수의 개수가 같고, 큰 원과 작은 원에 있는 점들의 개수도 같고, 모든 사각형의 점들 개수도 같다는 사실을 같이 살펴봤습니다. 이렇게 보면 무한히 많은 집합들의 개수는 모두 같다고 생각하실 수 있습니다. 무한 개로 같다고요. 하지만 무한히 많은 것들의 개수에도 분명 다른 점이 있습니다. 실제로 자연수의 개수와 유리수의 개수는 같습니다. 하지만, 실수의 개수는 자연수와 유리수보다 더 많습니다. 무한의 개수에 관심 있는 분들은 관련 내용을 더 찾아봐도 좋겠습니다.

## ☀️ 무한을 사랑했던 칸토어

19세기 말의 게오르크 칸토어Georg Cantor는 무한을 막연하게 생각하지 않고, 수학적인 언어로 구체적으로 표현하고 체계적으로 연구한 수학자입니다. 사람들은 무한을 유한이 아니라고 생각하면서도 때로는 유한과 크게 다르지 않게 여겼습니다. 하지만 칸토어는 무한에 대한 체계적인 연구를 통하여 무한이 유한과 다르며 무한이 어떤 모습을 갖고 있는지도 탐구하기 시작했죠. 그런 과정에서 집합론을 완성했고, 현대수학에 크게 기여했습니다.

칸토어는 무한집합들의 크기가 다르다는 점을 발견했는데, 무한

집합의 크기를 나타낼 때에는 영어로 cardinality란 단어를 씁니다. 무한히 많은 것들은 개수가 무한 개로 같다고 생각할 수 있지만, 무한히 많은 것에도 농도의 차이가 있다고 생각하면 좋습니다. 무한히 많은 것에도 찐한 것이 있고 옅은 것이 있다는 거죠. 무한 집합의 개수는 $\aleph$(알레프)로 표현합니다. 자연수와 같은 개수를 갖는 무한집합의 개수는 $\aleph_0$, 실수와 같은 개수를 갖는 무한집합의 개수는 $\aleph_1$로 표현합니다. $\aleph_0$과 $\aleph_1$은 다음과 같은 관계입니다.

$$\aleph_1 = 2^{\aleph_0}$$

자연수와 유리수의 개수는 같은데, 실수의 개수는 자연수와 비교하면 엄청나게 더 많다는 것이 수학자들의 연구 결과입니다.

무한집합은 유한집합의 특성과 매우 다릅니다. 무한히 많은 것에 하나를 더하면 똑같은 무한입니다. $\aleph_0 + 1 = \aleph_0$이지요. 이 명제를 설명하는 것이 유명한 힐베르트의 무한 호텔 역설Hilbert's Paradox of the Grand Hotel입니다. 무한대의 방을 가진 호텔을 생각해볼까요? 무한히 많은 방을 가진 호텔의 모든 방이 손님으로 가득 찼습니다. 빈방이 없는데 새로운 손님이 왔습니다. 방이 없으니 손님을 더 받을 수 없겠죠? 하지만 무한호텔에서는 새로운 손님을 받을 수 있습니다. 어떻게 받으면 될까요? 이렇게 하면 됩니다. 무한히 많은 호텔 방에 각각 번호를 붙이면 1번 방, 2번 방, 3번 방… 이렇게 계속 되죠. 이제 각각의 방에 있는 손님들을 바로 옆방으로 옮깁니다. 1번 방 손님은 2번 방으로, 2번 방 손님은 3번 방으로, 이렇게 옆으로 1칸씩 옮기면 1번 방이 빈 방이 됩니다. 새로운 손님은 1번 방에 받으면 됩니다.

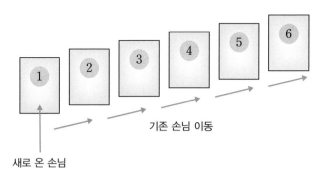

기존 손님 이동

새로 온 손님

**힐베르트의 무한 호텔**

칸토어의 무한에 대한 연구와 그가 창시한 집합론은 수학자들 사이에서 논쟁의 대상이 되기도 했습니다. 칸토어의 무한에 대한 이야기는 논리적으로 문제가 없지만, 직관적으로는 쉽게 받아들이기 어려웠습니다. 생각은 크게 논리와 직관으로 나눌 수 있으며 수학자들도 논리적인 것을 좋아하는 사람과 직관적인 것을 좋아하는 사람으로 나뉩니다.

칸토어가 무한에 대한 연구를 발표했던 1900년경에는 독일의 힐베르트와 프랑스의 푸앵카레가 가장 유명한 수학자였습니다. 힐베르트는 논리적인 사람이었고 푸앵카레는 직관적인 사람이었습니다. 무한집합에 대한 연구로 칸토어가 집합론을 발표했을 때, 힐베르트를 중심으로 연구했던 수학자들은 그의 연구를 높이 평가했지만, 푸앵카레를 중심으로 연구했던 수학자들은 매우 싫어했습니다.

"나는 칸토어를 고발한다.
집합론은 수학이 걸린 병이며
치유되어야 한다."
– 푸앵카레

VS

"칸토어가 우리를 위해 창조한
낙원에서 그 누구도 우리를
추방하지 못할 것이다."
– 힐베르트

직관적으로 받아들이기 힘든 연구라며 칸토어를 비난하는 사람들도 많았습니다. 그럴수록 칸토어는 자신의 연구를 확실하게 입증하기 위해 노력했고 그 과정에서 신경쇠약으로 결국 정신병원에서 죽게 됩니다. 너무 안타까운 일이죠. 그의 묘비에는 "수학의 본질은 그것이 갖는 자유로움에 있다Das Wesen der Mathematik liegt in ihrer Freiheit"라고 적혀 있다고 합니다. 수학은 질서가 있고, 그 질서를 엄밀하고 정확하게 지키는 것입니다. 그러면서도 아직까지 밝혀지지 않은 또 다른 질서를 찾아서 자유로운 여행을 떠나는 것이죠.

"수학의 본질은 자유다."

게오르크 칸토어(1845~1918)

# 0.99999··· = 1, 정말일까?

$f_x$

## 💡 부분과 전체가 같다

앞에서 우리는 자연수의 개수와 짝수의 개수가 같다고 했습니다. 논리적으로 증명까지 했지만, 직관적으로는 좀 이상하죠. 자연수는 짝수를 포함하는데, 자연수의 부분인 짝수가 자연수 전체와 같다는 것이 아무래도 껄끄럽습니다. 이 명제에 대해서는 좀 더 심각하게 받아들여야 합니다. 이것은 의심할 수 없는 진실이기에 증명 없이 당연하게 받아들이기로 한 유클리드의 공리에서 벗어나기 때문입니다. 유클리드의 공리를 다시 봅시다.

공리

**공리 1** 동일한 것과 같은 것은 서로 같다.

**공리 2** 동일한 것에 같은 것을 더하면 그 전체는 같다.

**공리 3** 동일한 것에서 같은 것을 빼면 나머지는 같다.

**공리 4** 겹쳐 놓을 수 있는 것은 서로 같다.

**공리 5** 전체는 부분보다 크다.

공리 5인 "전체는 부분보다 크다"를 너무 당연하니까 증명 없이 그냥 받아들이자고 했습니다. 하지만 이 공리는 앞에서 무한집합의 개수에 대해 논의한 내용과 맞지 않습니다. 자연수는 짝수를 포함하지만, 자연수의 개수는 짝수의 개수보다 크지 않고 같습니다. 앞에서 우리는 모든 사각형 안에 있는 점의 개수는 같다는 것을 증명했습니다. 큰 사각형이나 작은 사각형이나 그 안에 있는 점의 개수는 같다는 것인데요, 이것은 큰 사각형과 그것의 부분인 작은 사각형이 갖는 점의 개수가 같다는 말입니다. "전체는 부분보다 크다"라는 공리 5와 다르게 부분과 전체가 같은 겁니다.

부분과 전체가 같을 수도 있다는 사실은 우리의 상식이나 직관에 어긋납니다. 그런데, 우리는 알게 모르게 부분과 전체가 같을 수도 있다는 점을 수학적으로 활용합니다. 다음 문제를 풀어 보시죠.

| 생각<br>실험 | **다음을 계산하세요** |
|---|---|
| | $$\sqrt{2+\sqrt{2+\sqrt{2+\sqrt{2+\cdots}}}}=?$$ |

수학적인 센스가 있는 사람은 이 문제를 다음과 같이 계산합니다.

$$\sqrt{2+\sqrt{2+\sqrt{2+\sqrt{2+\cdots}}}} = \text{X라고 가정하면}, \sqrt{2+\text{X}}=\text{X}$$

$$\sqrt{2+\text{X}}=\text{X를 계산하면}, \text{X}=2$$

따라서, 답은 2입니다.

멋진 풀이입니다! 그런데 이 문제를 풀 때 이상한 점이 없었나요? 우리는 이렇게 생각했습니다.

$$\sqrt{2+\boxed{\sqrt{2+\sqrt{2+\sqrt{2+\cdots}}}}} = \text{X}$$
$$\searrow \text{X}$$

이것은 부분과 전체가 같음을 의미합니다. 뭔가 이상하지요. 수학은 조금의 모순도 허용하지 않습니다. 아주 사소한 오류도 용납하지 않죠. 오히려 조금이라도 이상한 점이 있다면 그것을 토대로 또 다른 새로운 영역을 만들어낼 기회를 잡는 것이 수학입니다. 그래서 학교 수학 시험에는 이런 문제가 나옵니다.

| 생각<br>실험 | 유리수 |
|---|---|
| | 다음이 옳은지 틀린지 살펴보세요. |
| | "$a$가 정수이고 $b$가 정수이면, $\dfrac{b}{a}$는 유리수이다." |

$a$가 정수이고 $b$가 정수이면 $\dfrac{b}{a}$는 당연히 유리수입니다. 하지만 이 문제는 '틀렸다'가 정답입니다. 세상의 모든 정수 $a$, $b$에 대한 위의 명제는 사실이지만 단 하나 $a=0$인 경우에는 성립하지 않기 때문입니다. 그래서 틀린 것입니다. 이렇게 수학은 단 하나의 오류도 용납하지 않습니다.

## 💡 숫자 0

'0'에 대하여 생각해봅시다. $\dfrac{0}{3}=0$입니다. 하지만 $\dfrac{3}{0}$은 숫자가 아닙니다. 앞의 생각 실험은 이 사실을 지적합니다. 만약 $\dfrac{3}{0}=a$라고 하면 $3=a\times0=0$이라는 이상한 결론이 나옵니다. 실제로 0으로 나눠서 어떤 숫자가 만들어지면 '모든 수는 같다'는 엉뚱한 결론이 도출되지요. 그래서 수학에서는 0으로 나눌 수 없습니다. 이에 관해 다음과 같은 유머를 만들기도 합니다.

가령 $a=b$라고 하면, 다음과 같은 연산을 할 수 있습니다.

$$a=b$$
$$a^2=ab$$
$$a^2+a^2=ab+a^2$$
$$2a^2=a^2+ab$$
$$2a^2-2ab=a^2+ab-2ab$$
$$2(a^2-ab)=a^2-ab$$
$$2=1$$

2=1이라는 결론을 냈는데, 이 연산을 이용하면 '모든 수는 같다'는 결론도 쉽게 얻을 수 있습니다. 이런 엉뚱한 결론이 나온 이유는 위의 6번째 줄에서 0으로 나누기를 허용했기 때문입니다. 수학에서는 0으로 나눌 수 없는데 말이죠.

수학의 역사에서 0은 매우 늦게 발견된 숫자입니다. 0은 공집합 { }, 無 등을 의미합니다. 없는 것에 대한 개념과 그것을 표현하는 숫자가 있는 것에 대한 개념과 그 숫자보다 훨씬 뒤에 나왔다는 사실은 많은 것을 생각하게 합니다. 0은 글자로 보면 띄어쓰기 같은 느낌인데, 문자의 역사에서도 띄어쓰기는 다른 문자보다 훨씬 뒤에 만들어졌습니다.

한글에서 띄어쓰기는 스코틀랜드 출신의 선교사인 존 로스가 쓴 한국어 교재 《조선어 첫걸음Corean Primer》에 처음 도입되었다고 합니다. 세종대왕이 한글을 만든 이후에 많은 책들이 나왔지만, 외국인 선교사가 처음 띄어쓰기를 사용하기 전까지 한글에는 띄어쓰기가 없었습니다. 한글만이 아닙니다. 대부분의 문자들이 처음에는 띄어쓰기가 없었습니다. 옛날 영화에 나오는 고대문자나 이집트 문자, 한자도 띄어쓰기가 없습니다. 옛날에는 종이가 귀했고 양피지에 글을 썼기 때문에 한 글자라도 아껴야 했을 겁니다. 그러나 지금은 띄어쓰기 없이는 글을 이해하기 어려울 정도가 되었죠. '0'이라는 개념과 숫자가 도입되며 수학이 폭발적으로 발전했듯이, 우리가

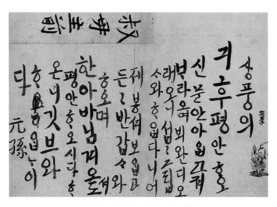

**정조가 어렸을 적에 쓴 편지**

사용하는 문자도 띄어쓰기가 도입되면서 크게 발전한 것입니다.

있는 것을 나타내는 것이 아닌, 없는 것을 나타내는 숫자 0은 미술작품의 여백과 비슷한 의미입니다. 특히 동양화에서는 여백의 미를 강조하는데, 0의 의미를 좀 더 생각하게 합니다. 띄어쓰기가 없으면 글을 숨가쁘게 읽어야 할 겁니다. 그런 점에서 0은 휴식의 의미도 있습니다. 공부나 업무 같은 일(1)도 물론 중요하지만, 틈틈이 휴식을 취하는 일도 그 못지 않게 중요합니다. 무언가를 성취하지 않고 허탕을 치는 것을 '공친다'고 표현하죠. 바쁘게 살다가 마음이 지칠 때면 일부러 공(0)을 칠 필요도 있지 않을까요.

0은 無입니다. 없는 것이 0이라고 생각할 수 있지만 無는 무한히 많은 것과 연결됩니다. 앞에서 $\frac{3}{0}$ 은 숫자가 아니라고 했죠. 현대 수학에서 숫자가 아닌 것은 그와 가장 비슷한 숫자를 넣어서 추정하곤 하는데, 예를 들어 $\frac{3}{0}$은 0에 0.000001처럼 0에 가까운 수를 넣어보며 추정합니다. 그런데 $\frac{3}{0}$의 0에 0.000001 또는 0.000000000001을 넣어보면, 0에 가까운 수를 넣을수록 그 값은 무한대로 커집니다. 그래서, 0은 無를 나타내면서도 역설적으로 무한히 많은 것과 연결되어 있습니다.

### 💡 무한의 혼란

부분과 전체가 같을 수도 있다는 점은 무한의 특징입니다. 무한이 유한과 가장 다른 점인 것 같습니다. 우리는 유한한 것만 볼 수 있기에 무한에 대해 생각하다 보면 혼란스러워집니다. 우리를 혼란에 빠뜨리는 무한에 관한 이야기를 하나 더 소개합니다. 수학에서 사람들이 가장 많이 하는 질문 중 하나는 "0.9999999…＝1인가?"입니다.

| 생각<br>실험 | **0.99999…** |
|---|---|
| | 0.9999999… 이렇게 무한히 많은 9를 붙입니다. 그럼 이 숫자는 1이라고 할 수 있을까요? 아니면 1에 무한히 가까이 갈 수는 있지만, 결코 1은 아닐까요? |

결론부터 이야기하면 수학에서 '0.9999999…＝1'입니다.

0.99999…는 뒤에 9가 무수히 많이 붙어도 결코 1은 될 수 없을 것처럼 보이지만 0.9999999…=1입니다. 이렇게 생각해봅시다. 만약 0.9999999…가 1이 아닌 1보다 작은 어떤 수 $x$라고 가정하면, $x$와 1 사이에는 반드시 또 다른 수가 있습니다. 예를 들어 $\frac{(x+1)}{2}$ 같은 수가 있는 거죠. 그런데 0.9999999…에는 9가 무한히 많이 붙기 때문에 이 숫자는 $\frac{(x+1)}{2}$ 보다 더 커질 수 있습니다. 이런 모순은 0.9999999…를 1이 아닌 1보다 작은 어떤 수라고 가정했기 때문에 발생한 것입니다. 따라서 0.9999999…=1입니다.

단순한 계산으로도 0.999999…=1임을 증명할 수 있습니다. 이렇게 생각해봅시다.

먼저 $\frac{1}{3}$=0.3333333…입니다.
이 식의 양변에 3을 곱하면, 1=0.999999…이죠.
따라서 0.999999…=1입니다.

$$\frac{1}{3}=0.3333333\cdots$$
$$1=0.999999\cdots$$

이렇게도 생각해볼까요?

$$x=0.999999\cdots$$
$$10x=9.99999\cdots$$

아래 식에서 위의 식을 빼면,

$$9x = 9$$

즉 $x = 1$, 따라서 0.99999…=1입니다.

무한급수의 합으로도 생각할 수 있는데, 0.99999999=0.9+0.09 +0.009+…인 등비수열의 무한급수의 합입니다. 이 등비수열은 초항이 0.9이고 공비가 0.1이죠. 초항이 $a$이고 공비가 $r$인 등비수열의 일반항은 $a_n = ar^{n-1}$이고, 무한급수의 합의 공식은 $\dfrac{a}{1-r}$ 입니다. 위 수열을 무한급수의 합의 공식에 대입하면 $\dfrac{0.9}{1-0.1}=1$입니다.

4가지 방법으로 0.9999…=1이라는 것을 증명했습니다. 하지만 뭔가 찜찜한 느낌인가요? 왠지 속임수 같고, '이게 정말인가?' 하는 의심이 들지도 모릅니다. 우리가 0.9999…을 1과 조금이라도 다른 수라고 생각하는 이유는 0.99999…에서 무한히 붙는 9를 무한으로 생각하지 않고 유한을 생각하듯 보기 때문입니다.

무한은 현실에서 경험하기 어렵기 때문에 직관적으로 와 닿지 않을 것입니다. 당대의 천재적인 수학자들도 골머리를 앓았을 정도니까요. 일단은 무한과 유한이 다르다는 사실만 기억해두면 충분합니다. 7장에서 고대 철학자 제논이 제시한 무한 패러독스 이야기로 다시 무한을 살펴봅시다.

# 정사각형을 4등분하는 수십 가지 방법

fx

## 개념의 힘

어떤 개념을 갖고 문제에 접근하면 매우 강력한 힘이 생깁니다. 개념이 없으면 우왕좌왕하게 되고 때로는 좌충우돌합니다. 개념의 중요성을 보여주는 문제를 살펴봅시다.

| 생각<br>실험 | 정사각형 4등분하기 |
|---|---|
| | 다음 정사각형을 모양과 크기가 같은 4개의 도형으로 나눠보세요. 가능한 많은 방법으로 정사각형을 모양과 크기가 같은 4개의 도형으로 나눠봅시다. |

일단 정사각형은 다음과 같이 모양과 크기가 같은 4개의 도형으로 나눌 수 있습니다.

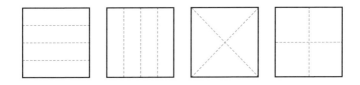

이 외에도 2가지 방법을 더 소개합니다.

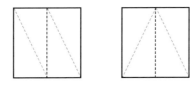

　가능한 많은 방법을 찾으라고 했는데, 몇 가지나 찾으셨나요? 새로운 방법으로 정사각형을 4등분한다면 지금까지 본 것보다 더 복잡하고 어려울 것입니다. 이렇게 어렵고 복잡한 방법을 모두 하나하나 찾아내려면 도형에 익숙하고 자신 있는 사람이라도 몇 개의 경우를 생각하는 데 그칠 겁니다.

　더 효과적인 방법을 소개하겠습니다. 개념을 만드는 것입니다. 처음부터 개념을 만들기는 불가능하지만, 앞에서 본 것처럼 일단 몇 가지 방법을 생각한 다음에는 개념을 생각해볼 수 있습니다. 구체적인 사례에서 그 사례를 만드는 일반적인 개념을 생각하는 것이죠.

　앞의 사례에서 찾을 수 있는 개념 하나를 소개하면 '사각형을 일단 $\frac{1}{2}$ 로 나누고, 그렇게 나눈 것을 $\frac{1}{2}$ 로 또 나눈다'입니다. '$\frac{1}{4}$ $=\frac{1}{2} \times \frac{1}{2}$'과 같이 생각하는 것입니다. 우리가 만든 개념에 따라 정사각형을 일단 반으로 나누고, 나뉜 것을 또 반으로 나누면 다양한 형태로 정사각형을 4등분할 수 있습니다.

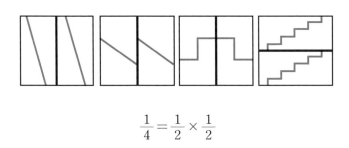

$$\frac{1}{4} = \frac{1}{2} \times \frac{1}{2}$$

정사각형을 4등분하는 또 다른 개념들도 있을 겁니다. 하나 더 소개하면 다음과 같이 4등분하는 방법입니다.

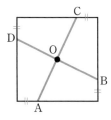

정사각형의 중심점을 지나고 각 꼭짓점까지의 거리가 일정한 점으로 선을 그으면 정사각형은 모양과 크기가 같은 4개의 조각으로

나뉩니다. 꼭짓점에서 같은 거리에 있는 점들을 A, B, C, D라고 하면, 중심 O에서 A, B, C, D로 직선이 아닌 같은 모양의 곡선을 그어도 나뉘는 4조각의 모양과 크기는 같습니다. 예를 들면 다음과 같습니다.

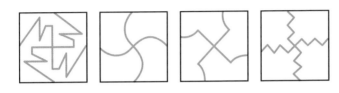

"일정한 거리에 있는 4개의 점을 같은 모양으로 중심과 연결한다." 이렇게 개념을 만들면 구체적인 방법들을 자연스럽게 찾을 수 있습니다. 개념을 생각하는 것이 무엇보다 중요합니다. 또 하나의 4등분 문제를 살펴봅시다.

**생각
실험**

## 4등분하기

다음의 도형을 모양과 크기가 같게 4등분하세요. 단, 처음의 모양과 같아야 합니다.

이 문제의 특징은 주어진 모양이 쉽게 3등분되는 것입니다. 쉽게 3등분된다는 점을 활용하면 이 문제에 쉽게 접근할 수 있습니다. 이 도형은 다음과 같이 3등분할 수 있고, 3등분된 각각의 도형들을 4등분하여 전체를 12등분할 수 있습니다.

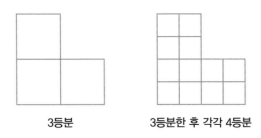

**3등분**　　　　　**3등분한 후 각각 4등분**

이렇게 12등분한 후에는 3개씩 묶어서 전체가 같은 모양인 4개의 덩어리를 만드는 방법을 고려하면 됩니다. 처음 도형과 같은 모양을 만들려면 3개씩 묶을 때 처음 3등분했던 모양을 생각하며 묶으면 됩니다.

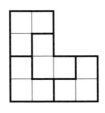

이 문제의 핵심은 주어진 도형이 쉽게 3등분된다는 점입니

다. 따라서 이 문제에서는 다음과 같은 개념을 만들 수 있습니다.
"3등분한 후 4등분하여 3조각씩 묶으면 4등분의 묶음이 된다."
'$3 \times 4 = 4 \times 3$'이라는 교환법칙입니다.

$$3 \times 4 = 4 \times 3$$

이런 개념은 다음의 상황에 똑같이 적용해볼 수 있습니다. 다음 도형들을 모양과 크기가 같은 4개의 조각으로 나누어봅시다.

먼저 주어진 도형들은 다음과 같이 쉽게 3등분됩니다.

앞에서 생각했던 것처럼 $3 \times 4 = 4 \times 3$의 개념을 적용해보세요. 작은 조각들을 4개로 나누면 다음과 같습니다.

이렇게 12개의 작은 도형으로 나눈 상태에서 작은 도형을 3개씩 묶으면 4개의 조각이 됩니다. 3개씩 묶을 때 원래의 도형과 같은 모양이 되도록 묶으면 됩니다.

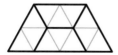 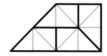

## 🔆 개념과 원리

무엇인가를 배울 때 가장 중요한 것은 개념과 원리를 파악하는 일입니다. 문제에서 다루는 개념을 꼭 생각해야 합니다. 다음 문제를 살펴봅시다.

"집에서 지하철역까지의 거리는 5km입니다. 7시에 집을 출발하여 시속 4km로 걷다가 도중에 시속 6km로 달려서 8시에 지하철 역에 도착했습니다. 내가 달린 거리는 얼마일까요?"

"시속 4km로 걷다가 시속 6km로 달렸다"고 했습니다. 이 문제를 풀려면 속도의 개념을 알아야 합니다. 속도와 거리 그리고 시간의 관계는 다음과 같습니다.

$$v = \frac{s}{t}, \ 속도 = \frac{거리}{시간}$$

문제의 상황을 그림으로 나타내면 이렇습니다.

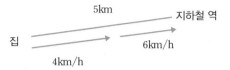

$s_1$을 걸은 거리, $s_2$를 뛴 거리라고 하면 $s_1 + s_2 = 5$입니다. 집에서 지하철역까지 걸린 시간이 총 1시간이기 때문에 $\frac{s_1}{4} + \frac{s_2}{6} = 1$입니다.

$$s_1 + s_2 = 5$$

$$\frac{s_1}{4} + \frac{s_2}{6} = 1$$

이 두 개의 식을 연립하여 계산하면 $s_1 = 2$, $s_2 = 3$입니다. 즉, 집에서 출발하여 처음 2km는 걸었고 이후 3km는 뛰었습니다. 이 문제를 풀려면 속도와 연립방정식 풀이에 대한 개념이 필요합니다. 기본 개념이 없었다면 푸는 데 애를 먹었겠지요. 이런 문제에 접근할 때는 우선 '내가 알고 있는 개념이 활용될 수 있는가?'를 따져야 합니다. 개념이 떠오르면 나머지는 그 개념에 맞춰 착착 해결됩니다.

## 💡 개념으로 만들어지는 새로운 창조

비즈니스에서도 개념이 중요합니다. 새로운 것을 창조하는 일은 개념을 잡는 데서 출발하지요. 개념이 있으면 필요한 아이디어는 저절로 따라옵니다. 당신이 카페 내부를 인테리어한다고 가정해보세요. 어떤 등을 달 것인지, 어떤 창을 달 것인지부터 하나하나 결정할까요? 그보다는 먼저 카페의 전체적인 콘셉트를 정해야 합니다. 고풍스럽게 혹은 모던하게 등의 개념을 잡는 것이지요. 가령 '로맨틱한 지중해의 어느 마을에 온 것과 같은 느낌' 같은 콘셉트를 창조하는 것입니다.

그렇게 하나의 콘셉트를 잡고 나면 창, 문, 조명 등은 어떤 것이 좋을지 디자인이 자연스럽게 떠오를 겁니다. 만약 어떤 조직을 운영한다면 그 조직의 콘셉트부터 정해야 합니다. 그러면 그 조직을 어떻게 운영하고 경영할 것인가에 대한 아이디어는 쉽게 따라옵니다. 마케터도 상품의 장점들을 하나하나 나열하는 것보다는 소비자들에게 어필할 수 있는 상품의 콘셉트를 구상해야 합니다. 100가지 장점을 늘어놓기보다는 임팩트 있는 1가지 개념을 창출해 그것을 어필하는 것입니다. 그러한 접근이 더 강력한 힘을 발휘합니다. 개개인의 콘셉트가 중요하다는 의미에서 오늘날은 '퍼스널브랜드 시대'라고 불립니다. 사람들이 매력을 느낄 수 있는 '나만의 콘셉트'를 창조하고 어필하는 게 무엇보다 중요한 시대입니다.

드비어스De Beers는 1947년 "다이아몬드는 영원하다A Diamond Is Forever"라는 광고를 만듭니다. '다이아몬드는 사랑의 징표'라는 개념을 세운 것입니다. 이후 남자들은 프러포즈나 결혼식에서 다이아몬드 반지를 반드시 여자의 손에 끼워줘야 하는 것으로 인식하기 시작합니다. 다이아몬드가 사랑의 상징이 된 것이지요.

다이아몬드는 전 세계 보석 시장 매출의 90%를 차지합니다. 1940년대까지는 사파이어나 에메랄드, 루비 같은 유색 보석을 거래하는 시장이 다이아몬드 시장과 비슷한 규모였다고 합니다. 하지만 드비어스가 "다이아몬드는 영원하다"라는 광고와 함께 다이아몬드에 사랑의 징표라는 개념을 부여하면서 다이아몬드의 판매가 급증했고, 이제는 명실상부 보석의 대명사가 되었습니다. 전 세계 다이아몬드의 80~90%를 유통하는 드비어스의 비즈니스도 그만큼 폭발적인 성장을 이어갔습니다. 다이아몬드에 처음부터 사랑의 상징이라는 이미지가 있었던 것은 아닙니다. 단단한 돌과 영원함을 연결시켜 '다이아몬드는 사랑의 상징'이라는 개념을 새롭게 창출한 것입니다. "다이아몬드는 영원하다"라는 광고 카피는 아직까지도 사용되며, 드비어스는 자신들의 다이아몬드 품질인증을 '포에버마크Forevermark'라 부릅니다.

사람들은 자신이 제공하는 상품이나 서비스에 어떤 개념을 부여합니다. 그런 개념을 적절하게 만든 회사가 시장을 장악하고 성공을 거둡니다. 시계산업의 사례를 살펴봅시다. 스위스 시계는 세계에서 최고입니다. 스위스 시계가 인기를 얻은 이유는 시간이 잘 맞기 때문입니다. 시계는 정밀 제품이며, 스위스 산악지방 장인들의 정교한 손으로 만들어진 스위스 시계는 시간이 잘 맞아서 전 세계 사람들에게 인기가 높았습니다. 그들은 100년 동안 2초밖에 틀리지 않는 시계를 제작해 선보이며 시장을 장악했습니다.

그런 시계 산업의 판도를 일본의 전자시계가 바꾸었습니다. 1970년대 들어 일본의 전자산업이 발전합니다. 일본사람들은 "시계란 무엇인가?"라는 질문에 "시계는 전자제품이다"라는 새로운 답을 찾은 겁니다. 시계는 전자제품이 되었고 100년에 2초밖에 안 틀리는 시계만큼 정확한 시계를 저렴한 가격에 살 수 있게 되었지요. 그렇게 값싼 전자시계가 대량으로 풀리면서 시계산업은 포화상태에 이르렀습니다.

더는 시계로 돈을 벌 수 없을 듯한 그때, 등장한 회사가 스와치입니다. 스와치는 "시계란 무엇인가?"라는 질문에 "시계는 패션이다"라는 또 다른 답을 찾았습니다. 시계는 시간을 알려주는 기계만이 아닌, 멋쟁이의 패션을 완성하는 아이템이라는 것입니다. 시간을 알려주는 도구인 시계는 한 사람당 하나면 충분했지만, 패션아이템이 된 시계는 한 사람이 7~8개씩 구매합니다. 스와치는 세계에서 시계를 가장 많이 파는 회사가 되었습니다.

시계는 정밀제품이기도 하고, 전자제품이기도 하며 패션아이템이기도 합니다. 이렇듯 "시계는 무엇인가?"라는 질문에 대한 새로운 답을 찾은 사람들이 시계산업을 장악했습니다. 요즘 시계는 또 다른 변신을 하고 있습니다. 더욱 스마트해져 건강을 체크해주고 날씨 정보도 주고 내게 온 이메일도 확인해줍니다. "시계는 무엇인가?" 같은 질문에 새롭고 적절한 답을 찾는 기업들이 시계 산업을 장악하는 것입니다.

# 음료수 캔이 둥근 이유
## : 적정기술

## 창의성을 찾아서

특정 개념을 형성하면 구체적인 아이디어는 자연스럽게 따라옵니다. 그래서 개념을 아이디어의 어머니라고도 합니다. 창의력을 발휘하려면 개념적으로 사고해야 합니다. 거꾸로 창의력에 대한 개념을 생각해봅시다. 창의력에 대한 다양한 개념들이 있는데, 일반적으로 사람들은 창의력이 새로운 것을 창출하는 능력이라고 생각합니다.

그러나 창의력은 적절한 것을 새롭게 만들어내는 능력입니다. 아무리 새로워도 적절하지 않으면 창의적이라고 보기 어렵습니다. 어떤 새로운 제품이 기존 제품보다 좋은 점이 없다면 굳이 새 제품을 쓸 이유가 없지요. 새롭고 독특한데, 효과도 있고 유용해야 합니다.

창의성＝새로움×적절함

우리가 창의적이기 어려운 이유는 새로움보다는 적절함 때문입니다. 예를 들어 정사각형 수박을 생각해볼까요? 정사각형 수박은 분명 새롭습니다. 재미있고 굴러다니지도 않으니 냉장고 한쪽에 보관하기도 좋죠. 그런데 정사각형 수박이 일반 수박의 2배 가격이라면 잘 팔릴까요? 그럴 수도 있고 아닐 수도 있습니다. 잘 팔리면 적절하다고 받아들여지는 것이고 잘 팔리지 않으면 적절하지 않은 것이 됩니다. 그런 의미에서 창의성은 '새로움'보다 '적절함'이 더 중요합니다. '적절함'을 더 살펴보겠습니다. 다음의 질문에 답해보세요.

---

**생각 실험**

## 최대 면적을 갖는 모양

일정한 길이의 실이 있습니다. 이 실의 끝을 서로 연결하여 다음과 같은 단일폐곡선을 만드는데, 내부 면적이 최대가 되려면 어떤 모양이어야 할까요? 모양과 그 이유에 대한 적절한 설명을 제시하세요.

---

이 질문에 많은 사람들이 '원'이라고 대답합니다. 그런데 이 문제는 단지 '원'이라는 정답을 요구하는 게 아닙니다. 원이라면 왜 원

인지, 이유를 적절하게 설명하는 것이 관건입니다. 여기서는 '적절함'이라는 말의 의미를 생각해야 합니다. 적절한 설명이란 수학적으로 완벽한 증명을 하라는 뜻이 아닙니다. 완벽하지는 않더라도 "음, 그럴 듯한 이유인데"라는 반응이 나오도록 설득력 있게 설명하는 것입니다. 이런 문제가 유행한 적이 있었습니다.

"길거리의 맨홀 뚜껑은 둥근 원 모양입니다. 맨홀 뚜껑이 사각형이나 기타 다른 모양보다 둥글어야 하는 타당한 이유가 있다고 합니다. 무슨 이유일까요?"

미국 마이크로소프트에서 직원을 채용할 때 주로 냈던 문제로 유명하지요. 이 역시 수학적인 증명보다는 자신의 생각을 독창적이면서도 합리적으로 1~2분 정도의 시간 안에 설득력 있게 전달하는 것이 중요합니다. 이 문제에 대한 가장 설득력 있는 대답은 다음과 같습니다.

"뚜껑이 둥글어야 맨홀 속으로 뚜껑이 빠지지 않기 때문입니다. 만약 정사각형 모양이라면 정사각형의 대각선 방향으로 뚜껑이 빠질 수 있습니다. 그래서 뚜껑이 맨홀에 빠지지 않으려면 둥근 원의 형태가 되어야 합니다."

1~2분 동안 앞 페이지의 생각 실험에서 왜 원이 문제의 조건에 가장 적합한지에 대해 적절한 대답을 만들어보세요.

문제에서 최대 면적을 갖는 모양은 원입니다. 이렇게 생각해봅시다. 일정 길이의 실 끝을 서로 연결하여 다음과 같은 단일폐곡선을 만들었을 때 단일폐곡선 위에 한 점을 잡으면 실을 따라 가장 멀리 있는 반대편의 한 점이 존재합니다. 이 두 점을 연결하면 우리가 만든 단일폐곡선은 다음과 같이 A와 B 2개의 조각으로 나뉘겠지요.

두 부분의 면적을 비교했을 때, A가 B보다 크다면 B의 모양을 A처럼 만드는 것이 더 큰 단일폐곡선을 만드는 방법입니다. 이렇게 생각하면 최대 면적을 갖는 단일폐곡선의 어떤 점에서 실을 따라 가장 멀리 있는 점을 연결하여 지금처럼 A와 B 2개의 조각을 만들어도 그 모양은 모두 같아야 합니다. 이렇게 대칭적인 모양을 갖는 것으로 원이 가장 적합하지요.

이를 수학적인 증명이라고 말할 수는 없지만, 이 문제에 대한 '적절한' 대답이라고 할 수 있습니다. 중요한 것은 적절한 답을 찾는 겁니다. 학문적인 증명을 해야 하는 직업에 종사하지 않는다면, 적절한 답을 찾는 것에 집중합시다. 적절한 것이란 적은 노력으로도 상황에 효과적으로 적용할 수 있는 것이죠. 문제에 대한 적절한 해답은 어렵지 않고 복잡하지 않은 방법으로 상대를 이해시키고 설득시킬 수 있습니다.

이 문제를 더 생각해보면, 실제로 같은 길이의 직사각형보다는 정사각형이 더 넓은 면적을 갖습니다. 가령 둘레가 20cm라고 하면 한 변이 1cm, 9cm인 직사각형보다는 한 변이 5cm인 정사각형의 면적이 더 큽니다. 사각형뿐만 아니라 삼각형, 오각형 등 모든 도형은 변의 길이가 모두 같은 정삼각형, 정오각형 등의 면적이 더 큽니다. 또한 둘레의 길이가 일정하다면 변의 수가 늘어날수록 면적은 더 커집니다.

내부의 면적이 동일한 정삼각형, 정사각형, 정육각형 그리고 원의 경우를 비교해보면 다음과 같습니다. 정삼각형은 한 변이 15.2cm, 둘레 길이가 45.6cm일 때 100cm² 넓이가 나오는데, 정사각형은 한 변이 10cm, 둘레 길이는 40cm일 때, 정육각형은 한 변이 6.2cm, 둘레 길이는 37.2cm일 때 같은 넓이가 됩니다. 이에 비해 원은 지름 11.28cm에 둘레 길이 35.4cm이면 넓이가 100cm²입니다.

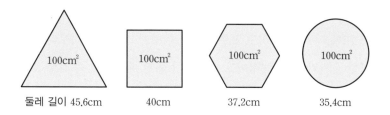

| 100cm² | 100cm² | 100cm² | 100cm² |
| 둘레 길이 45.6cm | 40cm | 37.2cm | 35.4cm |

예를 들어, 음료수 캔을 만든다면 똑같은 내용물을 담을 때 둘레의 길이가 작을수록 옆면에 들어가는 재료비를 줄일 수 있습니다. 그래서 콜라나 커피의 캔이 모두 둥근 원기둥 모양입니다. 물론 원기둥보다는 공 모양인 구의 재료비가 더 적게 들겠지만, 공 모양으로 캔을 만드는 것은 제조공정도 어렵고 너무 잘 굴러서 보관이 어렵다는 문제들이 있지요. 특히, 뚜껑을 만드는 것이 매우 곤란하다는 이유로 공 모양보다는 원기둥의 음료수 캔이 더 '적절한' 것입니다.

수학적인 증명보다 적절한 설명을 요구하는 문제를 경험했습니다. 사람들은 분명 엄밀하고 정확한 숫자보다 적절한 숫자를 더 많이 사용합니다. 예를 들어 로또의 당첨 확률은 814만분의 1입니다. 하지만 기자들은 로또에 당첨될 확률을 814만분의 1이라고 표현하지 않습니다. 그렇게 기사를 쓰면 기사를 보는 사람이 그 숫자를 이해하기 힘들고 구체적으로 와 닿지도 않으니까요.

그래서 기자들은 골프 경기에서 홀인원을 할 확률을 2만분의 1 정도라고 가정하여 "로또 당첨 확률은 홀인원보다 400배 더 어렵다"라고 표현합니다. 또는 벼락을 맞아 사망할 확률을 50만분의 1로 추정한다는 근거로 "로또 1등에 당첨되기는 벼락 맞아 죽기보다 16배 더 어렵다"라고 표현합니다. 이렇게 정확한 숫자보다는 적절한 숫자가 더 구체적이고 이해하기 쉽기 때문이죠. 우리도 로또에 당첨될 확률에 대한 또 다른 적절한 개념을 한번 만들어볼까요?

이렇게 생각해보세요.

2를 10번 곱하면, 1024입니다. 2를 10번 곱하면, 1000과 비슷한 숫자가 나옵니다. 따라서 2를 연속으로 23번 곱하면 800만과 비슷한 숫자가 나옵니다.

$$2^{23} = 2^3 \times 2^{10} \times 2^{10}$$

$$\fallingdotseq 8 \times 1,000 \times 1,000 = 8,000,000$$

동전을 던져서 앞면이 나오는 확률이 $\frac{1}{2}$ 이므로 동전을 23번 던져서 모두 앞면이 나오는 확률은 $\frac{1}{2^{23}}$ 이고, 이는 대략 $\frac{1}{800만}$ 입니다. 이 계산을 따르면 '로또에 당첨될 확률은 동전을 23번 연속으로 던졌을 때 모두 앞면이 나오는 것과 비슷한 확률'이라고 할 수 있습니다.

### ·ᄋ́· 적정기술

적절하다는 것의 의미를 적절하게 이해할 수 있는 좋은 사례가 '적정기술'입니다. 적정기술이란 주어진 상황을 고려하여 만들어지는 기술입니다. 주어진 상황을 고려했을 때 가장 적절하게 사용될 수 있는 기술을 뜻하죠. 예를 들면, 개발도상국이나 가난한 나라의 어린이들은 컴퓨터를 접하기 어렵습니다. 그들에게는 우수한 성능을 갖춘 컴퓨터보다 필요한 기능을 일정 수준으로 갖춘 100달러짜리 노트북이 필요합니다. 적정기술의 몇 가지 사례를 살펴보겠습니다.

### 라이프 스트로우

아프리카의 가난한 사람들은 더러운 물을 마셔서 많은 병에 걸립니다. 그들에게는 정수기가 필요하지만, 그렇다고 선진국에서 사용하는 최첨단의 정수기는 아니어도 됩니다. 정수 기능이 어느 정도 갖추어졌으며 가격이 저렴해야 더 많은 아프리카 사람들이 사용할 수 있겠지요. 특히, 그들에게는 휴대할 수 있는 정수기가 효과적입니다. 이런 사용목적에 맞게 만들어진 것이 바로 라이프 스트로우-life straw입니다.

라이프 스트로우는 필터처럼 추가 장치 없이, 한 사람이 1년간 마시는 용량의 물을 정수할 수 있다고 합니다. 15마이크론 이상의 작은 입자도 걸러낼 수 있고 수인성 박테리아와 바이러스를 99%

에 육박하게 제거한다고 하니, 웬만큼 오염된 물이어도 기생충을 효과적으로 걸러내서 먹을 수 있게 만들지요. 라이프 스트로우는 대부분 국제구호단체를 통하여 공급되기 때문에 가격이 낮아야 합니다. 탁월한 성능에 비해 실제 제조비용이 2달러 정도여서 비교적 쉽게 보급된다고 합니다.

### 자동차 부품 인큐베이터

아프리카 같은 미개발국들의 영유아 사망률은 매우 높습니다. 조금이라도 건강하게 태어나지 못한 아프리카의 아기들은 쉽게 죽는데, 이는 과거 문명 사회도 마찬가지였습니다. 우리도 아기가 태어나서 100일이 되면 백일잔치를 했는데, 태어나서 100일을 넘지 못하고 죽는 아기들이 많았기 때문입니다. 100일을 넘기면 죽지 않고 살 확률이 매우 높아지기 때문에 기뻐서 잔치를 하지요. 실제 19세기 말 유럽의 부자나라에서도 영유아의 사망률이 20%나 되었다고 합니다.

영유아의 사망률에 대해서 사람들은 따뜻한 온도 조절만으로도 사망률을 50%나 낮출 수 있다는 사실을 알게 되었습니다. 그래서 만들어진 기계가 인큐베이터입니다. 지금은 미숙아로 태어나도 인큐베이터에서 시간을 보내며 정상적으로 생명을 유지하는 아이가 많습니다. 하지만 아프리카나 험한 오지에는 우리 돈 5,000만 원 정도 하는 표준 인큐베이터가 없어서 조금이라도 건강하게 태어나지 못한 아기들이 쉽게 죽어갑니다.

'디자인댓매터스'라는 회사의 티모시 프레스테로는 아프리카에서 벌어지는 영유아 사망이라는 끔찍한 문제를 해결하고자 했습니다. 영유아 사망률을 줄이려면 인큐베이터에 미숙아를 넣어 따뜻하게만 해주면 되지만, 5,000만 원짜리 인큐베이터를 사서 아프리카에 보낸다 해도 1~2년간 쓰다 아주 사소한 고장이라도 나면 5,000만 원짜리 기계를 수리하는 데 필요한 여러 부품들을 구할 수 없고, 현지에는 기술자도 없기 때문에 고장 난 채로 방치되는 것이 더 큰 문제였습니다.

그래서 프레스테로는 새로운 인큐베이터를 만들었는데, 바로 자동차 부품으로 만든 인큐베이터였습니다. 개발도상국에는 냉장고나 전자레인지 등 선진국에서 사용하는 기계제품들이 거의 없지만, 자동차는 많이 있었습니다. 자동차를 수리할 수 있는 부품도 어디서든 구할 수 있습니다. 이 사실에 착안한 프레스테로는 자동차 부품만으로 인큐베이터를 만들어냈습니다.

자동차 배터리로 작동하는 이 인큐베이터는 팬도 있고 따뜻하게 해줄 전조등도 있습니다. 자동차를 수리할 수 있는 사람이라면 이 인큐베이터가 고장 나도 수리할 수 있도록 디자인했죠. 이것이 바로 현실을 고려한 아이디어이고, 현실에서 만들어지는 아이디어입니다. 개발도상국에는 5,000만 원짜리 최첨단 인큐베이터보다 현실적인 자동차 부품으로 만들어진 인큐베이터가 더욱 필요합니다.

이것이 상황에 더 적절한 적정기술입니다. 최첨단 기술과 가장 선진화된 시스템이 아닌, 상황에 가장 적합한 기술을 적용하는 것이지요. 기술 발전과 성능 향상뿐만 아니라 상황에 적합한 아이디어와 기술은 창의성에서 매우 중요한 개념입니다.

# 창조는 개념 모방이다

fx

## 💡 같은 개념 적용하기

문제를 쉽게 푸는 방법 중 하나는 같은 유형으로 묶이는 문제에서 문제를 해결하는 핵심 아이디어를 가져오는 것입니다. 문제 해결의 개념을 생각하는 것이죠. 다음 문제를 살펴봅시다.

| 생각<br>실험 | **4등분** |
| :---: | :---: |

다음 도형을 모양과 크기가 같게 4등분하세요.

우리는 앞에서 몇 가지 종류의 4등분 문제를 풀었습니다. 이 문제도 같은 개념으로 접근할 수 있습니다. 문제 해결의 개념을 정리하면 '작은 조각으로 나누고, 그것을 4개의 도형으로 적절하게 묶는다'입니다. 일단 주어진 도형은 다음과 같이 32개의 조각으로 나눌 수 있습니다.

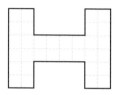

4×8＝32입니다. 따라서 4등분한다면 32개로 나눈 조각을 8개씩 4개로 묶는다고 생각하면 됩니다. 다음 그림처럼 8조각씩 묶으면 모양과 크기가 같습니다.

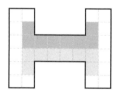

다음과 같이 8조각씩 묶어도 모양과 크기가 같은 4개로 묶을 수 있습니다.

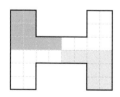

등분에 대한 몇 개의 문제를 풀면서 등분을 하려면 주어진 도형을 나누는 것이 좋은 방법이라는 사실을 알았지요? 이것이 문제를 해결하는 하나의 개념입니다. 이런 개념을 접하고 나면 비슷한 상황에도 이를 적용할 수 있습니다. 예를 들어 다음 도형을 보시죠.

 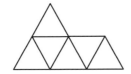 

정삼각형 6개가 이집트의 스핑크스를 연상시키며 놓여 있어서 '스핑크스 도형'이라고 불리기도 합니다. 이렇게 익숙하지 않은 도형을 4등분하려면 어떻게 해야 할까요? 우리가 경험한 것을 생각해보면, 스핑크스 도형을 더 작은 정삼각형으로 나누는 방법일 수 있습니다. 정삼각형 6개가 모여 스핑크스 도형 하나를 이루고 있으니 정삼각형을 4등분해 24개의 작은 정삼각형 조각을 만드는 겁니다. 그리고 다음과 같은 개념을 잡아봅시다.

$$6 \times 4 = 4 \times 6$$

적당하게 6개씩 묶으면 모양과 크기가 같은 4개가 만들어집니다. 다음처럼 6개 조각을 선택하여 정리하면 원하는 결과를 얻을 수 있습니다.

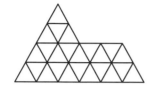 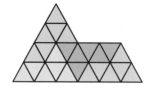

## 💡 개념 모방

한 사람의 아이디어를 훔치면 표절이지만, 많은 사람의 아이디어들을 훔치면 좋은 작품이 되고 연구가 됩니다. 영어로 연구는 research라고 하는데, re＋search입니다. 먼저 다양한 '찾기search'를 한 후 '다시re' 새로운 것을 찾는 것이 바로 연구research입니다. '찾기'를 하면서 다른 사람들의 아이디어를 살펴보는 것이 중요합니다.

특히 초보자라면 다른 사람들의 아이디어를 많이 살펴봐야 자신만의 독특한 창의적인 아이디어도 만들 수 있습니다. 다른 사람의 아이디어를 살펴볼 때에는 동종 업계만 보면 안 됩니다. 다른 영역, 다른 분야의 사람들이 갖는 아이디어도 다양하게 살펴봐야 합니다. 획기적인 아이디어는 자신과 다른 일을 하는 사람들로부터 영감을 받는 경우가 많으니까요.

창조는 개념 모방이라는 사실을 기억하세요. 모든 창조는 모방에서 시작합니다. 아리스토텔레스는 자신의 저서 《시학》에서 "모방은 창조의 어머니"라고 말합니다. 분명 모방은 창조가 아니지만, 다른 것을 따라 하고 모방하면서 창조가 시작된다는 뜻입니다. 어떤 것을 단순하게 베끼는 것이 아니라 그것이 작동하는 개념을 파악하고 자신의 일에 적용하는 것이 매우 좋은 창조의 기술입니다. 특히 자신과 다른 분야에서 일하는 사람의 아이디어나 방법의 개념을 뽑아내어 적용할 수 있다면 그것이 바로 창조의 기술입니다. 사례를 하나 소개합니다.

### 아라빈드 안과

인도의 아라빈드 병원은 미국에서 1,800달러에 이르는 백내장 수술을 18달러에 할 수 있다고 합니다. 어떻게 그럴 수 있을까요?

전 세계 시각장애인의 80%에 해당하는 1,200만 명이 인도인이라고 합니다. 안타깝게도 그들은 제때 치료만 받았어도 앞을 볼 수 있는 사람들입니다. 대표적인 질병이 백내장인데, 한 시간 정도의 수술로 정상적인 삶을 살 수 있는 사람들이 비싼 수술비용 때문에 장애인이 되고 맙니다. 아라빈드 안과는 그들에게 싼 가격의 백내장 수술을 제공합니다. 가격을 그처럼 낮출 수 있는 비결은 맥도널드처럼 수술 시스템을 표준화, 전문화했기 때문입니다.

일반적인 수술실은 침대 하나에 환자 한 명이 누워 있지만, 아라빈드 안과에는 여러 대의 침대가 나란히 놓여 있고 각 침대에 환자들이 누워 있습니다. 마치 컨베이어벨트가 돌아가듯 의사들이 환자들을 연이어 수술합니다. 높은 임금을 받지 않는 인력이 보조를 하고 핵심 기술을 발휘해야 하는 의사는 한 명의 수술을 마치면 곧

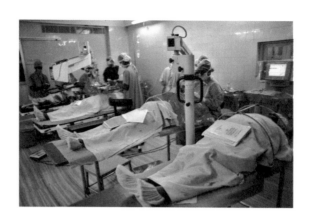

바로 의자를 돌려서 옆 침대의 환자를 수술합니다. 그렇게 나란히 누운 환자들을 계속 수술하지요. 표준화되고 분업화되어 있는 시스템으로 고급인력인 의사가 낭비하는 시간 없이 수술을 진행하는 것입니다.

일반 병원의 의사가 1년에 300~400명의 환자를 수술한다면 아라빈드의 의사는 1년에 2,000명이 넘는 환자를 수술한다고 합니다. 이렇게 여러 환자를 수술하면 수술의 질이 낮아질 것 같지만, 의사의 숙련도가 높아져서 오히려 수술 실패율이 적다고 합니다. 많은 수술이 이루어지니 백내장 수술에 드는 150달러 정도인 인공수정체를 10달러에 공급받아 미국에서 1,800달러 정도 드는 백내장 수술을 18달러에 진행하는 것입니다. 아라빈드 안과의 아이디어는 맥도널드나 자동차 제조 시스템의 개념을 모방한 것입니다.

## 💡 아이디어 가져오기

같은 개념을 적용하는 것을 '아이디어 가져오기' 또는 '아이디어 훔치기'라고 부르더군요. 다른 곳에서 아이디어를 가져오는 것은 나쁜 게 아니라 잘 배우는 것입니다. 단순한 모방이나 표절처럼 나쁜 것도 분명 있지만, 그렇지 않다면 다른 사람의 아이디어를 받아들이고 자신의 일에 적용하는 것이야말로 훌륭히 배우고 학습하는 방법입니다. 마네의 그림 〈폴리 베르제르의 술집〉을 살펴봅시다.

파리에 있는 한 고급 술집을 그린 것 같습니다. 이곳에서 일하는 여성 뒤에 있는 거울에 비친 모습으로 술집의 내부를 보여주는 것이 인상적입니다. 그런데 자세히 보면 뭔가 이상한 점이 있습니다. 그림 오른편에는 여성의 뒷모습이 있는데, 각도가 조금 다릅니다.

정면에서 본 것과 45도 옆에서 본 모습을 하나의 그림에 모두 담고 있습니다. 하나의 그림에 두 곳 이상의 시점으로 본 모습을 표현하고 있는 겁니다.

하나의 그림에 두 곳 이상의 시점에서 본 모습을 표현한 화가들은 피카소의 입체파입니다. 1907년 〈아비뇽의 처녀들〉이란 그림을 시작으로 파블로 피카소는 입체파를 세상에 알렸습니다. 사실 그 아이디어는 마네의 작품에서도 이미 찾아볼 수 있습니다. 마네의 그림은 세잔에게 영향을 끼쳤고, 실제로 피카소는 세잔의 그림을 따라 그리며 공부했다고 합니다.

# 수학을 잘 공부하는 방법

'수포자'라는 말이 있습니다. 수학을 포기한 사람을 의미합니다. 많은 학생들이 수학을 어려워하고 포기하기도 합니다. 그러면서 '수학을 어떻게 공부하면 좋을까?' 고민도 합니다. 저는 학생들이 수학을 어렵게 생각하는 가장 큰 이유는 '어려운 문제를 팍팍 풀어 내야 하는데 그러지 못하는 현실에 좌절해서'라고 생각합니다. 수학은 누구나 충분히 높은 수준까지 공부할 수 있습니다. 너무 성급하게 천재적인 재능을 발휘하지 않아도 좋습니다. 차근차근 개념과 원리를 이해하고, 선생님의 문제 풀이를 따라 하는 것에서 시작하면 됩니다.

창조가 모방에서 시작되었듯, 무엇인가를 배운다는 것은 모방에서 시작합니다. 가장 창의적인 활동을 하는 예술가들도 모방으로 배웁니다. 아주 독특한 그림을 그리는 화가들도 처음 그릴 때는 다른 사람의 그림을 따라 그리며 공부합니다. 위대한 글을 쓰는 작가들도 닮고 싶은 작가의 글을 따라 쓰면서 공부합니다. 이것을 '필사'라고 하는데 책 한 권을 옮겨 쓰며 글쓰기 공부를 하더군요. 전문작가가 되려는 사람이 아니어도, 글을 잘 쓰고 싶은 사람은 좋은 책을 골라서 5번, 10번 읽는다고 합니다.

다른 책 10권을 읽는 것보다 닮고 싶은 작가의 책 하나를 5번 읽는 것이 더 좋은 글쓰기 공부라고 합니다. 닮고 모방하고 따라 하는 겁니다. 수학공부도 그렇게 하면 좋습니다. 천천히 개념과 원리를 이해한 뒤, 선생님이 문제 푸는 모습을 잘 보고 그 방법을 따라 하세요. 문제에 접근하는 방법, 생각하는 방법 등을 모방하다 보면, 내용이 이해되고 문제에 접근하기가 쉬워지며, 가끔은 선생님과 다른 방법으로 문제를 풀게 되기도 합니다.

제가 개인적으로 좋아하는 공부 방법은 달력의 뒷면 같은 커다란 백지를 놓고, 거기에다가 책을 보지 않으며 내가 공부한 내용을 써보는 겁니다. 수학 공식을 유도해보기도 하고 '내가 선생님이라면 이런 문제를 낼 거야'라는 생각으로 문제도 내봅니다. 그렇게 책을 보지 않고 백지를 많이 채울수록 더 많이 공부하게 됩니다. 채우는 과정 자체도 공부가 되고, 단순 암기와 단순 모방에서 벗어나 자신의 생각을 만드는 좋은 방법이기도 합니다.

수학은 기억해야 할 내용이 많지 않기 때문에 외운다기보다는 백지를 채우면서 중요한 개념을 하나하나 밟아보는 것이 좋은 공부법입니다. 이 방법은 확실히 효과가 있습니다. 수학공부에만 적용되는 방법이 아닙니다. 인공지능, 빅데이터 등 새로운 이슈가 있다면 그것에 대해서 혼자 설명해보는 것이 좋습니다. 혼자서 10분, 20분 동안 자료에 의지하지 않고 쭉 설명할 수 있다면 설명하는 내용에 대해 더 많이 알게 되지요. 물론 그렇게 설명하려면 미리 내용을 학습해야 합니다. 일단 배우고, '백지에 설명하기'로 배운 것을 잘 정리해봅시다.

어떤 천재 한 명이 자동차를 창조한 게 아닙니다. 오래전에 바퀴가 만들어지고, 시간이 지나서 바퀴를 이용한 수레가 나왔습니다. 그로부터 한참 후에 개발된 가솔린 엔진을 수레에 부착하면서 최초의 자동차가 탄생했습니다. 바퀴, 수레, 가솔린 엔진 등 기존의 아이디어가 없었더라면, 자동차를 만들기는커녕 생각해내기도 어려웠을 것입니다. 새로운 것을 창조하는 능력은 여러 영역의 아이디어를 따라 하고 이용하는 과정을 통해서 길러집니다. 처음에는 단순 모방에 그치겠지만 어느 순간부터 자신의 것이 됩니다. 그때, 진짜 창조가 이루어집니다.

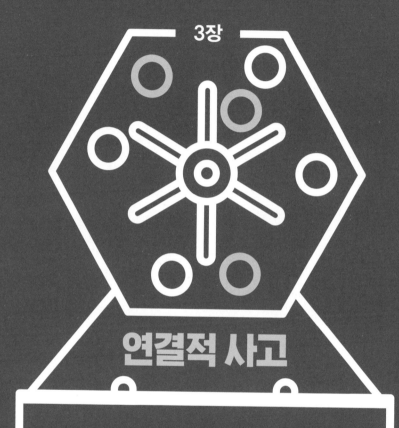

3장

연결적 사고

낯선 것들끼리 결합하다

# 창의력 미술관: 현명한 지혜는 어떻게 얻어지는가?

## 〈아테네 학당〉의 교훈

미켈란젤로, 레오나르도 다 빈치와 함께 르네상스 3대 천재 화가로 불리는 라파엘로의 작품 〈아테네 학당〉입니다. 고대 그리스에서 중세까지 주요한 철학자, 수학자들을 하나의 그림에서 만날 수 있네요. 중앙에서 손으로 하늘을 가리키는 이상주의자 플라톤과 땅을 향하는 현실주의자 아리스토텔레스, 왼쪽에서 책에 무엇인가를 쓰는 피타고라스와 오른쪽에서 작도를 하는 유클리드 등 다양한 철학자와 수학자들이 모여 있는 흥미로운 작품입니다.

동시대를 살진 않았지만 이들이 한데 모여 왁자지껄 대화하는 모습은 그들이 어떻게 세상의 지혜를 얻었는지 알려주는 듯합니다. 세상의 지혜는 서로 떠들고 이야기하면서 생성됩니다. 깨달음을 위해 깊은 산속에서 혼자만의 시간을 갖는 사람들을 떠올리기 쉽지만, 〈아테네 학당〉은 '현명한 지혜는 시장에서 사람들과 어울리면서 얻는 것'이라는 사실을 말해주는 듯합니다.

'천재' 하면 사람들은 이런 이미지를 떠올립니다. 세상과 단절되고 자신만의 세계에 빠져 연구에 집중하거나 작품을 만드는 사람, 작은 방에서 혼자만의 시간을 가지며 깊은 생각에 잠겨 있다가 갑자기 "유레카!"를 외치며 세상을 놀라게 하는 획기적인 연구나 작품을 발표하는 사람 말이지요. 하지만 이는 비현실적인 생각입니다. 멋진 생각은 혼자만의 깊은 사색보다는, 다른 사람과의 소통에서 얻을 수 있습니다. 사람들의 생각을 이어 붙이고 거기에 자신의 생각도 연결하는 과정에서 멋진 생각들이 나옵니다.

소크라테스는 탈레스의 이야기에서 철학적인 깨달음을 얻었는데, 그는 플라톤의 스승이었습니다. 플라톤은 아리스토텔레스의 스승이었고, 피타고라스는 탈레스에게 직접 배웠다고 합니다. 피타고라스와 유클리드는 동시대를 살지는 않았지만, 유클리드는 피타고라스에게 많은 영향을 받았습니다. 이렇게 타인의 생각을 받아들이고 거기에 자신의 생각을 덧붙이면 현명한 지혜가 탄생합니다. 노벨 물리학상이나 화학상은 대부분 3~4명씩 공동으로 수상합니다. 혼자 단독으로 노벨 과학상을 받는 경우는 거의 없습니다. 혼자서는 세상을 바꿀 만한 탁월한 연구를 하기 어렵다는 의미입니다.

학자들의 연구에서도 이 사실은 증명됩니다. 맥길대학교의 케빈 던바Kevin Dunbar 교수는 사람들이 어떻게 탁월한 아이디어를 만드는지 그 현장을 확인하고자 분자생물학연구소 4군데에 카메라를 설치하고 연구원들을 관찰했습니다. 분자생물학 같은 첨단 과학에 대해 우리가 갖고 있는 보통 상식은 어떻습니까? 과학자들이 실험실에서 혼자 고개를 숙이고 현미경을 한참 들여다보며 중요한 무언가를 발견하는 모습을 떠올립니다. 그러나 이 실험에 따르면, 실제로 대부분의 혁신적 아이디어는 몇몇이 함께 커피를 마시며 최신 연구 결과에 대해 이야기를 나누는 자리에서 나왔다고 합니다.

던바 교수는 이를 "탁월한 아이디어는 현미경이 아닌 회의 테이블에서 나온다"라고 표현했습니다. 멋진 아이디어는 다른 사람과 정보를 나누고 소통하며 내 생각과 다른 사람들의 생각이 연결될 때 가장 폭발적으로 생성됩니다. 핵심은 연결입니다. 우리는 서로 다른 것들을 연결하면서 새롭고 탁월한 무엇인가를 만들어냅니다. 현명한 지혜도 그렇게 얻을 수 있습니다.

# 언어와 수학 사이에 다리 놓기

fx

## 🔆 현실세계와 수학세계

수학이라고 하면 복잡한 계산을 떠올리는 사람이 많지만, 실제로 수학은 일상적인 문제를 수와 식으로 나타내고 그것을 계산하여 답을 얻는 학문입니다. 계산보다 중요한 것은 일상적인 문제를 수학의 언어로 표현하는 일입니다. 대표적인 수학 문제를 하나 살펴봅시다.

| 생각<br>실험 | **동네 가게와 대형 마트** |
|---|---|
| | 동네 가게에서 1,500원에 판매하는 물건을 대형 마트에서는 1,000원에 판다고 합니다. 마트까지 갔다 오려면 교통비 20,000원이 필요합니다. 한번에 몇 개 이상 구매하면 마트에서 사는 것이 이익일까요? |

이 질문에 식을 세워봅시다. 식 세우기는 현실의 문제를 수학적

인 언어로 바꾸는 행위입니다. $x$개를 산다면 동네에서는 $1,500x$원, 마트에서는 $20,000+1,000x$원을 내야 합니다. 마트에서 사는 것이 더 싸다는 말은 $1,500x > 20,000+1,000x$를 의미합니다. 이를 계산하면 다음과 같습니다.

$$1,500x > 20,000+1,000x$$
$$500x > 20,000$$
$$x > 40$$

따라서 한 번에 40개보다 많이 사는 경우에는 마트에 가서 사는 것이 이익입니다.

아주 간단하고 쉬운 문제지만, 우리가 일상에서 수학을 사용하는 가장 대표적인 방법을 잘 보여줍니다. 이 과정은 다음 프로세스로 정리해서 나타낼 수 있습니다.

1. 우리가 겪는 일상의 문제 또는 현상을 추상화하여 수학적으로 표현한다.

2. 수학적인 언어로 표현된 문제를 수학적인 방법으로 해결한다.

3. 수학적으로 해결된 문제를 현실적인 상황으로 구체화한다.

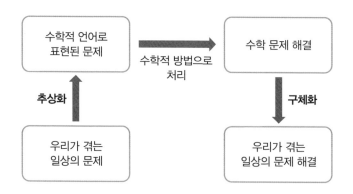

간단한 계산부터 고차방정식 또는 미분과 적분처럼, 다양하고 어렵게 수학적으로 처리하는 방법들이 있습니다. 하지만 이런 수학적인 처리보다 중요한 것은 현실의 문제를 수학적인 언어로 표현하는 일입니다. 학생들은 문장형 수학 문제를 특히 어려워한다고 합니다. 문장을 구체화하여 수식으로 나타내지 못하는 것입니다. 막상 수식이 주어지면 쉽게 풀 수 있는데 말이죠. 사실 일상에서 정말 중요한 것은 수식을 푸는 능력이 아닌 수학적 언어로 표현하는 능력입니다.

다음을 계산해보세요.

$$\frac{1}{6} + \frac{1}{12} + \frac{1}{7} + \frac{1}{2} = ?$$

이 계산은 초등학생도 할 수 있습니다. 이번에는 유명한 디오판토스의 문제를 같이 볼까요? 디오판토스의 묘비에는 다음과 같이 적혀 있다고 합니다.

## 디오판토스

"여행자들이여! 이 돌 아래에는 디오판토스의 영혼이 잠들어 있다. 그의 신비스러운 생애를 수로 말해보겠다. 신의 축복으로 태어난 그는 그의 인생의 $\frac{1}{6}$ 을 소년으로 보냈다. 그리고 다시 인생의 $\frac{1}{12}$ 이 지난 뒤에 얼굴에 수염이 나기 시작했다. 다시 $\frac{1}{7}$ 이 지난 뒤 그는 아름다운 여인을 맞이하여 결혼했으며, 결혼한 지 5년만에 귀한 아들을 얻었다. 아! 그러나 가엾은 그의 아들은 아버지의 반밖에 살지 못했다. 아들을 먼저 보내고 깊은 슬픔에 빠진 그는 그 뒤 4년간 정수론에 몰입하여 스스로를 달래다가 일생을 마쳤다."

디오판토스는 몇 살까지 살았을까요?

앞의 분수 계산을 할 수 있다면, 이 문제를 풀 수 있어야 합니다. 하지만 앞의 계산이 가능한데도 디오판토스의 나이를 계산하지 못하는 사람들이 많습니다. 문장으로 제시된 문제를 수식으로 표현하지 못하기 때문입니다. 수학적인 문제 해결 능력이 부족하다기보다는 수학적인 문제 이해 능력이 부족하다고 할 수 있습니다. 단순 계산만 반복한 학생이 학교시험은 잘 봐도 대학 입시 같은 중요한 시험에서 좋은 점수를 얻지 못하는 대표적인 이유가 바로 문제 이해 능력 부족입니다. 우리나라 교육과정에서도 수학 문제의 이해 능력 즉, 문장으로 제시된 문제를 식으로 바꾸는 능력을 강조합니다.

디오판토스의 묘비에 적힌 그의 생애 문제는 앞에서 제시한 수식으로 이해할 수 있습니다. 그가 $x$살까지 살았다고 하면, 다음과 같은 식을 세울 수 있습니다.

$$\frac{1}{6}x+\frac{1}{12}x+\frac{1}{7}x+5+\frac{1}{2}x+4=x$$

$$\frac{75}{84}x+9=x$$

$$\frac{9}{84}x=9$$

$$x=84$$

디오판토스는 그리스의 수학자인데, 당시의 수학은 기하학이었습니다. 그림을 그리고 그 그림을 이해하는 것이 수학의 대부분이었죠. 그런데 디오판토스는 기하학이 아닌 대수학을 연구했습니다. 최초로 계산기호를 쓰고 미지수를 문자로 사용해 방정식과 연립방정식을 풀었다고 알려져 있습니다. 디오판토스는 복잡한 생활의 문제를 수식으로 표현하여 해결하는 수학의 기초를 세운 사람이었습니다.

오랫동안 사람들은 대수학을 그의 저서로 공부했는데, 방정식과 부정방정식을 포함한 몇 권의 책이 있습니다. 특히 페르마는 디오판토스의 책으로 공부하며 책 여백에 자신의 아이디어를 쓰기도 하고 수학의 중요한 정리도 기록했는데, 유명한 '페르마의 마지막 정리'도 그 책의 여백에 메모한 자료입니다.

## 🔅 오일러의 문제

페르마의 정리처럼 수학에는 유명한 문제들이 있습니다. '쾨니히스베르크Königsberg의 다리' 문제 역시 그중 하나입니다. 쾨니히스베르크는 옛 프러시아의 수도이며 현재 러시아의 칼리닌그라드인데, 세계적인 철학자 임마누엘 칸트Immanuel Kant와 수학자 다비

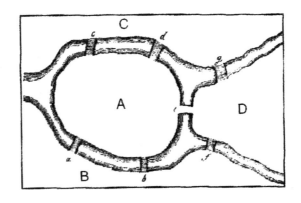

트 힐베르트David Hilbert의 고향으로도 유명합니다. 이 도시에는 다음과 같은 다리가 있는데, 문제는 이것입니다. "7개의 다리를 한 번씩만 건너서 A, B, C, D 네 구역을 모두 다녀올 수 있는가?"

이 간단한 질문에 정확한 답을 내놓는 사람이 없었습니다. 경우의 수를 따지면 생각보다 많고 복잡해서 가능한지, 불가능한지 대답할 수 없는 문제로 여겨졌죠. 이 문제를 해결한 사람은 스위스의 수학자 레온하르트 오일러입니다. 그는 다음과 같이 문제를 단순화했습니다.

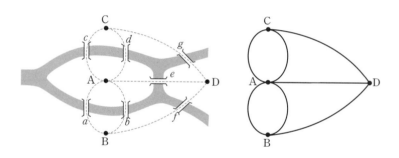

이 문제는 이렇게 바뀌었습니다.

"위 그림에서, 종이에서 연필을 떼지 않고 한 점에서 출발하여 선은 한 번만 지나면서 모든 점을 지나는 방법이 있는가? 어떻게 하면 되는가?"

오랜 시간 사람들을 괴롭혔던 문제가 한 붓 그리기 문제로 바뀐 것입니다. 한 붓 그리기 문제를 해결하기 위해 오일러는 먼저 모든 점을 2종류로 나눴습니다. 점에 연결된 선이 홀수 개인 점과 짝수 개인 점으로 나누었지요. 점에 연결된 선이 짝수 개인 경우는 그 점으로 들어왔던 선이 다른 점으로 나가게 되는데, 점에 연결된 선이 홀수 개인 경우는 들어온 후 나가지 못하는 선이 꼭 하나 생깁니다. 따라서 한 붓 그리기 문제는 모든 꼭짓점에 연결된 선이 짝수 개일 때 가능합니다. 출발점과 도착점이 달라도 되는 경우는 홀수 개로 연결된 점이 정확히 2개 있을 때입니다. 쾨니히스베르크의 다리 문제는 모든 점에 연결된 선이 홀수 개이기 때문에 한 붓 그리기가 불가능합니다.

종이에서 연필을 떼지 말고 모든 선을 한 번씩만 지나도록 다음 도형의 A, B, C, D, E 점을 연결해봅시다.

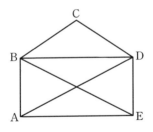

그냥 마구잡이로 하면 풀기 어려운 문제입니다. 먼저 꼭짓점들이 몇 개의 선과 만나는지 세어보세요. A와 E는 홀수 개(3개)의 선과 만나고 나머지는 짝수 개의 선과 만납니다. 따라서 A에서 출발하여 E에서 끝나도록 한 붓 그리기를 하면 가능하고, B, C, D에서 출발하면 불가능합니다.

## 💡 좁은 수학과 넓은 수학

우리가 겪는 일상의 문제는 다양한 형태의 수학적 언어로 표현될 수 있습니다. 2차 방정식으로 표현되기도 하고, 확률 방정식으로 나타나기도 하지요. 이미지와 영상을 다루는 사람들은 자신들이 처리하는 영상이나 이미지를 하나의 함수로 추상화하고 미분하여 경계를 찾거나 영상을 압축하기도 합니다. 오일러의 쾨니히스베르크의 다리 문제도 보통 기하학과는 조금 다른 방법으로 추상화하여 문제를 해결한 사례입니다. 실제로 오일러는 이 문제로 새로운 기하학을 탄생시켰고 더 확장된 수학 분야가 후대의 연구를 통하여 만들어졌습니다.

수학이라고 하면 복잡한 계산을 생각하는 경우가 많습니다. 또는 어려운 방정식을 수학적인 개념으로 풀어내는 것이라고 주로 생각하죠. 하지만 그것은 '좁은 의미의 수학'입니다. 앞에서 살펴본 것과 같이 일반적인 문제를 추상화하여 수학적으로 표현하고 그 문제를 해결하여 자신의 문제에 구체적으로 적용하는 일련의 과정이 '넓은 의미의 수학'이라고 할 수 있습니다.

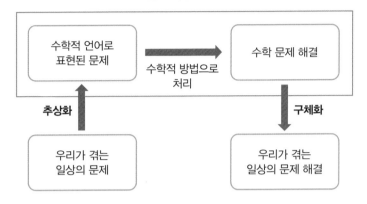

여기에 표시된 과정의 모든 단계가 중요합니다. 하지만 저는 '좁은 의미의 수학'이라고 표현한 단계보다는 우리가 겪는 일상의 문제를 수학적인 언어로 추상화하는 단계가 더욱 중요하다고 생각합니다. 좁은 의미의 수학이라고 말한 단계를 빠르고 정확하게 처리하는 데에만 초점을 맞추는 대신, 더 넓은 의미의 수학에 관심을 가져야 합니다.

# 그림과 수식을 연결한다

## 💡 그림 한 장으로 증명 끝

다음을 보면, 주어진 수식의 증명을 간단한 그림 한 장으로 끝내고 있습니다.

$$\frac{1}{2} + \frac{1}{4} + \frac{1}{8} + \frac{1}{16} + \cdots = 1$$

증명

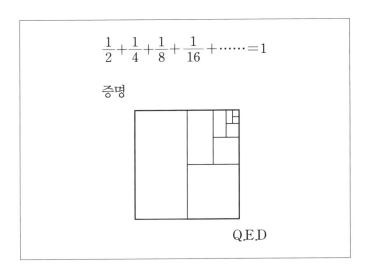

Q.E.D

'Q. E. D'는 수학에서 '증명 끝'을 의미합니다. 이렇게 말없이 그림으로 수식을 증명하는 것에 사람들은 흥미를 느낍니다. 수식과 그림은 다르기 때문입니다. 이렇게 다른 것을 적절히 연결하여 창의적인 결과물을 만드는 것입니다. 좌뇌·우뇌 이론을 이야기하는 사람들은 수식은 논리적이고 계산적인 좌뇌에서 처리하고, 그림과 같은 이미지는 우뇌에서 처리한다고 합니다. 따라서, 수식과 그림을 연결하여 생각하면 우리의 좌뇌와 우뇌가 동시에 작동하게 되지요. 이렇게 서로 다른 좌뇌와 우뇌가 동시에 움직일 때 생각이 확장되고 재미를 느끼며 상승 효과가 일어납니다.

설명 없이 그림으로 수식을 증명하는 것 몇 가지를 소개합니다.

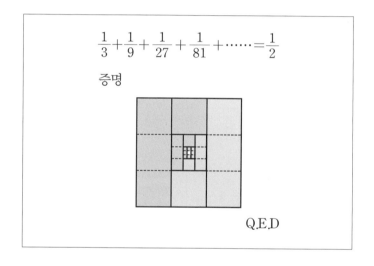

$$\frac{1}{3} + \frac{1}{9} + \frac{1}{27} + \frac{1}{81} + \cdots\cdots = \frac{1}{2}$$

증명

Q.E.D

$$\frac{1}{4} + \frac{1}{16} + \frac{1}{64} + \frac{1}{256} + \cdots\cdots = \frac{1}{3}$$

증명

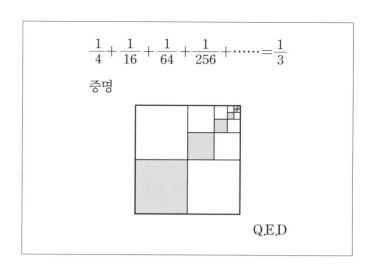

Q.E.D

## 💡 데카르트의 해석기하학

"원이란 무엇일까요?" 이 질문에 초등학생은 이렇게 대답할 것입니다. "원은 동그란 것입니다." 중학교에서 집합을 배운 학생은 "한점에서 일정한 거리에 있는 점들의 집합"이라고 대답할 수 있겠지요. 수능을 준비하는 고등학생은 원을 $x^2+y^2=1$과 같이 생각해야합니다. 그래야 관련 문제를 풀 수 있으니까요. 공부를 잘하는 학생은 원을 $(\cos\theta, \sin\theta)$와 같이 생각해야 어려운 문제에 유연하게 접근할 수 있을 것입니다.

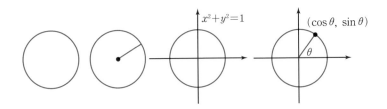

원을 $x^2+y^2=1$처럼 생각하는 것은 $x-y$ 좌표축에 원을 그리는 것입니다. 어떤 함수를 $x-y$ 좌표축 위에 표현하는 수학을 해석기하학이라고 합니다. 데카르트는 대수적인 함수를 그래프로 그려서 기하학적으로 해석했습니다. 일례로 $x^2-4x+1=0$과 같은 2차 방정식을 $y=x^2-4x+1$과 같은 2차 함수로 생각하고 $x-y$ 좌표축 위에 그려보면 다음과 같습니다.

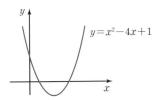

이렇게 방정식을 눈에 보이는 그래프와 연결 지어 표현하면, 2차 방정식 $x^2-4x+1=0$의 근은 2차 함수 $y=x^2-4x+1$이 $x$축과 만나는 점입니다.

수학은 크게 대수학과 기하학으로 분류됩니다. 방정식처럼 숫자와 상징으로 나타나는 것이 대수학, 도형과 같은 그림으로 나타나는 것이 기하학입니다. 기하학은 기하학대로 존재했고, 대수학은 대수학의 영역에서 존재했는데, 데카르트는 대수학과 기하학을 연결시키는 해석기하학을 만들었습니다. 서로 다른 영역에 있던 대수학과 기하학이 연결되면서 수학은 획기적으로 발전합니다. 해석기하학을 바탕으로 미분과 적분이 만들어지고 더 많은 수학적인 성과가 나타난 것이죠. 아주 어려운 문제도 $x-y$ 좌표축을 이용하여 쉽게 접근할 수 있습니다.

---

**생각 실험**

## 15분 기다림

남자와 여자가 영화관에서 만나기로 했습니다. 시간은 정하지 않고, 7시에서 8시 사이에 만나기로 했습니다. 그들은 자신들의 운명을 시험하기 위해 누구든 딱 15분만 기다리고 상대가 나타나지 않으면 그냥 영화관을 떠나기로 했습니다. 남녀가 만날 수 있는 확률은 얼마일까요?

---

남자와 여자가 영화관에 도착하는 7시와 8시 사이 60분의 시간을 $x-y$ 축에 표시하면, 두 사람이 만나게 될 조건은 $|x-y| < 15$ 입니다. 이를 좌표평면에 그리면 다음과 같습니다.

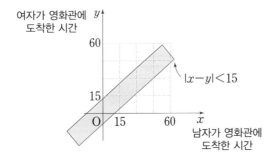

둘이 만날 확률은 정사각형의 면적에서 가운데 부분의 면적이 차지하는 비율만큼입니다. 이 비율을 면적으로 계산하면 됩니다. 다음과 같이 보조선을 그어보세요.

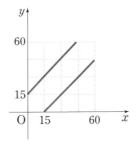

이렇게 보조선을 그으면 전체가 16칸인데, 가운데 부분의 면적은 7칸을 차지합니다. 따라서, 남자와 여자가 만날 수 있는 확률은 $\frac{7}{16}$ 입니다.

인상적인 문제죠? 문제에 제시된 것은 시간 관계이고, 우리가 구해야 하는 것은 확률이었습니다. 그런데 우리는 문제에서 요구한 확률을 단지 그림을 그려서 면적을 계산하여 구한 겁니다. 대수적인 문제를 기하학적으로 해석하여 해결한 것이지요. 이렇게 방정식이나 함수를 그림과 같이 시각적으로 해석하면 쉽게 답을 얻을 수 있습니다. 어려운 문제를 하나 더 살펴보겠습니다.

삼각형은 변 하나의 길이보다 나머지 두 변을 합한 길이가 더 길어야 합니다. 따라서 성냥개비를 3조각 낸다면 3개의 조각 중 가장 긴 것이 나머지 2개의 길이를 더한 것보다 짧아야 합니다. 이것이 이 문제의 기본 조건입니다.

먼저 성냥개비의 길이를 1이라고 하고, 3조각 낼 때 부러지는 2곳의 위치를 $x, y$라고 합시다.

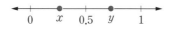

$x, y$의 위치에 따라 다음과 같은 경우를 생각할 수 있습니다.

1. $x, y$가 모두 한쪽으로 쏠려 있는 경우입니다. 이런 상황은 한 조각의 길이가 0.5를 넘기 때문에 삼각형이 될 수 없습니다.

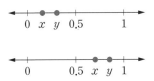

2. $x, y$가 너무 떨어져 있어서 가운데 조각의 크기가 0.5를 넘는 경우도 삼각형이 될 수 없습니다.

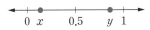

3. $x, y$가 중앙에 가깝고 가운데 조각의 크기가 0.5를 넘지 않는 경우만 삼각형이 될 수 있습니다.

이제 성냥개비를 3조각 내고 생성된 $x, y$를 좌표평면 $x-y$축에 좌표로 나타냈을 때, $(x, y)$의 위치에 따라 어떻게 영역이 정해지는지 살펴봅시다. 먼저 다음 색칠한 부분은 $x, y$가 한쪽으로 쏠려 있는 1번째 경우입니다. 이 부분에 있는 $(x, y)$로는 삼각형을 만들 수 없습니다.

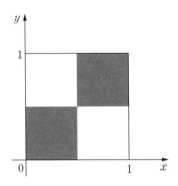

2번째로 $(x, y)$가 양쪽 끝에 위치하여 가운데 조각의 크기가 0.5가 넘는 경우를 추가로 색칠하면 다음과 같습니다. 이 경우에도 삼각형은 만들 수 없습니다.

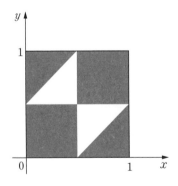

결론적으로 지금 색칠된 부분에 $(x, y)$가 놓이도록 성냥개비를

자르면 삼각형이 되지 않고, 색칠하지 않은 부분에 $(x, y)$가 놓이도록 성냥개비를 자르면 삼각형이 됩니다. 면적으로 비율을 생각할 수 있는데, 전체 중 색칠되지 않은 부분이 $\frac{1}{4}$이니 삼각형이 될 확률은 $\frac{1}{4}$입니다. 따라서 성냥개비를 3조각 내면 삼각형이 될 확률은 $\frac{3}{4}$, 되지 않을 확률이 $\frac{1}{4}$입니다. 성냥개비를 아무렇게나 3조각 내면 삼각형이 안 될 가능성이 3배 더 높습니다.

## 수식을 그림으로 이해한다

우리가 알고 있는 수식을 그림으로 표현하는 것은 그 수식을 더 잘 이해할 수 있는 매우 좋은 방법입니다. 수식과 그림의 다양한 연결을 생각해보세요. 예를 들어 1부터 $n$까지의 합은 다음과 같은 그림으로 이해할 수 있습니다.

$$1+2+3+\cdots+n=\frac{n(n+1)}{2}$$

이 수식은 다음과 같은 그림으로도 이해할 수 있습니다.

$$1+2+3+\cdots+n=\frac{n^2}{2}+\frac{n}{2}=\frac{n(n+1)}{2}$$

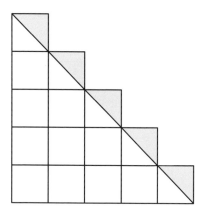

다음 그림은 홀수들의 합이 제곱수가 되는 것을 보여줍니다.

$$1+3+5+\cdots+(2n-1)=n^2$$

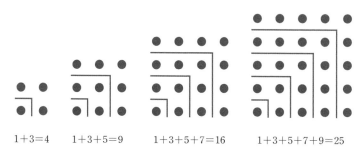

| $1+3=4$ | $1+3+5=9$ | $1+3+5+7=16$ | $1+3+5+7+9=25$ |

우리가 알고 있는 완전제곱식 $(a+b)^2=a^2+2ab+b^2$도 다음 그림과 연관 지어 이해하면 좋습니다. 그래야 오래 기억하고, 완전 제곱을 더 잘 이해할 수 있습니다.

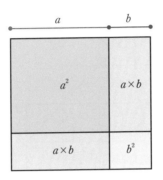

다음은 산술평균이 기하평균보다 크다는 $\dfrac{a+b}{2} \geq \sqrt{ab}$를 증명 하는 그림입니다. 이런 그림을 이해하는 것만으로도 수학을 더 깊 이 이해할 수 있습니다.

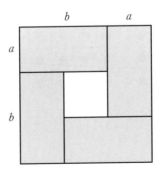

이 그림은 변의 길이가 $a, b$인 직사각형 4개입니다. 전체를 보면한 변의 길이가 $(a+b)$인 큰 정사각형에서 가운데 작은 정사각형이 빠진 모양인데, 색이 칠해진 작은 직사각형 4개의 넓이가 큰 정사각형 1개의 넓이보다 작습니다. 식으로 나타내면 이렇습니다.

$$(a+b)^2 \geq 4ab$$

부등식의 양변을 4로 나누고, 좌변을 제곱식으로 정리하면 다음과 같습니다.

$$\left( \frac{a+b}{2} \right)^2 \geq ab$$

양변에 제곱근을 취하면 우리가 원하는 다음의 부등식이 얻어집니다.

$$\frac{a+b}{2} \geq \sqrt{ab}$$

수식이나 방정식, 부정식을 눈에 보이는 그림의 형태로 나타내보면 그것을 더 잘 이해할 수 있습니다. 수식과 그림을 연결시켜보세요.

# 피타고라스의 정리
# 챌린지

$f_x$

## 💡 가장 유명한 수학 공식

데카르트가 '대수학＋기하학＝해석기하학'을 창시한 후 서로 다른 두 학문이 연결되면서 수학은 획기적으로 발전했습니다. 그런데 데카르트보다 2,000년 전에 이미 이런 시도를 한 사람이 있었습니다. 그림과 방정식을 연결한 피타고라스입니다. 피타고라스의 정리는 직각삼각형의 세 변 사이의 관계를 밝힙니다.

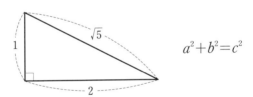

$$a^2+b^2=c^2$$

피타고라스의 정리는 실용적으로 쓰이는 직각삼각형과 추상적인 대수방정식을 연결했다는 의미가 있습니다. 어쩌면 수학의 역사에서 가장 중요한 정리일 것입니다.

# 최단 거리 구하기

B와 C 사이에 있는 어떤 점 E에 대하여, AE + ED의 최솟값을 구하세요.

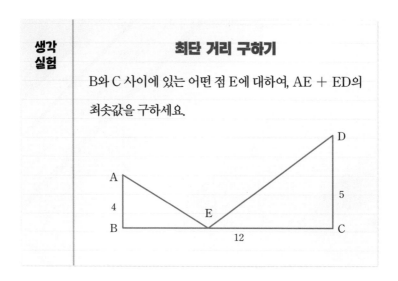

다음과 같이 선분 BC에 대하여 A와 대칭인 F을 잡아서 F에서 D까지의 거리를 계산하면 AE+ED의 최솟값이 됩니다. FD의 거리는 FGD가 직각삼각형이므로 피타고라스의 정리에 따라 이렇게 계산할 수 있습니다.

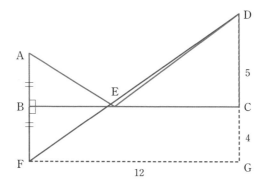

연결적 사고: 낯선 것들끼리 결합하다

177

$$FD^2 = 12^2 + 9^2 = 144 + 81 = 225 = 15^2$$

따라서 FD는 15입니다. 즉, A에서 BC 사이의 어떤 점을 지나고 D까지 가는 가장 짧은 거리는 15입니다.

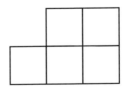

**생각 실험**

### 잘라 붙이기

서로 다른 크기의 두 정사각형을 적당하게 잘라 붙여서 하나의 큰 정사각형을 만드세요.

이 문제에 접근하기 위해 약간 단순한 문제부터 먼저 풀어보겠습니다. 다음과 같이 크기가 1, 4인 정사각형 2개를 적당히 잘라 붙여서 하나의 큰 정사각형을 만들어봅시다.

도형이 주어졌고, 잘라서 붙이는 과정은 그림으로 이해하는 문제이지만 풀기 위해서는 숫자를 생각해야 합니다. 어떤 숫자를 생각해야 할까요? 바로 면적입니다. 최종적으로 만들어지는 정사각형의 면적을 생각해보세요. 1＋4＝5입니다. 최종적으로 만들어지는 정사각형은 한 변의 길이가 $\sqrt{5}$인 정사각형입니다. 우리에게 주어진 도형에서 $\sqrt{5}$를 찾아야 합니다. 그리고 찾은 $\sqrt{5}$를 정사각형의 한 변으로 만들어야 하지요.

다음과 같이 $\sqrt{5}$를 생각할 수 있습니다.

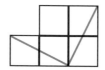 

이 그림을 단서로 다음과 같이 잘라 붙이면 하나의 큰 정사각형이 만들어집니다.

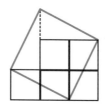

이 문제처럼 일반적으로 서로 다른 크기의 두 정사각형을 잘라 붙이면 2개를 합한 것과 같은 크기의 정사각형을 만들 수 있습니다.

앞의 생각 실험과 같은 방법으로 생각합시다. 작은 정사각형의 한 변의 길이가 각각, $a, b$이면 새롭게 만들어지는 큰 정사각형의 한 변의 길이는 $\sqrt{a^2+b^2}$입니다. 다음과 같이 잘라서 붙이면 됩니다.

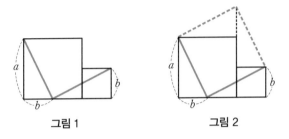

그림 1                    그림 2

두 정사각형을 맞붙인 다음, 두 번째 정사각형 한 변의 길이만큼 첫 번째 정사각형의 한 변에 점을 찍습니다. 그리고 그림 1처럼 잘라서, 그림 2처럼 붙이면 2개의 정사각형을 합한 크기인 새로운 정사각형을 만들 수 있습니다.

## 💡 피타고라스 정리의 증명

피타고라스 이전의 사람들도 피타고라스 정리를 알고 있었을 것입니다. 3,000~4,000년 전에 만들어진 것으로 추정되는 고대 바빌론의 점토판이나 이집트의 유적에서도 피타고라스의 정리를 찾아볼 수 있다고 합니다. 그들은 단순히 실용적으로 세 변을 $(3, 4, 5)$의 길이로 묶으면 직각삼각형이 된다는 정도로 알고 있었는데, 피타고라스가 그것을 체계적으로 정리했지요. 가장 단순한 형태로 피타고라스 정리를 활용하는 것은 세 변을 (3, 4, 5)로 두는 것입니다. $3^2+4^2=9+16=25=5^2$이기 때문에 (3, 4, 5)를 세 변으로 하는 삼각형은 직각삼각형이 됩니다.

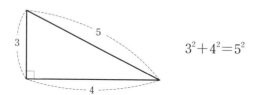

$$3^2+4^2=5^2$$

기원전 1,000년경에 쓰인 고대 중국의 수학책 《주비산경》에는 이런 내용이 등장합니다. '구고현의 정리'라고 하는데, 세 변이 (3, 4, 5)인 직각삼각형이 피타고라스의 정리를 만족시킨다는 사실을 보여줍니다.

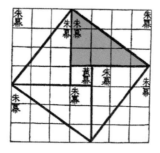

어떤 수식도 없이 바둑판 무늬 그림 하나로 피타고라스 정리를 이야기합니다. 밑변의 길이가 3이고 높이가 4인 직각삼각형의 빗

변의 길이는 5가 된다는 것이죠. 큰 마름모 안에 작은 정사각형이 25개가 있기 때문에 한 변의 길이가 5입니다.

피타고라스의 정리는 다양한 방법으로 증명할 수 있습니다. 어떤 수학자는 피타고라스의 정리를 367가지로 증명하여 이것을 책으로 출간하기도 했습니다. 재미있지요? 피타고라스의 정리를 증명하는 것으로 수학을 더 깊이 이해할 수 있는 듯합니다. 대표적인 피타고라스 정리의 증명은 다음과 같습니다. 이것은 피타고라스가 증명한 방법이라고 알려져 있습니다.

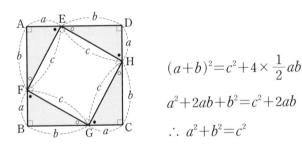

$$(a+b)^2 = c^2 + 4 \times \frac{1}{2} ab$$

$$a^2 + 2ab + b^2 = c^2 + 2ab$$

$$\therefore \ a^2 + b^2 = c^2$$

또 하나의 증명을 제시해보겠습니다. 왼쪽의 도형들을 오른쪽처럼 배열하면 한 변이 $c$인 정사각형의 넓이와 한 변이 $a, b$인 정사각형 2개의 넓이가 같다는 것을 알 수 있습니다. 이런 관계로 세 변이 $(a, b, c)$인 직각삼각형에서 $a^2 + b^2 = c^2$임을 증명합니다.

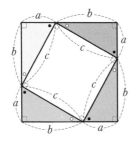
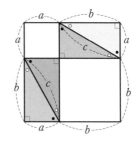

유클리드의 원론에도 피타고라스 정리의 증명이 있습니다. 기하학적인 방법으로 증명하는 유클리드의 방법은 다음과 같습니다. 직각삼각형 ABC 각각의 변에 다음과 같이 정사각형을 그려보면, 색칠한 부분의 면적이 같다는 사실을 증명할 수 있습니다. 따라서 2개의 작은 정사각형의 넓이의 합은 큰 정사각형의 넓이가 됩니다.

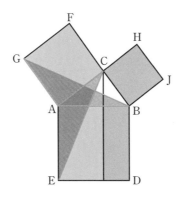

색칠한 부분의 면적이 같다는 것은 다음과 같이 증명할 수 있습니다. 먼저 왼쪽에 있는 삼각형 IAB는 삼각형 CAD와 같습니다. 삼각형 IAB를 A를 중심으로 회전시키면 삼각형 CAD와 겹칩니다. 따라서 두 삼각형의 넓이는 같은데, 삼각형 IAB의 넓이가 정사각형의 넓이이고, 삼각형 CAD의 넓이가 큰 사각형의 왼쪽 넓이입니다.

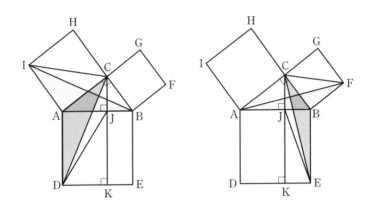

오른쪽에 있는 삼각형 ABF도 점 B를 중심으로 회전시키면 삼각형 CBE와 겹칩니다. 이것도 넓이가 같다는 사실을 적용하면 왼쪽의 작은 정사각형의 넓이와 큰 정사각형의 오른쪽 넓이가 같다는 것을 알 수 있습니다. 따라서 작은 정사각형 2개의 넓이와 큰 정사각형 하나의 넓이가 같다는 식으로 피타고라스의 정리를 증명할 수 있습니다.

12세기경 인도의 바스카라Bhāskara라는 수학자는 다음 방법으로 피타고라스의 정리를 증명했습니다.

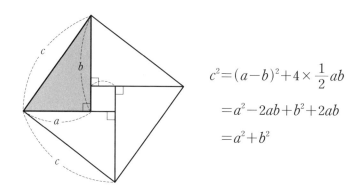

$$c^2 = (a-b)^2 + 4 \times \frac{1}{2}ab$$
$$= a^2 - 2ab + b^2 + 2ab$$
$$= a^2 + b^2$$

미국의 대통령도 피타고라스의 정리를 자신만의 방법으로 증명했다고 합니다. 20대 대통령 제임스 가필드는 간단하면서도 매우 통찰력 있는 방법으로 피타고라스의 정리를 이렇게 증명했습니다. 세 변이 $(a, b, c)$인 직각삼각형을 다음과 같이 배치해볼까요?

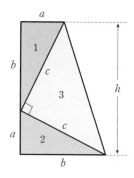

이렇게 배치하면 전체 도형은 사다리꼴입니다. 사다리꼴의 넓이는 $\frac{1}{2}$ (아랫변+윗변)×높이입니다. 따라서 전체 사다리꼴의 넓이는 $\frac{1}{2}(a+b) \times (a+b) = \frac{1}{2}(a+b)^2$입니다. 이 도형은 작은 3개의 삼각형의 합이므로 $\frac{1}{2}ab + \frac{1}{2}ab + \frac{1}{2}c^2$이기도 하죠. 따라서 다음 결론을 얻을 수 있습니다.

$$(a+b)^2 = 2ab + c^2$$
$$(a+b)^2 = a^2 + 2ab + b^2 \text{이므로}$$
$$a^2 + b^2 = c^2$$

정치인이 이런 증명을 생각했다니 놀랍고 재미있습니다.

피타고라스의 정리를 증명하는 방법을 5가지 소개했습니다. 알버트 아인슈타인은 10살 때 삼촌에게 피타고라스의 정리를 배우고 너무 인상적이어서 일주일 동안 증명하는 10가지 방법을 생각했다고 합니다. 하나의 내용을 다양한 방법으로 접근하면 수학 실력이 자랍니다. 피타고라스의 정리에 대한 또 다른 증명에 도전해도 좋겠지요?

# 그리스인과 바빌로니아인의 사고법

## 💡 실용적 지식과 학문적 지식

옛날 바빌론 사람들과 그리스 사람들은 사고방식이 조금 달랐다고 합니다. 바빌론 사람들은 실용적이고 구체적인 사실을 중시하며 직관적으로 생각하기를 좋아한 반면, 그리스 사람들은 체계적이고 논리적으로 생각을 정리했다고 합니다. 바빌론 사람들은 통찰력을 바탕으로 깜짝 놀랄 만한 생각들을 많이 했는데, 그리스 사람들이 그것을 체계적으로 정리했습니다.

인류의 문명은 이집트와 메소포타미아를 중심으로 일어났고 그들은 꽤 높은 수준의 실용적인 지식을 갖고 있었습니다. 그 지역의 사람들은 삼각형의 세 변이 (3, 4, 5)의 비율을 이루면 직각삼각형이 된다는 것을 알고 활용했습니다. 그들에게 그런 지식은 실용적인 목적을 위한 도구였지요. 그러나 "만물은 수로 이루어져 있다"고 믿었던 피타고라스에게 그 지식은 실용적이라기보다는 신비스러운 것이었습니다. (3, 4, 5)의 비율을 갖는 직각삼각형을 활용하는 것이 목적이 아니라, '어떤 삼각형의 세 변 $(a, b, c)$가 $a^2 + b^2 = c^2$을 만족하면 그 삼각형은 직각삼각형이다'는 내용 자체에 감동한 것이지요.

피타고라스에게 영향을 받았던 그리스 철학자들은 실용 목적의 지식보다는 정신적이고 이상주의적인 지식을 탐구했습니다. 고대 그리스는 최초로 민주주의를 도입한 국가였습니다. 민주주의에서 토론과 설득은 무척 중요하죠. 내 주장을 상대방에게 논리적이고 체계적으로 내세울 줄 알아야 합니다. 그리고 수학은 모든 학문 중에서도 가장 논리적이고 체계적입니다. 고대 그리스에서 수학이 융성할 수 있었던 데는 민주주의의 영향도 컸을 겁니다. 수학의 기초를 닦은 유클리드도 고대 그리스의 수학자입니다.

이런 이유로 실용적이고 직관적으로 생각하는 것을 좋아하는 사람을 바빌로니아인 같다고 하고, 체계적이고 논리적으로 생각하는 것을 좋아하는 사람을 그리스인 같다고 합니다. 두 스타일은 분명다른데, 서로 다른 생각 스타일을 문제로 경험해보겠습니다.

---

**생각 실험**

## 정직한 사람을 찾아라

A, B, C 세 사람 중 1명은 정직하고 2명은 거짓말쟁이입니다. 정직한 사람은 항상 참말을 하고 거짓말쟁이는 항상 거짓말을 합니다. 그들에게 "누가 거짓말쟁이냐?"고 묻자 각자 이렇게 대답했습니다.

A: B는 거짓말쟁이다.

B: A야말로 거짓말쟁이다.

C: B는 거짓말을 하지 않는다.

A, B, C 중 정직한 사람은 누구일까요?

이 문제에 대한 그리스인과 바빌로니아인의 접근 방법을 알아봅시다. 논리적이고 순차적으로 생각했던 그리스인의 문제 해결법을 먼저 살펴보겠습니다. 그들은 이 문제를 풀기 위해서 모든 가능성을 빠짐없이 체크하며 논리적인 절차를 밟습니다. 처음부터 하나하나 따져보죠.

A부터 순차적으로 생각해봅시다. A는 정직하거나 거짓말쟁이거나 둘 중 하나입니다. A가 거짓말쟁이라고 가정하면, A가 말한 "B가 거짓말쟁이다"는 말은 거짓이니 B는 정직한 사람입니다. B가 정직한 사람이라면 C의 말은 참이 됩니다. 따라서 C 역시 정직한 사람이죠. 이렇게 되면 정직한 사람이 1명이라는 조건에 어긋납니다. 따라서 A는 거짓말쟁이가 아니라 정직한 사람입니다. A가 정직한 사람이라고 가정하면, B는 거짓말쟁이고 C도 거짓말쟁이입니다. 이것은 정직한 사람이 1명이라고 한 조건에 어긋나지 않습니다. 따라서 정직한 사람 1명은 A입니다.

이렇게 생각하는 것이 논리적인 그리스인의 사고법입니다. 그럼, 직관적인 바빌로니아인은 어떻게 접근할까요? 전체적이고 통합적인 눈으로 이 문제를 볼 것 같습니다.

우리는 A의 말과 C의 말이 서로 다른 것을 보았습니다. B에 대해 서로 다르게 이야기하고 있기 때문에, 둘 중 하나는 옳고 하나는 틀리겠지요. 즉, A와 C 둘 중 1명은 정직한 사람이고 한 명은 거짓말쟁이입니다. 문제의 조건에서 정직한 사람이 1명이라고 했기 때문에, B는 거짓말쟁이라는 사실을 알 수 있습니다. B는 A가 거짓말쟁이라고 지적합니다. 따라서 B의 말과 반대로 A가 정직한 사람입니다.

고대문명을 이루었던 바빌로니아인과 그리스인의 생각 스타일은 지금까지도 사람들에게 이어지고 있습니다. 직관적이고 실용적으로 문제에 접근하는 사람과 체계적으로 정리하고 논리를 수립하려는 사람이 생각하는 방식은 매우 다릅니다.

## ☀️좌뇌와 우뇌의 연결

사람마다 지문이 다르듯 뇌도 모두 다르다고 합니다. 그래서 사람이 모두 다른 것이지요. 우리의 뇌는 다음과 같은 기본적인 성질이 있습니다.

**기능 분화** 사람의 뇌는 기능이 분화되어 있어서 특정한 영역에서 특정한 일을 처리합니다. 우리는 뇌 전체가 움직여서 보고 뇌 전체가 움직여서 듣는 것처럼 느낍니다. 하지만 뇌는 특정한 영역에서 특정한 일만 합니다. 어떤 영역에서는 듣기만 하고, 어떤 영역에서는 말하기만 하는데, 한 번에 하나의 정보만 처리합니다. 정보 처리 속도가 매우 빨라서 우리는 듣고 말하기를 동시에 한다고 느끼는 것입니다.

**상호 연결** 뇌는 좌뇌와 우뇌로 나뉘어 있습니다. 좌뇌와 우뇌의 중간에 다리와 같이 연결해주는 뇌량이라는 조직을 따라서 좌뇌와 우뇌가 연결되고 정보를 주고받습니다.

**불균형** 모든 사람은 뇌의 특정 부분을 다른 부분보다 더 많이 사용합니다. 오른손잡이와 왼손잡이가 있는 것처럼, 좌뇌와 우뇌도 한쪽을 다른 한쪽보다 더 많이 사용하게 됩니다.

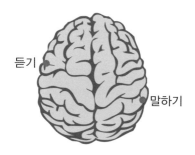

그림에서 듣기로 표현된 점에서는 듣는 일만 하고, 말하기로 표현된 곳에서는 말하기만 합니다. 정보의 처리는 좌뇌와 우뇌를 연결시켜주는 뇌량을 통해 일어납니다. 불균형이 있어서 오른쪽을 많이 사용하는 사람이라면 듣기보다 말하기를 더 좋아하고, 왼쪽을 더 많이 사용하는 사람은 말하기보다 듣기를 더 좋아하지요.

두뇌의 특징 중 주목해야 할 부분은 불균형입니다. 신체 대부분의 기관은 2개의 쌍을 이루고 있으며 둘 중 하나를 더 선호하여 사용합니다. 손, 발, 눈, 귀 그리고 우리 신체의 내부 기관까지 대부분 2개의 쌍을 이루는데요, 오른손잡이와 왼손잡이가 있는 것처럼 둘 중 하나를 더 많이 씁니다. 발도 오른발잡이와 왼발잡이가 있고 눈, 귀, 내부 기관도 마찬가지입니다.

이러한 불균형은 두뇌에도 마찬가지입니다. 좌뇌를 선호하여 더 많이 사용하는 사람이 있고 우뇌를 선호하여 더 많이 사용하는 사람이 있습니다. 로저 스페리는 인간의 좌뇌와 우뇌가 서로 다른 일을 하며 분화되었다는 것을 실험으로 증명하여 1981년 노벨 의학상을 수상했습니다. 좌뇌와 우뇌의 특징을 간단하게 정리하면 다음과 같습니다.

| 좌반구 | 우반구 |
| --- | --- |
| • 단어<br>• 분석<br>• 순차적 처리<br>• 주도적<br>• 현실적<br>• 계획적<br>• 시간<br>• 이성<br>• 부분에 관심을 가짐<br>• 구체적<br>• 나무를 본다 | • 시각적, 공간적, 음악적<br>• 직관<br>• 통합적 처리<br>• 수용적<br>• 이상적<br>• 충동적<br>• 공간<br>• 감성<br>• 전체에 관심을 가짐<br>• 일반적<br>• 숲을 본다 |

우리는 제각기 다른 두뇌를 갖고 있습니다. 뇌의 어느 쪽이 발달했느냐에 따라 생각하는 방식이 조금씩 다릅니다. 좌뇌가 발달한 사람이 더 옳은 의견을 낸다거나, 반대로 우뇌가 발달한 사람이 더 옳은 의견을 낸다는 식으로 말할 수는 없습니다. 그러나 한 가지 확실한 것은 좌뇌와 우뇌를 모두 활용해서 생각하는 사람이 가장 창의적이라는 사실입니다. 양발을 모두 잘 쓰는 축구선수가 예측할 수 없는 개인기를 구사할 수 있고, 양손을 모두 잘 쓰는 농구선수가 창의적으로 골을 넣을 수 있듯이 말입니다.

4차 산업혁명은 빠르고 복잡하게 시대를 바꾸고 있습니다. 직관적인 판단력과 현실적인 계획력을 연결하고 활용해야 시대에 뒤처지지 않고 앞서갈 수 있습니다. 연결이 만들어내는 창의성의 상승효과입니다.

## 💡 논리와 직관

그리스인과 바빌로니아인의 생각 스타일은 지금 살펴본 좌뇌와 우뇌로 연결됩니다. 그리스인은 좌뇌형 인간이고 바빌로니아인은 우뇌형 인간이지요. 이를 논리와 직관이라는 단어로 정리할 수 있습니다. 논리는 천천히 깊게 생각하는 것이고 직관은 빠르고 다양하게 생각하는 것입니다. 논리와 직관은 가설과 검증처럼 활용하면 좋습니다. 직관적으로 가설을 만들고 논리적으로 검증합니다. 특별한 연구를 하는 사람들만 가설을 세우는 것은 아닙니다. 직관적으로 떠올린 모든 것들이 가설이 될 수 있죠. 다음 문제에서 $x$를 계산해보세요.

$$\sqrt{x+5}+\sqrt{20-x}=7$$

이 문제를 차근차근 풀지 않고 이렇게 생각해볼까요? '루트가 쓰인 2개의 숫자를 더해서 7이 됐는데, 각각의 루트가 3, 4면 3＋4＝7일 수 있을까?' 이렇게 생각하고 문제를 보면 루트 안의 값을 9와 16으로 설정하면 됩니다. $x=4$라고 가정할 때 4＋5＝9, 20－4＝16으로 숫자가 딱 맞죠. 이 문제에서 구하는 $x=4$입니다.

$$\sqrt{x+5}+\sqrt{20-x}=7$$
$$3+4=7$$

선생님은 이런 식의 문제 풀이를 좋아하지 않을 것 같습니다. 대부분의 선생님은 그리스인처럼 논리적이고 체계적이니까요. 개인적인 성향은 그렇지 않더라도 선생님의 역할을 수행할 때는 논리적이고 체계적인 그리스인이 되어야 한다고 생각할 겁니다. 하지만 우리는 꼭 그럴 필요가 없습니다. 직관적인 생각을 더 많이 해야 합니다. 논리와 직관의 관계를 두고 수학자 앙리 푸앵카레는 이렇게 말했습니다.

"우리는 뭔가를 증명할 때는 논리를 가지고 한다. 그러나 뭔가를 발견하는 것은 직관이다."

비상구 앞에 기둥을 세워두면 시간당 탈출할 수 있는 사람의 수가 증가한다는 이야기를 들은 적이 있습니까? 건물에 화재 등의 비상사태가 생기면 사람들이 비상구로 한꺼번에 몰려들어 뒤엉키면서 매우 혼잡해집니다. 그런데 비상구 앞에 기둥을 세우면 기둥 앞에서 사람들이 자연스럽게 두 갈래로 나뉘어 뒤엉키지 않아서 오히려 더 빨리 탈출할 수 있다고 합니다. 관련된 실험 결과와 컴퓨터 시뮬레이션 등으로 증명된 사실입니다. 탈출구 앞에 탈출을 가로막는 기둥을 세우는 것이 오히려 사람들을 더 빠르게 탈출시킨다는 점이 흥미롭지요.

그런데 '탈출구 앞에 기둥을 세워볼까?' 하는 생각은 전적으로 직관에 따른 겁니다. 실험을 하고 컴퓨터 시뮬레이션으로 확인하는 것은 논리이고요. 연구하는 사람들은 가설을 세우고 그 가설을 검증하는 과정을 진행합니다. 가설은 전적으로 직관이고, 검증은 논리입니다. 그러니까 직관으로 가설을 세워야 논리로 검증할 것도 있습니다. 직관은 그만큼 중요합니다.

푸앵카레는 논리와 직관을 글쓰기에 이렇게 비유했습니다.

"소설가가 책을 쓴다면 논리는 문법과 맞춤법 같은 것이고, 내용은 전적으로 직관이다."

논리와 직관의 관계가 정리되었나요? 수학이라고 하면 논리적이고 체계적인 절차를 밟는 학문이라고만 생각하기 쉽지만, 직관과 상상 역시 매우 중요하다는 사실을 다시금 인식하면 좋겠습니다. 논리적이고 합리적인 생각으로 '맞춤법 검사' 같은 것만 하지 말고, 멋진 '스토리'를 상상하고 만드는 직관을 발휘하기 바랍니다.

발휘한 직관을 꼭 논리적으로 검증해야 한다는 사실도 잊지 마세요. 직관은 깜짝 놀랄 만한 통찰력을 발휘하기도 하지만 때로는 실제와는 다른 엉뚱한 결론도 내놓습니다. 욕실의 비누가 반 정도 남은 것처럼 보였는데 실제로는 얼마 남지 않아서 금방 다 써버린 경험이 있지 않나요?

우리는 눈으로 길이는 가늠해도 부피는 쉽게 가늠하지 못합니다. 그런데 길이가 반으로 줄었다면 부피는 $\frac{1}{8}$로 줄은 것입니다. 길이는 1차원이고 부피는 3차원이니까요. 그래서 눈으로 보기에 비누의 한쪽 길이가 반 정도 된 것 같으면 실제로 $\frac{1}{8}$ 남은 겁니다. $\frac{1}{8}=0.125$, 약 12% 남은 거니까, 실은 거의 90% 가까이 사용한 셈이지요.

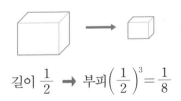

길이 $\frac{1}{2}$ ➡ 부피 $\left(\frac{1}{2}\right)^{3}=\frac{1}{8}$

길이와 부피의 관계는 화장실의 화장지로 더 체감하기 쉽습니다. 화장지를 반 정도 사용한 것 같다면 실제로는 $\frac{1}{4}$ 남은 상태입니다. 다음 그림에서 보듯이 원의 면적은 반지름이 반으로 줄면 $\frac{1}{4}$ 로 줄어드니까요. $\frac{1}{4}=0.25,\ 25\%$ 남습니다.

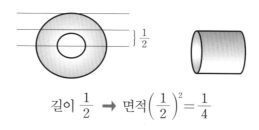

길이 $\frac{1}{2}$ ➡ 면적 $\left(\frac{1}{2}\right)^2=\frac{1}{4}$

그런데 화장지의 진짜 문제는 우리가 반 정도 사용했다고 느낄 때 중간의 빈 공간까지 생각하는 경우가 많다는 겁니다. 다음 그림처럼 말이지요.

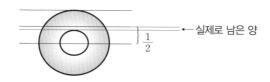

$\frac{1}{2}$ ◀─ 실제로 남은 양

이런 상황에서 실제로 사용하고 남은 화장지의 반지름은 처음의 $\frac{1}{3}$, $\frac{1}{4}$ 인 경우가 많습니다. 남은 반지름의 제곱의 비율로 화장지가 실제로 남기 때문에 남은 화장지는 $\frac{1}{9}$, $\frac{1}{16}$ 정도입니다. $\frac{1}{9}$

$=0.11$, $\dfrac{1}{16}=0.062$, 그러니까 실제로는 $6\%$에서 $10\%$ 정도만 남아 있을 수도 있습니다. 두루마리 화장지의 길이가 30m라고 하면 $10\%$는 3m, $6\%$는 1.8m입니다. 눈대중으로 웬만큼 남은 것 같은 화장지가 실제로는 금방 닳아서 가끔 난처해지는 이유가 여기 있지요.

틀리는 것을 극도로 싫어하는 사람은 직관을 피하려 하고 논리만 강조하고는 합니다. 하지만 직관적이고 통합적인 스타일과 논리적이고 분석적인 스타일, 이 2가지 접근 방법이 모두 필요합니다. 어떤 스타일을 더 선호할 수는 있지만 기본적으로는 2가지 모두 잘 사용해야 합니다. 정확하고 확실한 논리를 추구했던 그리스인의 사고법과 직관과 상상력을 바탕으로 자유롭게 생각했던 바빌로니아인의 사고법을 상황에 맞게 사용하는 것이 중요합니다. 이둘을 고루 잘 사용하는 사람이 현명한 사람입니다.

# 눈으로 보면서
# 생각한다

fx

## 시각화

수학을 잘하는 방법 중 하나는 수식을 가끔 그림처럼 인식하는 것입니다. 숫자를 그림으로 인식하여 관계를 파악하고 숨어 있는 패턴을 파악하는 것이죠. 다음을 계산해봅시다.

$$\frac{1}{2} + \frac{1}{3} + \frac{1}{4} + \frac{2}{3} + \frac{1}{2} + \frac{3}{4} = ?$$

이 문제를 풀기 위해 통분을 하는 사람도 있고, 하나하나 순차적으로 빨리 계산하는 사람도 있습니다. 하지만 잠시 눈으로만 보세요. 그러면서 다음과 같이 3개의 선을 긋는 것만으로도 답이 3임을 알 수 있습니다.

$$\frac{1}{2} + \frac{1}{3} + \frac{1}{4} + \frac{2}{3} + \frac{1}{2} + \frac{3}{4} = 3$$

단계마다 숫자를 쓰고 넘어가야만 계산이 아닙니다. 이렇게 선을 긋는 것만으로도 계산이 되지요. 이 과정에 능숙한 사람들은 눈으로만 보고도 답을 계산합니다.

| 생각<br>실험 | **눈으로 계산하기 1** |
|---|---|
| | 다음 식을 만족시키는 $x$를 찾으세요. |
| | $$x^{x^3} = 3$$ |

수학 지식이 있는 사람은 지수 로그 같은 것을 이용하여 이 문제에 접근할 것 같습니다. 하지만 먼저 눈으로만 보세요. 숫자를 단순한 그림처럼 생각하는 것입니다. $x^3$이란 부분을 주목하여 전체를 보면 이런 생각을 할 수 있습니다. 만약 $x^3 = 3$이라고 가정하면, 우리는 $x^3 = 3$이라는 결과를 얻습니다. 이것은 분명 참이죠. 따라서 $x^3 = 3$이고, $x = \sqrt[3]{3}$입니다.

이것이 3이라고 가정하면 $x^3 = 3$

$$x^{\boxed{x^3}} = 3$$

숫자를 그림처럼 관찰하며 답을 찾은 것입니다. 수식을 계산하지 않았기 때문에 왠지 찝찝하게 생각하는 사람도 있을지 모르지만, 이 풀이에는 논리적인 문제가 없습니다. 같은 문제를 하나 더 볼까요?

이 문제 역시 같은 방법으로 풀 수 있습니다. $x^3 = 3$이라고 가정하면, 주어진 문제의 왼쪽 편은 $x^{x^3} = 3$이 되고 이는 다시 $x^3 = 3$이됩니다. 즉, 앞 문제처럼 $x^3 = 3$이라고 가정하면 $x^3 = 3$입니다. 이것은 분명 참이기 때문에, $x^3 = 3$이고, $x = \sqrt[3]{3}$입니다.

이렇게 숫자나 문자 또는 수식도 때로는 단순한 그림처럼, 하나의 이미지처럼 생각하며 논리를 전개할 수 있습니다. 때때로 이렇게 그림처럼 생각하는 방법은 매우 효과적이고 강력합니다. 다음 계산을 살펴볼까요?

$$
\begin{array}{r}
1\,2\,3\,4\,5\,6\,7\,9 \\
\times \qquad\qquad 9 \\
\hline
1\,1\,1\,1\,1\,1\,1\,1\,1
\end{array}
$$

이 계산은 손으로 직접 해보기 전 눈으로만 보면 '정말일까?' 싶습니다. '111111111과 같은 너무나 잘 짜인 결과가 12345679와 같은 잘 배열된 숫자에 단지 9를 곱하면 나올까?' 하는 의심이 드는 것이죠. 이 계산을 하나하나 직접 해봐도 좋지만, 우리는 시각적인 방법으로 이를 확인할 수 있습니다.

'9＝10－1'이기 때문에, 9에다 (10－1)을 대입하여 계산하면 9를 곱하는 앞의 계산은 다음과 같은 뺄셈으로 바뀝니다.

$$
\begin{array}{r} 12345679 \\ \times \qquad 9 \\ \hline 111111111 \end{array}
\;\Rightarrow\;
\begin{array}{r} 12345679 \\ \times \;(10-1) \\ \hline 111111111 \end{array}
\;\Rightarrow\;
\begin{array}{r} 123456790 \\ -\;12345679 \\ \hline 111111111 \end{array}
$$

곱셈을 이렇게 뺄셈으로 바꿔놓으면 계산의 결과가 눈에 보이죠. 시각적인 사고를 활용하는 방법입니다. 이렇게 숫자를 때로는 단순한 이미지로 보면 문제를 푸는 데 도움이 됩니다. 실제 학교에서 수학 문제를 잘 푸는 학생들을 보면 이런 시각적인 관찰에 능숙합니다. 중고등학교에서 만날 수 있는 문제를 하나 살펴봅시다.

| 생각<br>실험 | 자연수 찾기 |
|---|---|
| | 5로 나누면 3이 남고, 7로 나누면 5가 남는 가장 작은 자연수는 어떤 숫자일까요? |

우리가 찾는 수를 $x$라고 하면, 어떤 수 $s$, $t$가 있다고 가정하고

다음과 같이 쓸 수 있습니다.

$$x = 5s + 3$$

$$x = 7t + 5$$

대부분의 학생들이 여기까지는 씁니다. 그러나 그다음은 어떻게 해야 할지 몰라 우왕좌왕하죠. 이때는 관찰이 필요합니다. 숫자들을 눈으로 보면 (5, 3)과 (7, 5)는 모두 2만큼 차이가 난다는 것을 알 수 있습니다. 다음과 같이 양변에 2를 더해보세요.

$$x + 2 = 5s + 5$$

$$x + 2 = 7t + 7$$

이렇게 하면 $(x+2)$는 5의 배수이며 7의 배수입니다. 조건을 만족하는 가장 작은 자연수를 찾고 있기 때문에 5의 배수이며 7의 배수인 35가 바로 $(x+2)$입니다. 즉 $x = 33$입니다.

## 💡 그림으로 생각하는 도구들

우리의 생각은 시각 정보에 크게 의존합니다. 그래서 무엇이든 시각화하여 그림으로 표현하면 생각이 쉽게 정리되죠. 수학 문제를 풀 때에도 그림으로 표현하여 문제를 해결하는 경험을 많이 하게 되는데, 대표적인 몇 가지를 살펴봅시다.

### 여행 경험을 파악해보자

회사에 60명의 직원이 있습니다. 그들에게 해외 여행
경험을 조사했는데요, 유럽 여행을 가본 사람은 35명,
동남아 여행을 가본 사람은 28명이었습니다. 해외 여행
을 한 번도 안 간 사람은 5명이었습니다. 그럼 동남아는
여행했지만 유럽은 간 적 없는 사람은 몇 명일까요?

이 문제는 집합의 '벤 다이어그램'을 그려보면 쉽게 해결할 수
있습니다. 먼저 집합으로 표현해봅시다.

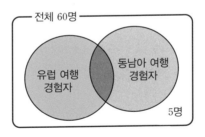

유럽과 동남아를 한 번이라도 가본 사람이 55명입니다. 55명이
유럽 여행 경험자와 동남아 여행 경험자의 총합이고, 각각을 경험
한 사람들이 35명, 28명씩이므로 유럽 여행과 동남아 여행을 모두

경험하여 중간에 교집합의 위치에 들어가는 사람은 8명(35＋28－55＝8)입니다. 따라서 동남아만 가보고 유럽은 안 간 사람은 20명(28－8＝20)이죠. 이 풀이는 그림을 이용한 생각법이 얼마나 강력한지 알려줍니다. 대단한 그림을 그릴 필요도 없습니다. 지금처럼 동그라미나 사각형 등을 이용하면 됩니다.

---

**생각실험**

## 서로 다른 넥타이

화이트, 그린, 블랙이라는 이름의 세 사람이 함께 점심을 먹고 있습니다. 그중 한 사람은 흰 넥타이, 한 사람은 초록 넥타이, 한 사람은 검정 넥타이를 매고 있습니다. 초록 넥타이를 맨 사람이 말합니다.

"우리가 매고 있는 넥타이들의 색깔은 우리의 이름과 같군요. 하지만, 이름과 넥타이 색깔이 똑같은 사람은 하나도 없네요."

화이트가 맞장구를 치며 말했습니다.

"정말 그렇군요!"

세 사람이 매고 있는 넥타이의 색깔은 각각 무슨 색일까요?

---

이 문제는 그냥 머리로 풀려고 하면 어렵습니다. 종이와 연필을

이용해야 하는데, 단순하게 단어들을 쓰는 것보다 다음의 '논리 사각형'을 이용하면 효과적입니다.

| | 화이트 | 블랙 | 그린 |
|---|---|---|---|
| 흰 넥타이 | X | | |
| 검정 넥타이 | | X | |
| 초록 넥타이 | X | | X |

일단 이름과 같은 색깔의 넥타이를 매고 있지 않다고 했으니 대각선으로 X표를 해봅시다. 화이트는 초록 넥타이를 맨 사람의 말에 맞장구를 쳤으니, 화이트는 초록 넥타이를 하지 않았습니다. 이 것이 큰 힌트입니다. 화이트는 결론적으로 검정 넥타이를 매고 있는 것입니다. 이제 O와 X를 각 행과 열에 넣기만 하면 됩니다. 한 사람이 하나의 넥타이를 매고 있기 때문에 하나의 열과 행에는 O가 한 번씩만 들어오면 됩니다. 즉, 그린은 흰색, 블랙은 초록색 넥타이를 매고 있습니다.

| | 화이트 | 블랙 | 그린 |
|---|---|---|---|
| 흰 넥타이 | X | X | O |
| 검정 넥타이 | O | X | X |
| 초록 넥타이 | X | O | X |

## 💡 시각적인 생각의 전달

우리의 생각을 효과적으로 펼칠 뿐만 아니라, 내 생각을 남에게 전달할 때에도 시각적으로 보여주기는 강력한 효과가 있습니다. '백의의 천사'인 간호사 나이팅게일이 영국 왕립통계학회 여성 1호 회원이라는 사실을 아십니까? 1858년 영국 왕립통계학회에서 최초의 여성 회원이 선출되었습니다. 그녀의 이름은 나이팅게일, 우리가 알고 있는 백의의 천사, 간호사 나이팅게일입니다. 나이팅게일은 간호사일 뿐만 아니라 여성 최초의 통계학자이기도 합니다.

나이팅게일은 1854~1856년 크림 전쟁 당시 성공회 수녀들 38명의 도움을 받으며 야전병원에서 고통받는 부상병들을 돌보고 자신을 헌신하여 사랑과 봉사를 몸소 실천했습니다. 그런데 실제로 그녀가 전쟁터에서 부상당한 수많은 병사들의 목숨을 구할 수 있었던 것은 수학 실력 때문이었습니다.

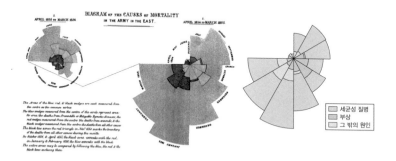

1858년 크림전쟁 당시 영국 육군의 사망원인을 보여주는 보고

서에 수록된 나이팅게일 로즈 다이어그램입니다. 오른쪽 우리말로 번역된 이미지를 보면 부상에 의한 사망자보다 세균성 질병에 의한 사망자가 월등히 많다는 것을 알 수 있습니다.

1850년대 전쟁터에서 병사들은 부상 때문에만 죽는다고 생각했습니다. 그러나 나이팅게일은 전쟁터에서 직접 부상병들을 보살피며 그들이 죽는 이유는 부상이 아닌 질병 때문이라는 사실을 깨달았습니다. 그녀는 그 사실을 증명하기 위해 전쟁터의 병영 내 하수구들을 대거 청소하며 병사들의 사망률을 낮췄습니다. 사망 원인을 밝히기 위해, 영양상태와 위생상태 그리고 사망 간의 관계를 체계적으로 조사했고 분석했습니다. 그리고 수학 실력을 발휘하여 그 관계를 새로운 형태의 자료로 정리했는데, 지금 우리가 사용하는 도표와 차트 형식을 취한 것입니다.

영국 왕립통계학회가 인정하는 도표와 차트 형식을 거의 최초로 활용한 사람이 나이팅게일입니다. 도표를 활용하여 시각적으로 사망의 원인과 결과를 나타냈고, 부상으로 병사들이 죽는다는 고정관념에 빠져 있던 당시의 사람들에게 죽음의 진짜 원인을 효과적으로 전달했습니다. 차트와 도표 형식으로 시각화된 나이팅게일의 보고서를 본 여왕은 그녀를 전폭적으로 지원하였고, 나이팅게일은 야전병원의 위생상태를 개선하여 죽어가던 많은 병사들의 목숨을 구할 수 있었습니다. 그녀가 오늘날의 차트와 같은 형식을 고안하여 눈에 보이게 설명하지 않았다면, 전쟁터에서 질병으로 병사들이 죽는다는 사실을 다른 사람들이 쉽게 이해하지 못했을 겁니다.

시각적 자료를 활용해서 생각을 전달하는 방식은, 나이팅게일 시대보다 오늘날 더욱 큰 효과를 발휘합니다. 요즘 사람들은 읽는 것보다 보는 것을 더 좋아하죠. 게다가 데이터의 양도 많아지면서 사람들은 어떻게 하면 더 빠르고 쉽게 정보를 얻을지 궁리합니다. 그래서 기존의 텍스트로 나열된 정보는 잘 찾아보지 않습니다. 대신 이 정보를 도표나 차트와 같은 형식으로 제공하면 쉽게 받아들이죠.

앞의 자료는 미국 기업을 업종별로 분류하고 다시 시가총액으로 정렬해서 시각적으로 나타낸 것입니다. 사각형의 크기가 시가총액의 크기를 의미합니다. 시가총액이 늘어난 기업은 녹색으로, 줄어드는 기업은 빨간색으로 표시하고 증감을 숫자로 표시한 것입니다. 전 세계에서 가장 큰 자본시장이 형성된 미국의 주요 기업들의 시가총액과 증감의 변화를 한 눈에 파악할 수 있게 효과적으로 전달하고 있습니다.

시각화는 눈으로 생각하는 기술입니다. 처음에는 수식을 그림으로 표현하는 게 낯설지 모릅니다. 하지만 몇 번 반복하다 보면, 눈이 생각이라도 하듯 풀이법이 보이기 시작합니다. 시각화된 풀이는 자질구레한 수식보다 훨씬 명쾌하고 지혜로워 보입니다. 우리의 생각을 강하게 어필하려면 시각적으로 표현해야 하는 이유입니다.

그림으로 그려서 풀어보거나 수식으로 푼 뒤에 그림으로 표현해 보세요. 언젠가는 누가 보아도 이해할 수 있을 만큼 단순하면서도 아름다운 결과물을 얻을 수 있을 겁니다. 마치 복잡한 수식을 몇 장에 걸쳐 빽빽하게 쓰다가 마지막 장에 이르러 한 줄의 아름다운 방정식을 제시하는 수학자들처럼 말입니다.

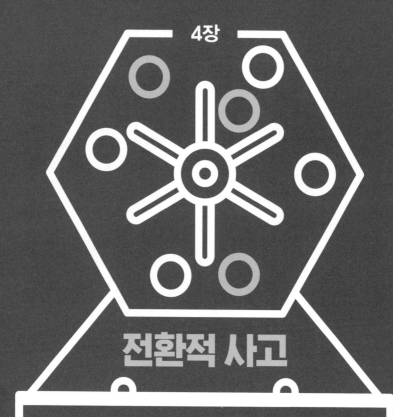

4장

전환적 사고

다른 시각으로 접근하다

# 창의력 미술관: 이런 작품은 $f_x$ 나도 할 수 있을 것 같은데?

## 잭슨 폴록이 그린 그림? 뿌린 그림?

잭슨 폴록Jackson Pollock이 1948년에 그린 〈No 5, 1948〉이란 작품입니다. 엄밀하게 말하면 '그린' 것이 아니라 바닥에 캔버스를 깔아 놓고 물감을 '뿌린' 작품입니다. 물감통에 구멍을 뚫어 흘리거나 통째로 뿌리며 만들었지요. 폴록은 물감을 붓이 아닌 막대 등으로 찍어서 캔버스에 뿌리는 '뿌리기 기법drip painting'으로 그림을 그렸습니다. 그의 그림은 미리 계획되지 않는 즉흥적인 방법으로 만들어져 '액션 페인팅'이라고도 합니다.

전통적으로는 이젤에 캔버스를 세워놓고 그림을 그리지만, 폴록은 바닥에 캔버스를 깔고 그 위에 물감을 뿌리며 작품을 만들었습니다. 이런 특이한 작업 방식이 대중매체를 통해 널리 소개되면서 폴록은 대중의 관심과 인기를 한 몸에 받았습니다. 미국과 소련이 냉전으로 대립하던 1950년대의 사회 분위기 가운데 자유의 가치를 높게 추구하고 새로움을 열망하던 시대 정신 속에서 그의 작업 방식과 작품들이 창의적인 활동이라는 이름, 그 자체가 된 것입니다.

물감을 뿌리는 방식으로 작품을 만들고 있는 잭슨 폴록

사람들은 그림에 대해 저마다의 관점을 갖습니다. 보이는 모습을 캔버스에 잘 옮겨 담는 것, 자신의 느낌이나 감정을 표현하는 것이라고 보기도 하지요. 그림이란 자신의 생각을 담는 것이라고 생각하는 사람도 있습니다. 잭슨 폴록은 그림에 대한 새로운 관점을 사람들에게 제시했습니다. 예술가는 열의와 성의를 다하여 붓으로 자신의 능력을 발휘하며 작품을 완성한다는 기존의 관점에서 벗어나, 우연히 만들어지는 추상과 같은 것으로 그림에 대한 새로운 관점을 제시하는 것입니다.

한편으로는 성의 없이 대충 물감을 뿌린 게 예술작품이 된다는 사실이 의아하기도 합니다. 작품의 타이틀도 1948년 5번째 그린 그림이라는 의미로 보여 '너무 성의 없게 그냥 번호만 갖다 붙인 것 아닌가?'란 생각이 들더군요. 분명 예술은 열심히 잘 그리는 것보다 새로운 관점을 제시하는 것에 더 큰 의미를 부여하는 것 같습니다.

# $f_x$ 관점을 전환하다

## ☀ 다른 시각, 다른 관점

"관점을 전환하라" "다른 시각으로 보라"라는 말을 많이 듣습니다. 창의적인 아이디어는 다른 관점에서 볼 때 생긴다고 하지요. 관점 전환을 잘 보여주는 사례를 살펴봅시다.

하버드 대학교에서 Mark I 컴퓨터로 프로그램을 개발했던 세계 최초의 프로그래머인 그레이스 호퍼Grace Hopper는 일반인들에게 '나노초(nano second: 10억분의 1초이며 슈퍼 컴퓨터 내부 시계의 기본이 되는 시간 단위)'의 의미에 대해 설명해야 했습니다. 그녀는 '어떻게 하면 그 짧은 나노초를 사람들이 이해할 수 있을까?' 고민하다가 시간의 문제를 공간의 문제로 연결하기로 했습니다. '그렇지, 10억 분의 1초 동안 빛이 이동할 수 있는 거리를 사람들에게 직접 보여주면 되겠어'라고 생각한 그녀는 30cm 끈을 하나 뽑아 들고 이렇게 말했습니다.

"이게 1나노초입니다."

빛도 1나노초 동안에는 30cm밖에 이동을 못한다는 의미로 설명한 것입니다. 시간의 문제를 공간의 문제로 바꾼 것이죠. 이렇게 다른 관점으로 접근하면 사람들이 더 쉽게 이해하고 내가 원하는 아이디어도 생깁니다.

시간  공간

빛은 진공 상태에서 대략 1초에 30만 km를 갑니다. 하지만 대부분의 사람은 그렇게 표현하지 않습니다. 숫자로 말하면 듣는 사람이 빛의 속도를 쉽게 느끼지 못하기 때문에 "빛은 1초에 지구 7바퀴 반을 돌 수 있다" 또는 "빛이 지구에서 달까지 가는 데 약 1.4초 정도 걸린다" 등으로 표현합니다. 때로는 태양에서 지구까지의 거리가 엄청나게 멀다는 사실을 숫자로 말하기보다는 "태양에서 빛이 지구까지 도달하는 데에는 약 8분 12초나 걸린다"처럼 표현하죠.

이렇게 시간과 공간에 대한 관점을 바꿔가며 접근하면 더 쉽게 이해하고 공감할 수 있습니다. 예를 들어 "피가 원활하게 흘러야 건강을 유지할 수 있는데, 사람의 몸에 피가 흐르는 혈관의 길이는 10만 km나 됩니다. 그중 어느 한 곳이라도 막히면 심각한 질병이 생깁니다"라고 말하는 것으로는 상대에게 내가 원하는 느낌을 전달하기 어렵습니다. 그래서 사람들은 이렇게 표현합니다. "우리 몸속에 있는 혈관을 늘어뜨리면 지구를 두 바퀴 반이나 돌아요." 이렇게 숫자로 단순하게 나타내는 대신 공간의 관점으로 표현하면 더 쉽게 이해할 수 있습니다. 문제를 하나 살펴봅시다.

## 불규칙한 도형의 넓이 측정

이렇게 불규칙하게 생긴 도형의 넓이를 측정해야 합니다. 어떻게 하면 될까요?

수학 공식을 대입해서 이런 불규칙한 모양을 계산하기는 매우 어렵습니다. 현실적으로는 이렇게 측정할 수 있습니다. 먼저 두께가 일정한 판을 위의 도형과 같은 모양으로 자른 후 그 판의 무게를 측정하는 것입니다. 그 판의 단위 무게를 측정하여 비교하면, 불규칙한 모양의 면적을 계산할 수 있습니다.

넓이를 측정하는 문제를 무게를 측정하여 해결했습니다. 관점을 전환하여 면적 문제를 무게에 관한 문제로 바꿔서 풀었지요. 이렇게 다른 관점으로 시각을 전환하는 것이 창의력의 핵심입니다.

넓이  무게

## 왕의 산책길

중세 시대 한 왕이 마음의 평정을 찾고자 사람들의 눈에 띄지 않는 조용한 전용 산책로를 원했습니다. 왕은 정원사에게 키 큰 덤불로 다음과 같이 가로, 세로가 각각 100m인 정원에 폭이 2m인 산책길을 만들라고 명령했습니다.

2m ← 출발

100m

100m

정원사는 명령대로 키 큰 덤불로 산책길을 만들었습니다. 산책길을 걷던 왕은 이 길을 따라 한가운데까지 걸어가면 얼마나 걷게 되는지 궁금했습니다. 왕이 산책길을 따라 한가운데까지 간다면

얼마나 걷는 것일까요?

이야기를 조금 더 만들어보면, 신하들이 산책길의 총 길이를 계산하고 있을 때, 옆에 있던 총명한 왕자가 곧바로 "아버지, 한가운데까지 가시면 대략 5,000m를 걸으시는 겁니다"라고 말했다고 합니다. 왕자는 어떻게 산책길의 총 길이를 그렇게 빨리 계산할 수 있었을까요?

왕의 산책길은 가로 세로 100인 정사각형의 종이를 폭이 2가 되도록 가위로 잘라서 늘어뜨린 길이로 생각할 수 있습니다.

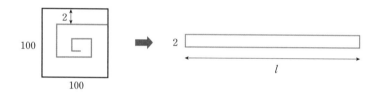

왼쪽의 정사각형을 오려서 오른쪽의 긴 띠로 만든 것입니다. 따라서 오른쪽 정사각형과 왼쪽 띠의 넓이가 같습니다. 정사각형의 넓이는 $100 \times 100 = 10,000$이고 오른쪽 띠의 넓이는 $2 \times l$입니다. 따라서 길이 $l = 5,000$입니다. 길이를 구하는 문제를 면적을 이용하여 계산한 것입니다. 관점을 전환하여 길이의 문제를 면적의 문제로 풀었습니다.

길이       ➡       넓이

몸 속에 큰 종양이 생긴 환자가 있었습니다. 병원에서는 방사선으로 종양을 제거하는데, 종양이 너무 커서 한 번에 제거할 수 있는 양의 방사선을 쏘면 신체의 다른 장기까지 손상될 수밖에 없는 상황이었습니다. 어쩔 수 없이 조금씩 몇 달에 걸쳐서 방사선을 쏘기로 했는데, 그렇게 치료기간이 길어지면 치료하는 동안 다른 데로 종양이 번질 수도 있습니다. 어떻게 해야 좋을지 알 수 없는 난처한 상황이었지요. 그때 한 젊은 의사가 아이디어를 냈습니다. 짧은 치료기간 동안 다른 장기에 손상을 주지 않으면서 종양을 제거할 수 있는 매우 효과적인 방법이었습니다.

젊은 의사가 낸 아이디어는 하나의 강한 방사선을 사용하는 대신(그림 A), 몇 개의 약한 방사선을 동시에 다른 방향으로부터 쏘는 것이었습니다(그림 B). 이런 방식으로 쏘면 각 방사선이 지나가는 동안은 약한 상태이기에 건강한 세포에 해를 주지 않지만 방사선이 한 점으로 모이는 종양 부위에서는 강한 방사선의 효과를 얻을 수 있는 것입니다. 관점을 전환하여 하나의 강한 방사선을 쏜다는 생각에서 여러 개의 약한 방사선을 한 곳으로 쏜다는 아이디어로 문제를 해결했습니다.

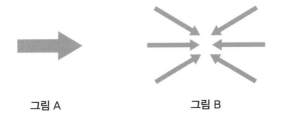

그림 A        그림 B

## 💡 생각의 순서를 바꿔본다

학교에서는 주어진 조건을 꼼꼼하게 따지면서 문제를 차근차근 풀라고 이야기합니다. 그러나 순서를 바꾸고 최종 상황을 생각의 출발점으로 삼는 것도 좋은 방법입니다. 문제의 실마리를 다른 관점에서 찾는 거죠. 다음 문제를 살펴봅시다.

| 생각<br>실험 | 파리의 여행 |
|---|---|
| | 두 소년이 200m 떨어진 거리에서 자전거를 타고 서로를 향해 출발하기 시작했습니다. 그들이 막 출발했을 때 한 소년의 자전거 앞 핸들에 있던 파리도 반대쪽 다른 소년의 자전거까지 날아갔습니다. 그리고 도착하자마자 또다시 처음 소년의 자전거까지 날아갔습니다. 이런 과정을 반복하며 파리는 움직이는 두 소년의 자전거가 만날 때까지 왔다 갔다 했습니다. 두 소년이 1분에 100m, 파리는 1분에 150m의 일정한 속도로 움직였다면, 파리가 움직인 총 거리는 얼마일까요? |

이 문제를 풀려면 파리가 움직인 거리를 계산하여 더해야 합니다. 거리와 속도, 시간의 식은 '거리＝속도×시간'입니다. 이러면

무한급수의 합을 계산하게 됩니다. 하지만 이 문제를 단계적으로 접근하지 말고 전체적인 시각에서 살펴봅시다. 최종 상황에서 거꾸로 생각해보는 겁니다. 두 소년의 자전거가 분속 100m의 속력으로 움직였기 때문에 200m 떨어진 두 소년이 만나는 데 걸린 시간은 1분입니다. 파리의 분속이 150m라고 했으니 결국 파리가 움직인 총 거리는 150m입니다.

이 문제에 관해서는 폰 노이만John Louis von Neumann의 재미있는 일화가 있습니다. 칵테일 파티에 모인 사람들이 이 문제에 대해 이야기했고, 질문을 받은 폰 노이만은 바로 답을 말했습니다. 그러자 문제를 낸 수학자가 웃으며 이렇게 말했습니다.

"역시 노이만이야! 보통은 무한급수를 계산하느라 한참 걸리는데 초점을 전환하여 답을 쉽게 찾았군!"

그 말을 들은 노이만은 이렇게 대답했다고 합니다.

"아니? 난 무한급수를 계산했는데?"

믿어지지 않지만, 악마의 두뇌를 가졌다는 평을 듣는 노이만은 몇 페이지 분량의 수식을 곧바로 쉽게 암산했다고 합니다. 헝가리 출신의 폰 노이만은 8살 때 미적분을 상당 수준 공부했고, 이미 10대일 때 세계적인 수준의 연구를 했으며, 23살에 박사학위를 받았습니다. 프린스턴 고등연구소에서 아인슈타인 등과 함께 연구를 하고 수학교수로 지내며 다양한 방면에 많은 연구성과를 남겼습니다.

# 마름모 3등분하기

다음 마름모를 정확히 3등분하세요.

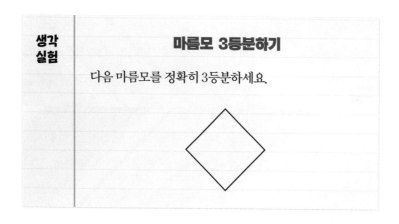

명문대생들에게 이 문제를 냈더니 70%가 풀지 못했고 30%만 풀었다고 합니다. 그런데 70%는 한 시간이 넘도록 문제에 매달렸는데도 못 푼 반면, 30%는 대부분 1초 만에 풀었다고 합니다. 방법은 이렇습니다.

현존하는 작품 중 최고라고 평가받는 그림은 레오나르도 다 빈치의 〈모나리자〉입니다. 1911년 프랑스 루브르 박물관에서 〈모나리자〉가 도난당하는 사건이 발생했습니다. 발피에르노라는 사람이 박물관 직원 페루지아를 시켜 〈모나리자〉를 훔쳐낸 것입니다. 그런데 발피에르노는 처음부터 훔친 〈모나리자〉를 팔 생각이 없었습니다. 그는 미술품 위조 전문가에게 가짜 〈모나리자〉 6점을 만들게 했습니다. 그리고 루브르에서 사라진 〈모나리자〉를 탐내는 사람들에게 가짜를 엄청난 고액으로 팔기 시작했습니다.

발피에르노에게서 가짜를 사들인 사람들은 자신이 구입한 〈모나리자〉가 루브르 박물관에서 도난당한 진품이라고 믿었을 겁니다. 결국 발피에르노는 〈모나리자〉를 팔기 위해 훔친 것이 아니라 자신이 만든 가짜를 진짜로 믿게 하려고 훔친 것입니다. 훔친 물건을 판다는 일반적인 생각이 아닌, 훔친 물건을 사고 싶어 하는 정직하지 못한 사람들의 마음을 이용한 촌극이지요. 사건 발생 후 2년이 지나서야 진짜 〈모나리자〉는 페루지아의 집에서 발견되었습니다.

우리의 초점은 경험과 환경에 따라 일정하게 고정됩니다. 유연하게 다양한 생각을 하려면 의도적으로 다양한 초점, 다양한 시각이 필요합니다. 약간은 다른 초점과 시각을 요구하는 몇 가지 문제를 소개합니다.

1. 박지수 씨는 아내와 오랜만에 영화를 보러 갔습니다. 아내는 영화를 보다 잠이 들었는데, 지수 씨는 아내를 깨우지 않고 집까지 데려왔습니다. 어떻게 그는 아내를 깨우지 않고 극장에서 집까지 데려왔을

까요?

2. 박지민 양은 커피잔에 반지를 빠뜨렸습니다. 커피잔에는 커피가 가득 있었지만 반지는 전혀 젖지 않았습니다. 어떻게 반지가 젖지 않았을까요?

3. 당뇨병이 있는 철민 씨는 매일 안과에 갑니다. 눈에 아무 이상이 없는 그는 왜 매일 안과에 갈까요?

4. 봉팔이는 비를 흠뻑 맞아 온몸이 모두 젖었습니다. 그런데 머리카락은 하나도 젖지 않았다고 합니다. 왜 그의 머리카락은 젖지 않았을까요?

5. 미숙이는 커피를 마시고 있었습니다. 그런데 파리가 날아와 커피에 빠지는 바람에 웨이터에게 커피를 바꿔 달라고 했습니다. 웨이터는 흔쾌히 커피를 바꿔왔는데, 한 모금 마신 미숙이는 웨이터가 새로운 커피가 아닌 그냥 파리만 꺼내고 마시던 커피를 그대로 가져왔다는 것을 알았습니다. 어떻게 알았을까요?

하나의 정답이 있는 문제들이 아닙니다. 다른 초점과 다양한 시각만큼 정답이 존재하지요. 학교에서 우리는 하나의 정답만을 배우지만, 이런 교육 방식은 우리의 생각을 축소시킵니다. 다양한 시각과 다른 관점으로 더 많은 정답을 찾아야 합니다. 하나씩 생각해 봅시다. 1번 박지수 씨는 아내와 자동차 극장에 갔던 것입니다. 2번 박지민 양이 반지를 떨어뜨린 커피잔에는 볶지 않은 커피가 들어 있었고, 3번의 철민 씨는 안과 의사입니다. 4번의 봉팔이는 대머리여서 머리카락이 없고, 5번의 미숙이는 커피에 설탕을 탔던 것이지요.

로널드 레이건Ronald Reagan은 1981년 미국의 40대 대통령에 당선되었습니다. 당시 레이건 후보는 70세였고 그와 경쟁하던 먼데일 후보는 50대였습니다. 대선 토론회에서 사회자가 레이건에게 이렇게 질문했습니다.

"레이건 씨, 이 대선 경쟁에서 나이가 문제되지 않을까요?"

사회자의 질문에 레이건 후보는 곧바로 이렇게 대답했습니다.

"나는 내 상대 후보가 연소하고 경험이 얕다는 점을 정치적으로 이용하지 않을 겁니다."

이 대답을 듣고 먼데일 후보마저 웃음을 참지 못했다고 합니다. 토론회를 보던 유권자들은 기분 좋게 웃으며 나이가 많은 것이 약점이 아닌 장점일 수도 있다고 인식하게 되었고 결국 레이건은 대통령에 당선되었습니다. 레이건의 재치 있는 답변에 나이에 대한 유권자들의 관점이 바뀐 것이지요.

# 간접적으로
# 접근하다

fx

## 채소로 표현한 채소 재배자

왼쪽은 1590년 주세페 아르침볼도가 그린 〈채소 재배자〉란 작품입니다. 그릇에 채소가 담긴 그림이지만 거꾸로 돌려보면, 그 채소를 재배한 사람의 모습이 보이는 재미있는 작품이지요.

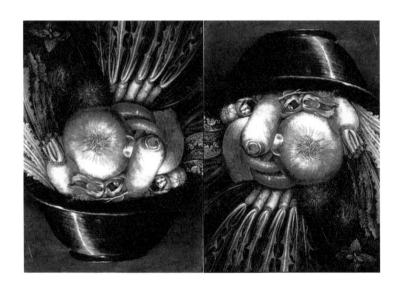

이탈리아 화가 아르침볼도는 채소, 과일, 고기 같은 사물로 사람

을 표현하는 재미있는 그림을 많이 남겼습니다. 오른쪽 그림은 사진입니다. 실제 아르침볼드의 작품에 쓰이는 채소를 이용하여 재현했지요. 르네상스 시대의 그림을 같은 종류의 채소로 완벽하게 재현한 사진 작품이라고 할 수 있겠네요.

아르침볼드는 채소를 그린 걸까요 아니면 채소를 재배한 농부를 그린 걸까요? 채소를 그렸다면 정물화일 테고, 농부를 그렸다면 인물화일 것입니다. 이 그림은 정물화 같으면서도 인물화로 분류해야 할 거 같습니다. 이런 두 가지 관점이 있다는 점이 재미있습니다. 그리고 농부의 얼굴을 직접 그리기보다 그가 재배한 채소로 간접적으로 표현한 점이 매우 인상적입니다.

## 💡 간접 증명

수학에서도 직접적으로 접근하기보다는 간접적으로 접근하여 문제를 해결하는 경우가 자주 있습니다. 곧장 가는 대신 옆으로 우회해서 가는 것이죠. 다음 문제를 풀어봅시다.

---

**생각 실험**

### 출발하여 도착하기

다음과 같이 A에서 출발하여 좌우의 바로 옆 칸으로만 이동하고, 모든 칸을 단 한 번씩만 지나며 B로 이동하는 것을 생각할 수 있습니다.

---

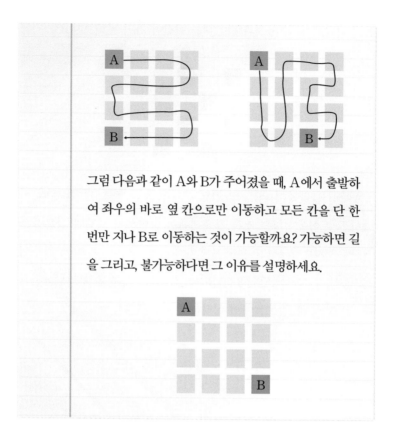

그럼 다음과 같이 A와 B가 주어졌을 때, A에서 출발하여 좌우의 바로 옆 칸으로만 이동하고 모든 칸을 단 한 번만 지나 B로 이동하는 것이 가능할까요? 가능하면 길을 그리고, 불가능하다면 그 이유를 설명하세요.

A에서 출발하여 B로 가는 길을 그려보면 가능한 길이 잘 보이지 않습니다. 불가능할 것 같은데, 그 이유를 어떻게 설명하면 좋을까요? 이것이 진짜 질문입니다.

무엇인가 확실하게 설명하는 것을 수학에서는 증명이라고 합니다. A에서 출발하여 바로 옆 칸으로만 가고 모든 칸을 단 한 번씩 지나서 B로 갈 수 없다는 것을 이렇게 증명해보겠습니다. 일단 16

칸에 다음과 같이 흰색과 검은색을 번갈아 가며 칠해보세요.

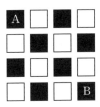

A에서 출발하여 바로 옆 칸으로 가고 모든 칸을 단 한 번씩 지나서 B로 이동한다는 것은 검은색에서 출발하여 흰색과 검은색을 번갈아 가며 지나서 검은색 B에 도착하는 것입니다. 지금 검은색 칸이 8개이고 흰색 칸이 8개입니다. 검은색 8개와 흰색 8개를 번갈아 지나가는데, 검은색에서 시작하여 검은색에서 끝나기란 불가능합니다.

같은 수의 검은색과 흰색을 번갈아 나열하면, 검은색에서 시작하면 흰색에서 끝나고 흰색에서 시작하면 검은색에서 끝나지요. 따라서 A에서 출발하여 바로 옆 칸으로 이동하며 모든 칸을 지나 B로 가기는 불가능합니다.

비슷한 문제 하나를 더 소개하겠습니다. 같은 아이디어를 적용하여 해결할 수 있습니다.

# 테트리스로 덮기

4 × 5 크기의 정사각형 판이 있습니다. 그리고 다음과

같은 5개의 테트리스 조각이 있습니다. 테트리스 조각

은 모두 4개의 정사각형으로 이루어지기 때문에, 5개의

테트리스 조각은 모두 20개의 정사각형입니다. 이 테트

리스 조각들로 왼쪽의 4 × 5 크기의 정사각형 판을 모

두 덮을 수 있을까요? 가능하다면 방법을 제시하고, 불

가능하다면 그 이유를 설명하세요.

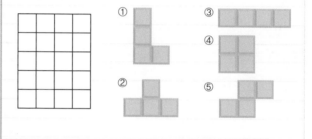

이 문제는 종이를 오려서 직접 만들어 보기 전에는 쉽게 생각할
수 없을 것같이 보입니다. 그런데, 앞에서 문제를 해결했던 아이디
어를 적용하여 한번 생각해보겠습니다. 먼저 다음과 같이 검은색
과 흰색을 번갈아 칠해보세요.

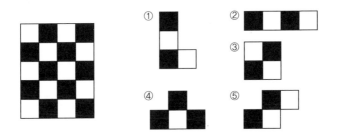

이렇게 색을 칠하면, 4×5 크기의 큰 20개의 판은 검은색과 흰색이 각각 10개씩입니다. 하지만 테트리스 조각 5개의 검은색과 흰색의 합은 각각 11개와 9개입니다. 5개의 테트리스 조각들이 4×5 크기의 큰 판을 모두 덮는다면 검은색과 흰색의 합이 각각 10개여야겠죠. 따라서 주어진 5개의 테트리스 조각으로는 4×5 크기의 판을 모두 덮을 수 없습니다. 문제는 4번 조각인데, 4번 조각에는 검은색과 흰색이 3개, 1개씩 들어가기 때문입니다.

### 💡 귀류법

이렇게 직접적으로 밝히기 힘든 문제는 간접적으로 접근해서 해결하면 좋습니다. 수학에서 어떤 것을 증명할 때는 이런 간접적인 접근을 많이 사용합니다. '만약 ~이라고 한다면 모순이 생기기 때문에 ~이 아니다'는 식으로 증명하는 방법을 귀류법이라고 합니다. 증명하려는 명제의 결론을 부정하면 모순이 생기기 때문에 원래의 명제가 참이라는 결론을 얻게 되지요. 2,000년 전 유클리드는 '소수는 무한히 많다'는 것을 귀류법으로 증명합니다. 방법은 다음과 같습니다.

소수의 개수가 유한하다고 가정해볼까요? 유한한 소수를 $p_1$, $p_2$, $p_3 \cdots \times p_n$이라고 할 때, 다음과 같은 수를 생각해보세요.

$$P = p_1 \times p_2 \times \cdots \times p_n + 1$$

이렇게 주어진 $P$는 기존의 소수 $\{p_1, p_2, p_n\}$으로 나눠지 않습니다. 이것은 $P$가 소수라는 의미인데 $P$는 기존의 소수 중 하나가 아닙니다. 새로운 소수이지요. 이는 기존의 소수가 유한 개이며 $\{p_1, p_2, p_n\}$이라는 가정에 어긋납니다. 이런 모순이 생긴 이유는 애초에 소수가 유한하다는 가정이 틀렸기 때문입니다. 따라서 소수의 개수는 무한히 많습니다.

귀류법은 아주 오래된 방법이며 지금도 가장 많이 쓰이는 수학의 증명법입니다. 대표적인 또 하나의 사례가 $\sqrt{2}$가 유리수가 아니라는 것의 증명입니다. $\sqrt{2}$가 유리수가 아니라는 사실은 다음과 같이 귀류법으로 증명할 수 있습니다.

만약, $\sqrt{2}$가 유리수라면, 어떤 정수 $m$, $n$으로 $\sqrt{2} = \dfrac{n}{m}$과 같이 쓸 수 있습니다. 이때 $m$, $n$은 같은 약수를 포함하지 않는 서로소로 잡을 수 있고요. 양변을 제곱하면 $2 = \dfrac{n^2}{m^2}$과 같을 것입니다. 따라서 $2m^2 = n^2$입니다. 이렇게 보면, $n$은 짝수여야 합니다. 즉, $n = 2k$와 같이 써지겠죠.

이것을 대입하면, $2m^2 = 4k^2$입니다. 즉, $m^2 = 2k^2$입니다. 따라서 $m$은 짝수이겠죠. 이것은 $m$, $n$이 서로소라는 가정에 맞지 않습니다. 이러한 모순이 생긴 이유는 $\sqrt{2}$를 유리수라고 가정하여 어떤 정수 $m$, $n$을 대입해 $\sqrt{2} = \dfrac{n}{m}$ 과 같이 썼기 때문입니다. 따라서 $\sqrt{2}$는 유리수가 아닙니다.

## 💡 간접 조사

여론조사를 하다 보면 진실을 말하기 어려운 경우가 종종 있습니다. 고등학생에게 "담배를 피우고 있습니까?"라고 질문하면 많은 고등학생이 사실대로 대답하지 않는다고 합니다. 그래서 이렇게 직접적인 설문으로는 학생들의 흡연율을 정확하게 조사하기 어렵습니다. 이럴 때에는 간접적인 방법으로 접근해야 합니다.

어떤 조사기관에서는 이렇게 설문을 하더군요. 먼저 조사관은 다음 3장의 카드를 보여줍니다.

| ① | ② | ③ |
|---|---|---|
| 최근 한 달 동안 한 번이라도 담배를 피운 적이 있나요? | 이 카드에 검정색 원이 있나요?  | 이 카드에 검정색 원이 있나요? |

학생들은 3장의 카드를 무작위로 섞어서 하나를 꺼내 혼자만 봅니다. 그리고 카드의 질문에 대한 답변을 '예/아니오'로 표시한 이후 카드를 다시 무작위로 섞습니다. 만약 '예'라고 표시했다면 그는 담배를 피우는 학생일 수도 있고, 또는 두 번째 카드를 꺼낸 경우일 수도 있습니다. 조사관은 어떤 경우였는지 알 수 없죠. 이렇게 응답이 모이면 조사관은 계산을 통해서 이 고등학교의 흡연율을 추정할 수 있습니다.

가령 1,200명에게 질문을 했을 때 500명이 '예'라고 대답했다고 가정해볼까요? 카드를 무작위로 섞었기 때문에 1,200명 중 1번, 2번, 3번의 카드를 꺼낸 학생은 각각 400명씩이라고 계산할 수 있습니다. 그러니까 '예'라고 대답한 500명 중 400명은 2번 카드를 꺼낸 것이고, 100명은 1번 카드에 대답한 것입니다. 결국 1번 카드를 꺼낸 400명 중 100명이 '예'라고 대답한 셈이기 때문에 이 고등학교의 흡연율은 25%라고 할 수 있습니다.

이렇게 설문조사를 하면 "당신은 흡연자입니까?"라고 직접적으로 질문하는 것보다 더 정확한 결과를 얻을 수 있습니다. 흡연 유무를 밝히지 않아도 되어서 더 정직하게 대답하기 때문이죠. 직접적으로 원하는 결과를 얻지 못한다면 간접적인 방법을 생각해야 합니다.

대부분의 수학 문제는 직접적인 방식으로 푸는 것이 최선입니다. 문제를 해결하는 가장 빠른 방법이 정해져 있고 시험 시간은 한정되어 있으니까요. 하지만 직접적인 방식으로 풀리지 않는다고 포기하면 안 되겠지요. 빠르게 접근 방식을 바꾸어 간접적인 방식을 동원해야 합니다. 머리도 아프고 시간도 오래 걸리겠지만, 그런 과정을 통해 더욱 유연하게 사고할 수 있게 됩니다. 간접적으로 접근하는 사고 방식은 장기적으로 큰 쓸모가 있습니다. 현실 문제는 직접적으로는 풀리지 않는 경우가 대다수이기 때문입니다.

## $f_x$ 페르미 추정

### 💡 우리 집 정원에는 달팽이가 몇 마리 있을까?

어떤 수학자가 아이와 정원에서 놀고 있었습니다. 잔디에 붙은 달팽이를 본 아이가 물었습니다. "아빠, 우리 집 정원에는 달팽이가 몇 마리 있어요?" 대충 대답할 수도 있었지만 수학자도 호기심이 생겨서 정원에 달팽이가 몇 마리 있는지 알아보기로 했습니다. 일단 10분 동안 정원에 있는 달팽이를 잡았는데 총 23마리였습니다. 그는 이 달팽이들을 풀어주기 전, 패각에 십자 표시를 했습니다.

정확히 일주일 후 다시 10분 동안 달팽이를 잡았는데 이번에는 18마리였습니다. 이들 중 3마리의 패각에 십자 표시가 있었습니다. 18마리 중 3마리, 즉 $\frac{1}{6}$ 이 전에 한 번 잡았던 달팽이였습니다. 수학자는 이런 결론을 내렸습니다. '전체 달팽이 중 23마리를 잡아서 표시했는데, 다시 잡은 달팽이 중 $\frac{1}{6}$ 에서 이런 표식이 발견됐다! 그럼 처음에 잡았던 23마리가 전체의 $\frac{1}{6}$ 정도라고 생각할 수 있다.' 그는 정원에 있는 달팽이는 모두 $23 \times 6 = 138$마리라고 추정했습니다.

이처럼 정원에 있는 달팽이를 모두 잡지 않아도 대략 몇 마리인지 추정할 수 있습니다. 축구 경기장에 모인 관중의 수, 사회 문제에 관한 여론조사나 코로나19 무증상 감염자의 숫자도 전체를 일일이 확인하지 않고 대략적으로 추정할 수 있습니다. 이것이 수학의 힘입니다. 아리스토텔레스는 "논리란 아는 것과 아는 것을 결합하여 모르는 것에 도달하는 것"이라고 했습니다. 논리적으로 유추하며 상황을 파악하는 것은 엄청난 힘이 있습니다.

## 🔆 유추와 추론

어떤 상황을 직접적으로 모두 알지 않아도 간접적으로 파악하면 알려지지 않은 결론에 도달할 수 있습니다. 합리적이고 논리적인 추론을 통해서 말이지요. 문제를 보면서 생각해봅시다.

| 생각<br>실험 | **3명의 철학자** |
|---|---|
| | 고대 그리스에서 3명의 철학자가 나무 아래서 낮잠을 자고 있었습니다. 지나가던 한 여행자가 단잠에 빠진 그들의 얼굴을 장난 삼아 까맣게 숯 검댕을 칠했습니다. 잠에서 깨어난 철학자들은 다른 사람의 시커매진 얼굴을 보며 웃음을 터뜨렸습니다. 그러던 중 한 사람이 자기 얼굴에도 숯 검댕이 묻은 걸 깨닫고 웃음을 멈추었습니다. 거울도 없었는데 그는 어떻게 자신의 얼굴에 검댕이 묻은 것을 알아차렸을까요? |

고대 그리스 철학자가 주인공으로 등장하는 이야기는 매우 대표적인 문제입니다. 3명의 철학자를 A, B, C라 하면, A는 이렇게 생각했을 겁니다.

'B는 자기 얼굴엔 숯 검댕이 묻지 않았다고 생각해. 자기 얼굴도 시커먼데 다른 사람의 얼굴이 시커먼 것을 보고 웃진 않을 테니까. 만약 B가 보기에 내 얼굴이 깨끗하다면 B는 C가 웃는 것을 이상하게 생각했을 거야. 아무것도 묻지 않은 얼굴을 보고 웃는 건 이상한 일이니까. 그런데 B는 이상하게 생각하지 않고 자기도 웃었어. 내 얼굴에 숯 검댕이 묻었기 때문이지.'

이 문제에서 얼굴에 숯 검댕이 묻은 3명은 서로를 보고 웃다가 자기 얼굴도 시커멓다는 사실을 깨닫습니다. 자기와 마찬가지로 현명한 다른 철학자가 저렇게 웃는 데에는 그럴 만한 이유가 있다고 생각한 것이죠. '그가 내 얼굴을 보고 웃는데, 그렇다면 내 얼굴에 숯 검댕이 묻어 있군'이라고 생각한 것은, 타인의 행동을 보고서 자신의 상태를 간접적으로 추론해낸 것입니다.

이 문제는 몇 가지 버전이 있습니다. 같은 내용을 다루는 문제를 더 살펴보겠습니다.

## 모자의 색깔

사회자가 3명의 사람에게 모자를 씌웁니다. 모자는 빨간색과 파란색인데, 상대의 모자 색깔은 볼 수 있어도 자신이 쓴 모자의 색깔은 모르는 상태입니다. 사회자가 그들에게 말했습니다. "다른 사람이 한 명이라도 빨간 모자를 쓰고 있는 것이 보이면 손을 드십시오" 사회자의 말에 3명이 모두 손을 들었습니다. 잠시 후, 한 사람이 손을 들고 말했습니다. "내 모자는 빨간색입니다" 그는 어떻게 자신의 모자 색깔을 알았을까요?

이번에도 세 사람을 A, B, C라고 하면 A는 앞의 그리스 철학자처럼 이렇게 생각할 수 있습니다.

'만약 내가 파란 모자를 쓰고 있다면, B는 자신의 모자가 빨간색이라는 것을 금방 알아챘을 것이다. 왜냐하면 C가 손을 든 이유는 B와 나 중 한 명이 빨간 모자를 쓰고 있다는 뜻인데, 내가 파란 모자였다면 B는 금방 자신이 빨간 모자라는 것을 파악했을 것이고 바로 손을 들었을 것이다. 그렇게 하지 않은 것은 내가 빨간 모자를 쓰고 있기 때문이지.'

이 문제에서는 "잠시 후에 손을 들고 말했다"가 중요한 부분입니다. 다른 사람의 행동으로 전체적인 상황과 나의 상태를 파악한 것입니다. 사실 여기에는 중요한 전제가 있습니다. 모든 사람이 똑똑하고 합리적인 행동을 한다고 가정하는 것입니다. 만약 B가 어리석어서 내가 파란 모자를 썼는데도 자신이 빨간 모자를 썼다는 것을 알아채지 못했다면 A의 추론은 빗나갈 수 있습니다. 이 문제는 더 확장할 수 있습니다. 3명을 4명으로 늘려서 살펴봅시다.

**생각 실험**

### 더 많은 모자의 색깔

앞과 똑같은 상황에서 사회자가 4명에게 모자를 씌우고 한 명이라도 빨간 모자를 쓴 사람이 있는지 묻자 모두 손을 들었습니다. 이때에도 앞에서 자신은 빨간 모자를 쓰고 있다고 대답한 사람이 잠시 후에 손을 들고 "나는 빨간 모자를 쓰고 있습니다"라고 말했습니다. 그는 어떻게 자신이 빨간 모자를 쓰고 있다는 것을 알았을까요?

3명에게 모자를 씌운 문제 풀이를 이용해 4명에게 모자를 씌운 문제를 풀 수 있습니다. 네 사람을 A, B, C, D라고 하면 A는 이렇게 생각할 수 있습니다. '내가 만약 파란 모자를 쓰고 있다면, 나머지 세 사람은 나의 파란 모자를 제외한 2개의 빨간 모자를 쓴 사람을 보게 된다. 나를 제외한 나머지 3명은 앞의 생각 실험과 똑같은 상황에 처하는 것이다. 그렇다면 앞에서와 같이 B, C, D 중 누구는 자신의 모자가 빨간색이라는 것을 추론할 수 있다. 그런데, 그들 중 누구도 이런 추론을 못하고 있다. 그 이유는 내가 파란 모자가 아닌 빨간 모자를 쓰고 있기 때문이다. 나는 빨간 모자를 쓴 것이 확실하다."

3명의 상황에서 추론한 것을 4명의 상황에 활용했는데요, 같은 방법으로 4명에게 모자를 씌운 문제를 해결하는 방법을 이용하여 5명에게 모자를 씌운 문제도 풀 수 있습니다. 이렇게 생각하면 100명에게 모자를 씌운 문제도 해결할 수 있습니다. 도미노가 연속으로 넘어지듯, 사람의 수와 상관없이 앞에서와 같이 모자를 씌우는 문제는 같은 방법으로 해결할 수 있지요.

### 💡 입사 면접 질문

컨설팅 회사나 소프트웨어 회사의 입사 면접에서 물어보는 질문으로 유명한 대표적인 문제는 "서울에 택시가 몇 대 정도 있을까요?" 같은 문제입니다. 입사 면접을 보러 온 사람에게 뜬금없이 이렇게 질문하지요. 이때 논리적이고 합리적이면서도 인상적이고 독창적인 대답을 해야 합격에 가까워집니다.

한 컨설팅 회사의 입사 면접에서 면접자가 이 질문을 받았습니다. 그는 매우 당황했지만, 자신이 타고 왔던 택시 뒤에 붙어 있던 다음 문구가 생각났습니다.

"치솟는 LPG가격 100만 택시 가족 다 죽인다."

그는 잠시 메모를 할 시간을 달라고 요청한 후, 다음과 같이 말했습니다.

"택시 시위에서 '100만 택시 가족'이라는 말을 보았습니다. 시위에서 하는 말이라 대략 10% 정도 부풀려졌다고 생각하면 택시 가족이 90만 명이라고 추정할 수 있습니다. 요즘 1가구를 평균 3명이라고 생각하면, 택시 기사의 수는 30만 명으로 보입니다."

그는 계속 이야기를 이어갔습니다.

"택시는 법인택시와 개인택시가 있습니다. 법인택시는 2명이 교대를 하고 개인택시는 혼자서 운영하니까, 법인택시 기사와 개인택시 기사의 수는 2:1의 비율로, 20만 명:10만 명이라고 계산할 수 있습니다. 따라서 전국 택시의 수는 20만 대로 추정됩니다."

마지막으로 서울의 택시 수를 추정했습니다.

"서울 인구는 1,000만 명으로 전국 인구의 20%입니다. 따라서 단순히 계산하면 20만 대의 20%인 4만 대가 서울 택시이겠지만, 서울은 다른 지역에 비해 경제활동이 활발하기 때문에 인구당 택시가 2배 정도 더 많을 것으로 추정됩니다. 따라서 서울에는 8만 대의 택시가 있다고 미루어 생각됩니다."

실제 서울의 택시는 2020년 기준으로 대략 7만 대라고 합니다. 약간의 오차가 있었어도 충분히 훌륭한 추정이었고 그는 면접에 합격했습니다.

이렇게 논리적인 추론을 바탕 삼아 기초 지식만으로 빠르게 대략적으로 값을 추정하는 방법을 '페르미 추정'이라고 합니다. 1938년 노벨 물리학상을 받은 페르미가 학생들에게 이런 추정 능력을 강조한 것에서 유래되었습니다. 사소한 단서에서 시작하여 정답을 알 수 없는 문제의 해답을 추정하는 능력은 복잡하고 불확실성이 큰 현대사회에서 매우 중요한 능력입니다. 빅데이터로 표현되는 정보의 홍수 속에서 페르미 추정은 단순하게 데이터를 많이 얻는 것보다 그 데이터의 의미를 현명하게 생각하는 것이 더 중요하다는 사실을 지적합니다.

구체적으로 활용할 수 있는 어떤 정보를 어떻게 선별할지도 매우 중요합니다. 서울의 택시 대수를 추정한 사람은 "치솟는 LPG 가격 100만 택시 가족 다 죽인다"라는 구체적인 구호를 생각의 출발점으로 삼았습니다. 이렇게 추상적으로 추론하려면 현실의 구체적인 출발점이 있어야 합니다. "일본 도쿄에 까마귀는 몇 마리일까요?" "미국 시카고에 피아노 조율사는 몇 명쯤 될까요?" 같은 질문에 합리적이고 독창적인 추정을 시작하려면 도쿄의 까마귀와 시카고의 피아노에 관한 어떤 단서가 있어야 합니다. 도쿄에 까마귀가 많은지, 시카고 사람들이 피아노를 좋아하는지에 대한 아무 정보가 없으면 실제로 추정을 시작할 수 없습니다.

중요한 것은 두 가지, 즉 정확한 정보와 논리적인 추론력입니다. 잘못된 정보를 토대로 추론을 했다가는 답에 오류가 많을 겁니다. 반면 정보가 정확해도 그 정보를 추론에 활용할 능력이 없다면, 뜬금없는 답을 내놓겠죠. 두 가지를 모두 갖추고 활용해야 페르미 추정만으로도 번뜩이는 아이디어를 얻을 수 있습니다.

# $f_x$ 반대편을 보다

## 💡 여집합

관점을 바꾸고 다른 시각으로 접근하는 가장 단순한 방법은 반대편을 보는 것입니다. '이것이 아닌 저것'을 보는 것이죠. 다음 그림에서 O의 개수를 세어봅시다.

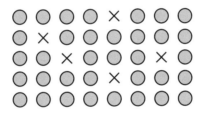

대부분은 O의 개수를 직접 세지 않고 X의 개수를 셀 것입니다. 전체 40개 중에 X가 5개 있기 때문에 O는 35개가 있다고 계산하겠지요. O가 아닌 X을 세는 것이 효과적으로 생각하는 방법이니까요. 이는 수학에서 여집합을 생각하는 것과 같고, 문제 풀이 과정에 자주 사용됩니다.

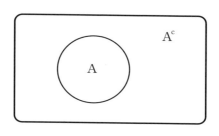

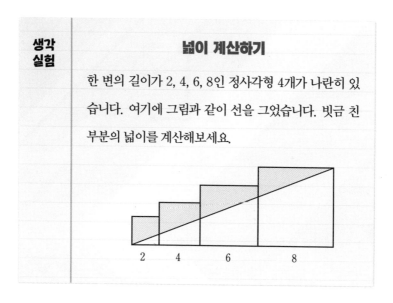

**생각 실험**

## 넓이 계산하기

한 변의 길이가 2, 4, 6, 8인 정사각형 4개가 나란히 있습니다. 여기에 그림과 같이 선을 그었습니다. 빗금 친 부분의 넓이를 계산해보세요.

이 문제에서 빗금 친 부분의 면적을 직접 계산하기는 매우 어렵습니다. 전체 4개의 정사각형에서 빗금이 없는 삼각형 부분의 면적을 빼는 것이 방법입니다. 즉, 정사각형 4개의 면적인 $120(=2^2+4^2+6^2+8^2=4+16+36+64)$에서 삼각형의 면적 $80(=\dfrac{1}{2}\times8\times20)$을 뺀 40이 답입니다. 안 되는 것을 제외시키는 방법으로 더 어려운 문제도 해결해봅시다.

## 가벼운 구슬 찾기

9개의 구슬 중 하나는 가볍습니다. 양팔 저울을 2번만 사용하여 가벼운 구슬을 찾아보세요.

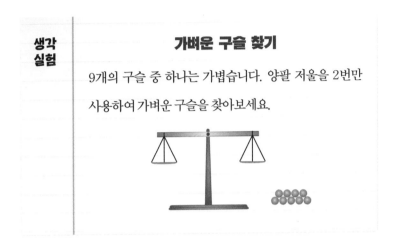

먼저 구슬 9개를 3개씩 A, B, C 3묶음으로 나눕니다.

1. A 묶음과 B 묶음의 무게를 달아봅니다.

2-1. 만약 한쪽이 가볍다면 그 묶음 3개 중에 가벼운 구슬이 있다는 뜻입니다. 그 3개 중 2개의 무게를 양쪽에 달아보고, 가벼운 것을 찾으면 됩니다. 만약, 무게를 잰 것이 평형을 이룬다면 무게를 재지 않은 쪽이 가벼운 것입니다.

2-2. 만약 A 묶음과 B 묶음이 평형을 이룬다면 C 묶음에 가벼운 구슬이 있습니다. C 묶음에서 2개를 달아보며 가벼운 것을 찾으면 됩니다. 이번에도 무게가 같으면 재지 않은 것이 가벼운 것이죠.

# 12개의 구슬

12개의 구슬 중 무게가 다른 1개가 있습니다. 양팔 저울로 단 3번 무게를 달아서 무게가 다른 구슬 1개를 찾아보세요. 참고로, 무게가 다른 구슬은 무거운지 가벼운지 알지 못합니다.

앞의 '가벼운 구슬 찾기' 문제와 이 문제가 다른 점은 찾는 구슬이 가벼운지 무거운지 모른다는 사실입니다. 앞의 문제는 가벼운 구슬을 찾았죠. 따라서, 지금 문제보다 정보가 하나 더 있었지요. 정보가 부족한 이번 문제는 앞의 문제보다 훨씬 어렵습니다.

먼저 4개씩 3개의 그룹으로 구슬을 나눈 후 양팔저울에 4개씩 구슬을 올립니다. 만약 평형을 이룬다면 양팔저울에 올라가지 않은 그룹에 가짜 구슬이 있는 것입니다. 그렇게 된다면 4개의 구슬 중 무게가 다른 하나의 구슬을 양팔저울 2번을 이용하여 푸는 문제로 바뀝니다. 이 문제는 쉽게 해결할 수 있기 때문에, 우리는 양팔저울에 4개씩 구슬을 올렸을 때, 평형을 이루지 않는 경우만 생각해봅시다.

처음 양팔저울을 사용했을 때, 구슬이 다음과 같다고 생각해보겠습니다.

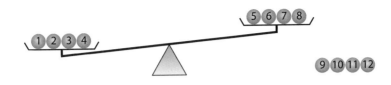

이것은 1, 2, 3, 4 중 무거운 것이 있거나 5, 6, 7, 8 중 가벼운 것이 있다는 뜻입니다. 9, 10, 11, 12는 정상이죠.

두 번째로 양팔저울을 사용할 때에는 (1, 2, 9) ＿＿＿ (5, 3, 4)를 올려놓습니다. 이렇게 양팔저울에 올렸을 때에는 다음 3가지 경우가 나올 것입니다.

1. (1, 2, 9) ＝ (5, 3, 4) 이 경우에는 1, 2, 3, 4, 5가 모두 정상 구슬이므로 6, 7, 8 중 가벼운 것이 있습니다. 세 번째는 양팔저울로 6＿＿7을 해보고 가벼운 것을 선택하면 되겠죠. 만약 무게가 같다면 8이 가벼운 구슬입니다.

2. (1, 2, 9) ＞ (5, 3, 4) 이 경우에는 1, 2 중 무거운 것이 있거나 5가 가볍다는 것입니다. 따라서, 세 번째는 양팔저울로 1＿＿2를 해보고 무거운 것을 선택하면 됩니다. 만약, 무게가 같다면 5가 가벼운 것입니다.

3. (1, 2, 9) ＜ (5, 3, 4) 이 경우에는 3, 4 중 무거운 구슬이 있는 것입니다. 따라서 세 번째는 양팔저울로 3＿＿4를 해보고 무거운 것을 선택하면 됩니다. 만약 무게가 같다면 이번에도 5가 가벼운 것입니다.

A가 아닌 여집합 $A^c$을 생각하는 방법은 아이디어를 만드는 매우 좋은 접근입니다. 문제의 상황에서는 대상이 아닌 그 대상의 반대편을 항상 생각하면 좋겠습니다. 이야기 하나를 소개합니다.

포르투갈 항공사인 TAM Airline에서 있었던 일입니다. 50대의 한 여성이 매우 화가 나서 승무원을 불렀습니다. 승무원이 그녀에게 물었습니다.

"무슨 문제이신가요?"

"보면 몰라요? 저 흑인 남자가 내 옆자리잖아요! 난 저기 못 앉아요. 다른 자리 줘요!"

당황한 승무원은 현재 비행기가 만석이어서 자리를 바꿀 수 있는 상황은 아니지만, 확인해보겠다며 화난 여성을 진정시켰습니다. 몇 분 후 다시 돌아온 승무원은 이렇게 말했습니다.

"손님, 기장과도 확인했지만 이코노미석에는 빈 자리가 없습니다. 지금은 일등석만 빈 자리가 남아 있습니다. 저희 항공사는 일반적인 상황에서는 승객을 이코노미석에서 일등석으로 자리를 옮겨드리지 않습니다. 하지만 이런 경우에 저희 항공사의 손님이 불쾌한 사람 옆에 앉도록 할 수는 없습니다."

그리고 승무원은 흑인 남자한테 다가가 말했습니다.

"손님, 짐 챙기셔서 일등석으로 가시지요."

인종차별에 속으로 화가 많이 났던 주위 사람들은 모두 환호의 박수를 보냈습니다. 기립박수를 치는 사람도 있었습니다.

## 💡 거꾸로 접근하기

일반적으로 어떤 문제에 접근하려면 하나하나 차례차례 순차적으로 생각해야 합니다. 그런데 중간 과정을 뛰어넘고 최종 상황에서 문제 해결을 고민하는 것이 때로는 더 쉬운 접근 방법이기도 합니다. 하나의 생각 기술인데, 문제를 보면서 더 설명하겠습니다.

| 생각<br>실험 | 우유와 커피 |
|---|---|
| | 같은 양의 우유와 커피가 있습니다. 먼저 우유 한 숟가락을 떠서 커피에 넣고 잘 저어서 섞은 후, 커피에서 한 숟가락을 떠서 우유에 넣고 섞습니다. 이렇게 3번 반복합니다. 우유가 있는 컵에 커피가 들어갔고, 커피가 있는 컵에 우유가 들어갔는데요, 우유 안에 있는 커피와 커피 안에 있는 우유 중 어떤 것이 더 많을까요? |

2가지 방법으로 문제에 접근해보겠습니다. 첫 번째 방법은 순차적으로 생각하기보다는 최종 상황에서 생각을 시작하는 겁니다. 우유를 먼저 떠서 커피에 넣고 섞은 다음에 다시 커피를 한 숟가락 뜨는 복잡한 과정을 모두 지나서 이미 섞여 있는 우유와 커피를 한 번 보시죠. 최종적으로 우유 컵 안에는 일정량의 커피가 있고, 커피가 있는 컵 안에는 일정량의 우유가 있습니다.

우유만 있던 컵에 새롭게 추가된 커피를 보시죠. 이 커피는 어디서 왔나요? 바로 옆에 있는 커피가 있던 컵에서 왔지요. 그리고 그 커피가 있는 컵에는 우유로 옮겨간 커피만큼 우유로 채워졌겠죠. 따라서 우유 안의 커피와 커피 안의 우유는 결국 같은 양만큼 주고 받은 것입니다.

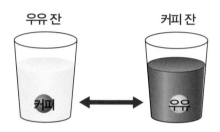

일반적으로 생각할 때에는 처음부터 순차적으로 따져야 합니다. 하지만 최종 상황에서 생각을 시작하는 방법이 효과적인 경우도 많습니다. 순차적으로 생각을 이어가는 것이 아니라, 최종 상황에서 거꾸로 시작하는 방법도 효과적인 생각 기술 중 하나입니다.

최종 상황에서 거꾸로 생각하는 것이 익숙하지 않은 사람이라면 앞의 설명에 뭔가 찜찜한 기분이 들 겁니다. 그런 분들을 위해 두 번째 방법으로 이 문제에 접근해보겠습니다. 눈에 보이지 않는 것을 눈에 보이는 형태로 바꿔서 생각하는 겁니다. 우유와 커피를 바둑의 흰 돌과 검은 돌로 바꿔서 생각해보세요. 문제를 이렇게 바꿔 보는 겁니다.

"흰 돌 100개와 검은 돌 100개가 있습니다. 흰 돌이 들어 있는 통에서 5개를 빼서 검은 돌이 들어 있는 통에 넣고 섞은 후, 다시 검은 돌이 들어 있는 통에서 5개를 빼서 흰 돌이 들어 있는 통에 넣었습니다. 이렇게 3번 반복하면 흰 돌 통에 있는 검은 돌과 검은 돌 통에 있는 흰 돌 중 어느 것이 더 많을까요?"

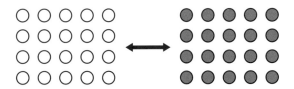

우유와 커피를 한 숟가락씩 섞는 상황은 눈에 보이지 않기 때문에 쉽게 생각하기 어렵지만 흰 바둑돌과 검은 바둑돌을 옮기는 상황은 간단하게 그려보며 생각할 수 있습니다. 100개의 돌을 모두 그리기보다 다음과 같이 몇 개만 그리며 생각해보죠. 왼쪽에 있는 흰 돌 중 5개를 오른쪽의 검은 돌 사이에 넣고 섞은 후에 5개를 뽑아서 왼쪽으로 넣는 것을 이렇게 생각할 수 있습니다.

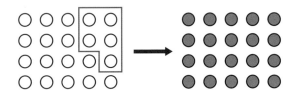

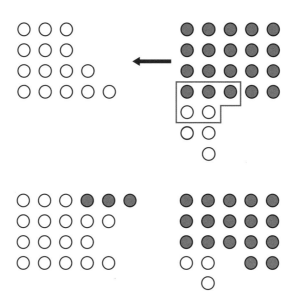

어떻습니까? 구체적으로 바둑돌 몇 개를 눈에 보이게 그려보면, 결국 흰 돌 속의 검은 돌과 검은 돌 속의 흰 돌은 같은 양만큼을 주고받는다는 것을 확인할 수 있습니다. 복잡한 문제를 눈에 보이는 간단한 상황으로 바꿔서 이해하는 방법은 매우 효과적인 생각 기술입니다.

| 생각<br>실험 | **테니스 경기** |
| --- | --- |
| | 토너먼트 방식으로 우승자를 결정하는 테니스 경기에 100명이 참가했습니다. 토너먼트 방식으로 우승자가 나올 때까지 총 몇 경기가 벌어질까요? |

이 문제도 두 가지 방법으로 접근해보겠습니다. 이 문제를 들으면 자연스럽게 대진표가 떠오릅니다. 토너먼트 방식이니 이런 대진표를 생각하겠지요.

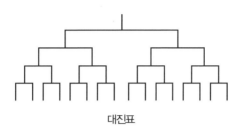

대진표

1라운드에서 100명이 50경기를 하고, 2라운드에서는 50명이 25경기를 합니다. 3라운드에서 25명이 12경기를 하고 1명이 부전승으로 다음 라운드에 진출합니다. 이렇게 7라운드까지 이어지는 경기를 모두 더하면, 50＋25＋12＋6＋3＋2＋1＝99경기입니다.

| 라운드 | 참가자 수 | 경기 수 |
| --- | --- | --- |
| 1라운드 | 100명 | 50경기 |
| 2라운드 | 50명 | 25경기 |
| 3라운드 | 25명 | 12경기 (1명은 부전승) |
| 4라운드 | 13명 | 6경기 (1명은 부전승) |
| 5라운드 | 7명 | 3경기 (1명은 부전승) |
| 6라운드 | 4명 | 2경기 |
| 7라운드 | 2명 | 1경기 |
| 총 99경기 (50 ＋25 ＋ 12 ＋ 6 ＋ 3 ＋ 2 ＋ 1 ＝ 99) | | |

더 쉽게 생각할 수 있습니다. 100명이 참여한 테니스 경기는 우승자 1명과 우승하지 못한 사람 99명으로 나눌 수 있습니다.

참가자 100명＝우승자 1명＋탈락자 99명

우승자 1명에게 초점을 맞추면 앞에서와 같은 대진표를 그리고 각각의 라운드에 벌어지는 경기 수를 더하게 됩니다. 하지만 관점을 우승자가 아닌 99명의 탈락자에 맞춰보세요. 탈락자들은 모두 몇 번 지고 탈락할까요? 토너먼트 방식에서 탈락자들은 몇 번을 이기든 상관없이, 모두 경기에서 단 1번만 지고 탈락합니다. 그래서 99명의 탈락자가 나오려면 99경기가 필요합니다.

참가자 100명＝우승자 1명＋탈락자 99명
우승자 1명이 나오는 방법은?

↓

참가자 100명＝우승자 1명＋탈락자 99명
탈락자 99명이 나오는 방법은?

문제를 한번 바꿔볼까요? "토너먼트 방식으로 우승자를 결정하는 테니스 경기에 200명이 참가했습니다. 우승자 1명이 나올 때까지 총 몇 경기가 벌어질까요?"

200명이 참여한 테니스 경기는 우승자 1명과 탈락자 199명으로 나눠서 생각할 수 있습니다.

참가자 200명 = 우승자 1명 + 탈락자 199명

우승하지 못하고 탈락한 사람 199명은 모두 단 한 경기만 지고 탈락합니다. 따라서 199명의 탈락자가 나오려면 총 199경기가 필요합니다. 답은 199경기이죠. 이렇게 말해도 뭔가 찜찜하고 이상하게만 느끼는 사람은 생각의 초점을 우승자가 아닌 탈락자에게로 바꿔보라고 말했는데도 계속 우승자의 관점을 놓지 못하는 겁니다. 관점을 전환하기란 말처럼 쉬운 일이 아닙니다.

어떤 대학교수는 아이들이 놀아달라고 귀찮게 굴자 잡지에 세계지도가 나온 페이지를 찢어서 여러 조각으로 나누어 퍼즐처럼 맞추게 시켰답니다. 그는 아이들이 그 퍼즐을 다 맞추려면 적어도 몇 시간은 걸릴 거라고 생각했죠. 퍼즐을 모두 맞춰오면 맛있는 걸 사주겠다고 약속까지 했고요. 그런데 그의 예상과 달리 아이들은 몇 분 만에 퍼즐을 모두 맞춰왔습니다.

깜짝 놀란 교수는 어떻게 모두 맞췄냐고 물었고, 아이들은 웃으며 세계지도 뒷면에 있는 사람의 얼굴을 보여줬습니다. 우리가 풀려고 끙끙대고 있는 복잡한 세계지도 조각의 뒷면에는 어쩌면 쉽게 맞출 수 있는 사람의 얼굴이 있을지도 모릅니다. 거꾸로 생각하며 관점을 다양하게 바꿔보는 시도가 필요합니다. 가끔은 우리가 보고 있는 세계지도를 거꾸로 뒤집으면 어떨까요?

지구는 둥글죠. 둥글기 때문에 북극과 남극을 처음부터 구별하지는 않았을 겁니다. 손 위에 공을 올려놓고, 위쪽과 아래쪽을 정하기 전까지는 위아래가 없는 것처럼 말이죠. 그리고 지도에서 항상 북극이 남극보다 위에 있어야 할 필요도 없지 않습니까?

실제로 앞의 지도처럼 남극이 위에, 북극이 아래에 있는 지도를 본 적이 있습니다. 우리가 일반적으로 보는 지도를 단순하게 뒤집어놓았을 뿐인데, 이렇게 거꾸로 보는 것만으로도 세상이 달리 보입니다.

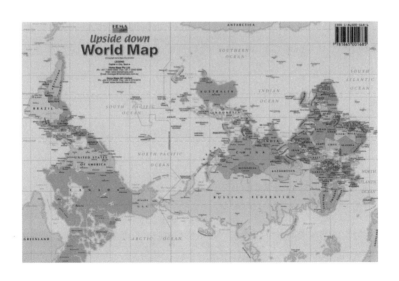

# fx 내가 아닌 상대를 보자

## 상대와 나의 상호작용을 생각한다

관점을 전환하며 다양한 시각을 갖는다는 것은 나만의 시각이 아닌 다른 사람의 시각, 상대방의 생각 등을 고려하는 것입니다. 어떤 상황에서 나뿐만 아니라 다른 사람의 상황이나 생각을 고려하는 것이죠. 문제를 하나 볼까요?

| 생각 실험 | 은팔찌 자르기 |
| --- | --- |

한 청년이 낯선 지역의 한 여관에서 1주일간 머물기로 했습니다. 그는 돈이 없었지만, 은으로 만들어진 팔찌 7고리를 갖고 있었습니다. 여관 주인은 하루 방값으로 그 은팔찌의 고리 하나를 달라고 했습니다. 청년은 1주일간 머물 계획이었으므로 7고리의 팔찌로 방값을 지불할 수 있었습니다.

그런데 문제가 생겼습니다. 여관 주인이 매일 팔찌의 고리를 하나씩 달라는 겁니다. 한꺼번에 7개의 고리를 받기 싫다며 하루에 하나의 고리만을 달라고 합니다. 은팔찌의 고리를 자르는 일은 쉽지 않았기 때문에 청년은 약간 고민했습니다. 고민 끝에 청년은 단 한 번 고리를 잘라서 문제를 해결했습니다. 청년은 다음 중 어디를 잘랐을까요?

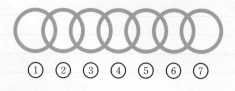

① ② ③ ④ ⑤ ⑥ ⑦

저는 이 이야기를 듣자마자 6번 고리를 잘라야 한다고 생각했습니다. 그런데, 대부분의 사람들은 중간중간의 고리를 3번 자르더군요. 그러면 고리가 모두 풀리니까요.

② ④ ⑥

그런데 이 문제는 3번이 아닌 단 한 번만 잘라도 문제를 해결할 수 있습니다. 그 방법은 3번째 고리만 한 번 자르는 겁니다. 그럼 다음과 같은 고리를 얻을 수 있습니다.

③

이렇게 자른 후에 방 값을 지불하는 방법은 이렇습니다. 첫날은 1개짜리 고리 하나를 주고, 둘째 날은 2개짜리 고리를 주고 1개짜리 고리를 돌려받습니다. 셋째 날은 다시 1개짜리 고리를 주고, 넷째 날은 4개짜리 고리를 주고 1개짜리와 2개짜리 고리를 돌려받습니다. 다섯째 날은 1개짜리 고리를 주고, 여섯째 날은 2개짜리 고리를 주고 1개짜리 고리를 받고, 마지막 날은 1개짜리 고리를 줍니다. 이러면 청년은 단 한 번 고리를 자르고도 7일 동안 방값을 그날 그날 지불할 수 있습니다.

이 문제에서 청년은 문제를 해결하기 위해 자신이 고리를 잘라 주는 행동뿐만 아니라, 주인에게 줬던 고리를 돌려받는 상황까지 고려했습니다. 자신의 행동만을 1차원적으로 생각하지 않고, 상대방과의 2차적인 상호작용까지도 고려했지요. 유명한 이야기 하나를 소개합니다.

## 💡 앵두를 얻은 소년

시장 과일가게 앞에서 한 소년이 앵두를 한참 쳐다보고 있었습니다. 말없이 앵두를 바라보는 수줍은 소년을 보면서 과일가게 아저씨는 말했습니다.

"먹고 싶으면 하나 집어 먹으렴."

소년은 수줍은 표정으로 앵두를 집지 못하고 그저 쳐다만 보았습니다. 마음씨 좋은 아저씨는 다시 소년에게 말했습니다.

"얘야, 앵두 맛있게 생겼지? 한번 먹어보렴. 네가 갖고 싶은 만큼 한 주먹 쥐어 가거라."

소년은 계속 수줍은 표정만 지을 뿐 앵두에는 손도 대지 않았습니다. 그러자 아저씨는 웃으며 자신의 큰 손으로 앵두를 두 주먹 쥐어서는 소년에게 건넸고, 소년은 양손으로 앵두를 받았습니다. 집으로 돌아오는 길에 엄마가 소년에게 말했습니다.

"너는 너무 숫기가 없구나. 요즘 세상에 그렇게 점잖기만 하면 안 돼. 주인 아저씨가 먹으라고 하면 냉큼 집어 먹을 줄도 알아야지."

엄마의 말에 소년은 이렇게 대답했습니다.

"엄마, 저는 그 아저씨가 앵두를 줄 거라는 걸 알았어요. 하지만 제 손은 작잖아요. 제가 먼저 앵두를 잡으면 많이 먹지 못하잖아요. 아저씨의 손은 매우 크더라고요."

소년은 전체적인 관점으로 주인 아저씨와의 상호작용을 고려하여 더 많은 앵두를 얻은 것입니다.

앞의 '은팔찌 자르기' 문제에는 흥미로운 수학이 숨어 있습니다. 2진법에 관한 것입니다. 2진법은 수를 1, 2, 4, 8, 16 등 2를 곱한 형태로 나타내는 겁니다. 우리가 사용하는 10진법은 10, 100, 1000 등 10을 곱한 형태로 숫자를 표현하는 방법입니다. 앞의 문제에서는 고리가 7개였습니다. 7＝1＋2＋4와 같이 2진법으로 볼 수 있다는 것이 문제에 숨은 수학적 아이디어였습니다. 그냥 재미있는 이야기로만 넘기지 않고, 숨어 있는 2진법의 아이디어를 생각한 사람이라면 같은 유형의 문제도 확장하여 풀 수 있습니다. 만약 청년이 은팔찌가 아닌 은 막대를 갖고 있다면? 여관 주인이 은 막대를 7등분해서 하루에 하나씩 방값으로 내라고 한다면 막대를 어떻게 잘라야 할까요?

앞에서 문제를 해결한 아이디어를 적용하면 다음과 같이 막대를 1:2:4의 비율로 3토막 내면 됩니다. 그리고 고리를 주고받았듯 막대를 주고받는 겁니다. 첫째 날에는 1토막을 주고, 둘째 날에는 2토막을 주고 1토막을 받고… 앞에서와 같은 방법으로요.

2진법의 아이디어로 확장된 문제도 풀 수 있습니다. 이렇게 문제를 바꿔볼까요?

## 은 막대 자르기

앞의 상황에서 청년이 여관에 1달 즉 31일을 머물러야
하는데, 은 막대가 있고 그 막대를 31등분해서 하루에
하나씩 방값으로 지불해야 한다면 어떻게 해야 할까요?

　　방법은 $31 = 1+2+4+8+16$을 생각하는 겁니다. $1:2:4:8:16$
의 비율로 자른 후 처음 문제를 해결했던 것처럼 자른 은 막대를
주고받습니다. 처음 7일까지는 앞에서 본 것처럼 하고, 8일째 되는
날은 8 크기의 은 막대를 주고 나머지 1, 2, 4 크기의 은 막대를 받
습니다. 9일째부터 15일째까지는 처음 7일간 주고받은 것처럼 하
고 16일째 되는 날에는 16 크기의 은 막대를 주고 나머지 1, 2, 4, 8
크기의 은 막대를 받습니다. 17일째부터 31일째 되는 날까지도 같
은 방법으로 은 막대를 주고받으면 됩니다.

| 1 | 2 | 4 | 8 | 16 |

　　재미있는 이야기로만 생각했던 문제를 해결하는 상황에 숨어 있
는 수학적인 원리를 찾아보면, 비슷한 여러 연관 문제를 해결할 수
있습니다. 일반적인 문제 해결 상황에서 그 개념과 원리를 파악하

는 것이 핵심인 생각 기술입니다. 비슷하지만 또 다른 아이디어를 추가해야 하는 문제를 소개해보겠습니다.

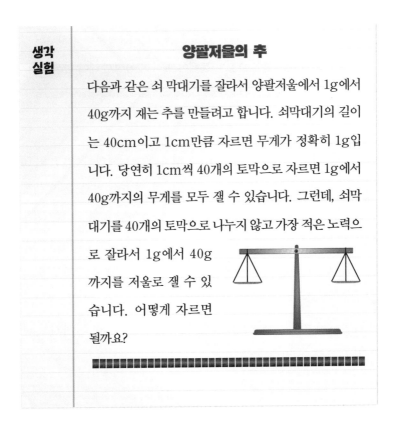

### 양팔저울의 추

다음과 같은 쇠 막대기를 잘라서 양팔저울에서 1g에서 40g까지 재는 추를 만들려고 합니다. 쇠막대기의 길이는 40cm이고 1cm만큼 자르면 무게가 정확히 1g입니다. 당연히 1cm씩 40개의 토막으로 자르면 1g에서 40g까지의 무게를 모두 잴 수 있습니다. 그런데, 쇠막대기를 40개의 토막으로 나누지 않고 가장 적은 노력으로 잘라서 1g에서 40g까지를 저울로 잴 수 있습니다. 어떻게 자르면 될까요?

40g까지 잴 수 있는 저울을 만들려면 10g짜리 3개와 1g짜리 10개를 만들면 됩니다. 가령 17g은 10g과 1g짜리 7개로 잴 수 있습니다. 우리가 사용하는 10진법대로 추를 준비하는 거죠. 앞에서와 같은 2진법을 생각하며 이 문제에 접근하는 사람도 있을 겁

니다. 그런데, 이 문제에서는 양팔 저울을 사용하므로 1g, 3g, 9g, 27g 이렇게 4개의 추만 있으면 40g까지의 무게를 모두 잴 수 있습니다. 양팔저울은 반대편에 추를 놓을 수 있으니까요.

■ ■■■ ■■■■■■■■■ ■■■■■■■■■■■■■■■■■■■■■■■■■■■
1g　3g　　　9g　　　　　　　　27g

　빽셈을 도입하면 4개의 숫자 1, 3, 9, 27로 1에서 40까지 숫자들을 모두 표현할 수 있습니다. 예를 들면, $2=3-1$, $4=3+1$, $5=9-(3+1)$과 같이 표현할 수 있습니다. 지금 말하는 빽셈은 양팔저울의 반대편에 추를 올려놓는 것과 같은 의미입니다. 따라서 1g에서 40g까지의 무게는 4개의 추 1g, 3g, 9g, 27g로 모두 측정이 가능합니다. 2진법이 아닌 3진법이 생각나는 상황이네요.

$$2g = 3g - 1g$$

$$4g = 3g + 1g$$

$$5g = 9g - (3g + 1g)$$

$$6g = 9g - 3g$$

$$7g = (9g + 1g) - 3g$$

$$8g = 9g - 1g$$

$$...$$

$$40g = 27g + 9g + 3g + 1g$$

(−1g은 반대편에 1g를 놓는 것을 의미한다.)

## 💡 자기중심적인 생각에서 벗어나다

"12명이 같이 할 수 있는 게임 하나를 소개합니다. 12명이 각자 1에서부터 100까지의 숫자 중 하나를 다른 사람에게 보여주지 않고 종이에 씁니다. 모두 다 쓴 후 동시에 12개의 숫자를 공개하면 그중에는 같은 숫자가 있을 수도 있고 없을 수도 있지요. '같은 숫자가 있다'와 '같은 숫자가 없다' 중 하나에 베팅을 한다면 어디에 베팅하시겠습니까?"

아마 대부분은 '없다'에 베팅할 겁니다. 없을 가능성이 훨씬 높다고 생각하니까요. 하지만 저는 이런 상황이라면 '있다'에 베팅합니다. 있을 확률이 더 높기 때문인데요. 왜 제가 그렇게 선택했는지, 계산을 한번 해볼까요? 12명이 숫자를 썼을 때, 2명 이상의 사람이 같은 숫자를 쓸 확률은 1에서 모두 다른 숫자를 나올 경우의 확률을 뺀 값입니다.

첫 번째 사람이 어떤 숫자를 썼는데, 두 번째 사람이 그 사람이 쓴 숫자를 쓸 확률은 $\frac{1}{100}$ 이고, 그 사람이 쓰지 않은 숫자를 쓸 확률은 $\frac{99}{100}$ 입니다. 세 번째 사람이 앞의 2명과 다른 숫자를 쓸 확률은 100개 중에 2개를 피해서 98개를 고르는 경우이기 때문에 $\frac{98}{100}$ 입니다. 네 번째 사람이 앞의 3명과 다른 숫자를 쓸 확률은 $\frac{97}{100}$ 이고요. 모두 다른 숫자를 쓴다는 것은 이것이 동시에 일어날 확률이기 때문에 4명이 모두 다른 숫자를 쓸 확률은 $\frac{99}{100} \times \frac{98}{100}$ $\times \frac{97}{100}$ 입니다. 같은 이유로 12명이 모두 다른 숫자를 쓸 확률은 이렇게 계산합니다.

$$0.99 \times 0.98 \times 0.97 \times 0.96 \times 0.95 \times 0.94 \times 0.93 \times$$

$$0.92 \times 0.91 \times 0.9 \times 0.89 = 0.50$$

계산에 따르면 12명이 모두 다른 숫자를 쓸 확률은 0.5이죠. 적어도 2명 이상이 같은 숫자를 쓸 가능성이 50%라는 뜻입니다. 확률적인 계산은 이런데, 사람들에게 1에서 100 사이의 숫자를 하나 쓰라고 하면 자주 쓰는 숫자가 있고, 가급적 쓰지 않는 숫자도 있습니다. 그래서 실제로는 그 가능성이 50%보다 높습니다. 사람에 따라 차이는 있겠지만, 일반적으로 70% 정도는 될 것으로 예상할 수 있어서 저는 '있다'에 베팅한 겁니다.

지금 소개한 게임과 유사한 것이 생일의 패러독스입니다. 30명 정도 사람이 모였을 때 그중 생일이 같은 사람이 있을 확률은 얼마일까요? 대략적인 계산 값을 이야기하면 30명이 있을 때, 그중에 생일이 같은 사람이 있을 확률은 70%가 넘습니다. 23명이 있으면 그중 생일이 같은 사람이 있을 확률이 50%을 넘기 시작해서, 40명쯤 있으면 생일이 같은 사람이 있을 확률이 90% 가까이 되니까요. 참고로 계산 방법은 다음과 같습니다. 이를 확률 분포표로 그려보겠습니다.

$$p(n)=1-\frac{365!}{365^{n}(365-n)!}$$

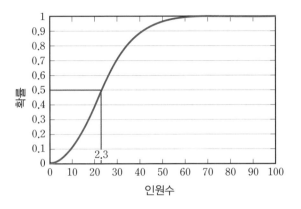

| 인원수 | 확률 | 인원수 | 확률 |
|---|---|---|---|
| 10 | 0.1169 | 27 | 0.6269 |
| 15 | 0.2529 | 30 | 0.7063 |
| 19 | 0.3791 | 35 | 0.8144 |
| 20 | 0.4114 | 40 | 0.8912 |
| 22 | 0.4757 | 50 | 0.9704 |
| 23 | 0.5073 | 60 | 0.9941 |
| 24 | 0.5383 | 70 | 0.9992 |
| 25 | 0.6587 | 80 | 0.9999 |

지금 이야기한 상황에서 여러분의 직관과 수학적인 확률의 계산에 차이가 생기는 이유는 무엇일까요? 중요한 이유 중 하나는

우리가 자기중심적으로 생각하기 때문입니다. 가령 12명이 1에서 100까지 숫자를 쓸 때, 나와 같은 숫자를 쓴 사람이 있을 확률은 매우 낮습니다. 하지만 내가 아닌 다른 어떤 사람 2명이 같은 숫자를 쓸 확률은 생각보다 높아지는 겁니다.

생일도 마찬가지죠. 30명이 있을 때, 그중 나와 생일이 같은 사람이 있을 확률은 매우 낮을 겁니다. 하지만 꼭 내가 아니더라도 어떤 사람 둘의 생일이 같은 경우는 생각보다 높습니다. 실제로 40명 정도 참여하는 모임에 속해 있다면 그중 생일이 같은 사람이 있을 확률은 90%가 넘습니다. 하지만 일반적으로 그렇게 느끼지 못하죠. 왜냐하면 사람들은 누구나 '나와 생일이 같은 사람'만 생각하기 때문입니다.

내가 로또에 당첨될 확률은 매우 낮지만, 대한민국에서 누군가는 로또에 당첨되는 것과 같은 관계입니다. 이런 관계를 잘 이해하지 못하고 자기중심적으로 생각하는 사람들에게 로또를 파는 사람들은 엄청난 금액에 당첨된 사람의 사례를 소개하며 "다음은 바로 당신입니다!"라고 광고하지요.

사람은 누구나 자기중심적으로 생각합니다. 그리고 우연에 대한 확률 역시 올바로 계산하기가 어렵죠. 이런 사람들의 약점을 파고들며 돈벌이를 하는 사람들이 있습니다. "당신은 외향적이면서도 때로는 혼자 고독을 즐기는 것을 좋아하지"라고 말하는 점쟁이에게 "맞아요. 정말 그래요!"라고 빠져드는 것이 그런 사례입니다. 모호하게 이렇게 해석할 수도 있고 저렇게 해석할 수도 있는 이야기들을 몇 가지 늘어놓으면 자기중심적인 사람들은 모두 자기 이야기라고 맞장구를 치며 빠져듭니다.

사이비 전문가들의 분석이나 예측도 비슷한 면이 있습니다. 이렇게 해석할 수도 있고 저렇게 해석할 수도 있는 자료들을 제멋대로 자신이 믿고 싶은 방향으로 해석하고 편집하여 제시하는 전문가에게 많은 사람들이 쉽게 빠지며 엉뚱한 판단을 내리고 믿음을 갖게 됩니다. 그래서 말도 안 되는 음모론에 빠지기도 하고 이상한 주장에 쉽게 넘어가기도 합니다. 자기중심적인 생각에서 벗어나야 합니다.

우리는 두 가지 관점을 배웠습니다. 하나는 내 앞에 있는 사람의 관점이고, 다른 하나는 나를 둘러싼 사람들의 관점이죠. 자기중심적인 관점에서 벗어날 때, 즉 사람들이 서로 소통하고 영향을 주고받는다는 사실을 인식할 때, 문제를 해결하는 실마리가 보입니다. 따지고 보면 그다지 특별할 것 없는 생각이지만, 우리는 자주 잊고 살아가죠. 갓난아이는 세상이 자기를 중심으로 돌아간다고 생각합니다. 내 눈을 가리면 다른 사람이 자신을 못 볼 거라고 생각하죠. 어른이 된다는 것은 내 눈을 가려도 사람들이 말하고 생각하고 행동하기를 멈추지 않는다는 사실을 깨닫는 것 아닐까요?

# 5장

# 패턴적 사고

— 단순화하여 해결하다 —

# 창의력 미술관: 어떻게 딱 봐도 $f_x$ 그의 작품인지 알 수 있을까?

## 자신의 패턴을 만들며 작품을 만든 고흐

이 작품은 빈센트 반 고흐의 작품 〈별이 빛나는 밤에〉입니다. 고흐는 미술사에서 가장 많은 사랑을 받는 화가일 것입니다. 유명 미술관에서 고흐의 그림을 직접 보면 밀려오는 감동 때문에 한동안 자리에서 움직이지 못한다더군요. 고흐의 그림을 보면 '이건 고흐의 그림이다'라고 느껴지는 패턴이 있습니다. 붓 터치도 그렇고, 고흐의 그림이라고 느껴지는 패턴이 고유한 느낌을 형성하는 것 같습니다. 화가들은 그런 자신만의 패턴을 만들고 그 패턴은 자신의 상징이 됩니다. 어떤 화가는 하트만 그리더군요. 하트를 그리며 자신만의 패턴을 만들고 그 패턴이 바로 화가의 고유한 느낌으로 자리 잡습니다.

자연에도 패턴이 있고 사회에도 패턴이 있습니다. 물론 수학에도 패턴이 있습니다. 예술에서는 작가 개인이 아닌 그림 전체의 패턴이 있어서 18세기 이전에는 보이는 것을 그대로 그리는 것이 그림의 패턴이었습니다. 이후 자신의 개인적인 느낌을 캔버스에 담는 패턴으로 그림이 바뀌어갔죠. 과거에는 예술과 대중문화가 뚜렷하게 구분되었습니다. 대중문화는 예술보다 수준이 낮다고 여겨졌지요. 그래서 예술작품의 이미지가 대중 매체에 실리기는 해도 잡지나 만화 같은 곳에 실린 이미지가 예술작품이 되지는 않았습니다. 그것이 사회적 패턴이었죠.

하지만 앤디 워홀 같은 팝아트 장르의 화가들은 코카콜라, 마릴린 먼로와 같은 대중문화의 이미지를 자신의 작품에 가져와 새로운 패턴을 만들었습니다. 패턴에서 벗어나 새로운 패턴을 창조하는 것은 상식과 권위에 도전하는 행위이며 대중의 마음을 사로잡는 하나의 비결입니다. 팝아트는 고상하고 품위 있는 예술이 갖고 있던 패턴에서 과감하게 벗어나면서 자신들만의 또 다른 패턴을 만들어간 것입니다.

사회에서 일을 잘하는 방법은 패턴을 잘 파악하는 것입니다. 예술가가 되는 것은 자신만의 패턴을 만드는 것이고요. 누구든 '이건 그 사람의 작품이군'이라고 느끼는 패턴을 만들어야 고유한 작가가 될 수 있습니다. 고흐의 자화상을 보면 그의 패턴을 느낄 수 있습니다.

# $f_x$ 바둑판에 정사각형은 모두 몇 개 있을까?

## 💡 수학은 패턴 찾기

"수학은 패턴 찾기이다."

노벨 물리학상을 받은 리처드 파인만의 말입니다. 수학이라고 하면 엄밀한 논리와 정확한 계산을 먼저 떠올리지만, 논리와 계산은 문제를 인식하고 어떤 방향으로 해결할 것인지 아이디어를 떠올린 후 등장하는 과정입니다. 문제를 해결하려면 전체를 바라보며 상태와 규칙을 파악하는 패턴 인식이 선행되어야 합니다. 패턴을 찾은 다음에야 비로소 논리와 계산이 필요해집니다.

따라서 문제를 해결하려면 패턴 파악이 중요합니다. 우리의 수학 교육은 문제를 인식하거나 패턴을 찾는 것보다 논리와 계산을 먼저 가르치는 면이 있습니다. 그래서 많은 학생들이 수학에 흥미를 느끼지 못하고 어렵게만 생각하다 대부분 포기해버리지요. 문제를 보면서 이야기하겠습니다.

# 초등학교 5학년 문제

2의 배수도 아니고, 3의 배수도 아닌 수 중 101번째 숫자는 무슨 수인가?

초등학교 5학년이 푸는 문제입니다. 물론 초등학교 5학년도 풀 수 있는 문제지만, 고등학교 3학년도 풀지 못할 수 있습니다. 수학에 관한 지식이 더 많다고 문제를 더 잘 푸는 것은 아닙니다. 수학 문제는 단순한 지식으로 푸는 것이 아니기 때문이죠. 문제를 잘 풀려면 문제에 다양하게 접근하는 경험을 해야 합니다. 또한 지금 주어진 문제를 풀기 위해 이런저런 궁리를 하며 에너지를 쏟아보는 것도 필요하죠. 특별한 에너지 소비 없이 얼핏 보고 어떻게 해결할지 금방 떠오르는 문제는 많지 않으니까요. 에너지를 쏟으며 문제의 패턴을 파악해야 합니다.

2의 배수도 아니고 3의 배수도 아닌 수는 3의 배수가 아닌 홀수입니다. 일단 3의 배수가 아닌 수를 찾아볼까요? 3의 배수가 아닌 수는 다음과 같이 3개씩 묶었을 때 앞의 두 수입니다.

$$[1, 2, 3], [4, 5, 6], [7, 8, 9], [10, 11, 12],$$
$$[13, 14, 15], [16, 17, 18], \cdots.$$

3개씩 묶어보면, 그 안에 2의 배수와 3의 배수가 하나씩 포함되어 있습니다. 따라서 2의 배수도 아니고 3의 배수도 아닌 수 중에 101번째 수는 101번째 묶음에 들어 있다는 사실을 추론할 수 있지요. 결론적으로 3의 배수도 아니고 2의 배수도 아닌 101번째 수는 3개씩 묶어나갈 때 101번째 묶음에 있습니다. 3개씩 묶었을 때 100번째 묶음은 300이 있는 (298, 299, 300)입니다. 따라서 101번째 묶음은 (301, 302, 303)이고, 우리가 찾는 101번째 숫자는 301입니다.

이 문제가 고등학교 3학년에게 출제된다면, 101번째 수가 아니라 2021번째 수를 찾는 문제로 바뀔 것 같습니다. 101번째 숫자를 찾는 패턴을 발견하면 2021번째 숫자도 찾을 수 있습니다. 3개씩 묶으면 2020번째 묶음은 $2020 \times 3 = 6060$이기 때문에 6060이 있는 (6058, 6059, 6060)입니다. 따라서, 우리가 찾는 2021번째 묶음은 (6061, 6062, 6063)이고 우리가 찾는 2021번째 숫자는 6061입니다.

이 문제를 푸는 핵심 아이디어는 숫자들을 3개씩 묶어서 생각하는 것입니다. 어떤 이론이나 지식에 근거한 아이디어가 아니죠. 수학 이론을 많이 아는 사람이라도 이 문제를 보자마자 '3개씩 묶어서 생각하자'는 아이디어를 떠올릴 수는 없습니다. 문제에서 원하는 숫자가 어떤 패턴으로 나타나는지를 관찰하며 찾는 과정에서 아이디어가 생깁니다.

무엇인가를 잘 배우는 방법 중 하나는 학생의 입장에서만 생각하는 것이 아니라, 선생님의 입장에서 생각하는 것입니다. 이제 학생이 아닌 선생님의 입장에서 이 문제를 약간 확장하여 다른 문제를 만들어볼까요? 이렇게 확장해보면 어떨까요?

"3의 배수도 아니고, 4의 배수도 아닌 수 중 101번째 수는?"

3의 배수도 아니고 4의 배수도 아닌 수 중 101번째 수를 찾아보겠습니다. 2의 배수도 아니고 3의 배수도 아닌 101번째 수를 찾는 방법의 핵심 아이디어를 잘 파악한 사람은 이 문제 역시 어렵지 않게 해결할 수 있을 것입니다. 2의 배수도 아니고 3의 배수도 아닌 수를 찾기 위해 숫자들을 3개씩 묶었는데, 이번에는 4개씩 묶어봅시다.

$$[1,\ 2,\ 3,\ 4],\ \ [5,\ 6,\ 7,\ 8],\ \ [9,\ 10,\ 11,\ 12],$$
$$[13,\ 14,\ 15,\ 16],\ \ 17,\ 18,\ \cdots.$$

이렇게 4개씩 숫자를 묶으면 4개씩 묶인 숫자의 맨 끝에는 4의 배수가 있고, 앞에 3개의 연속하는 숫자들이 자리합니다. 연속하는 3개의 숫자에는 3의 배수가 하나씩 들어가지요. 따라서 4개씩 묶은 묶음에는 3의 배수도 아니고, 4의 배수도 아닌 수가 2개씩 포함됩니다.

하나의 묶음에 3의 배수도 아니고 4의 배수도 아닌 수가 2개씩 들어가기 때문에 50번째 묶음에는 3의 배수도 아니고 4의 배수도 아닌 100번째 수가 있을 것입니다. 50번째 묶음의 마지막 수는 $50 \times 4 = 200$입니다. 즉, (197, 198, 199, 200) 이것이 50번째 묶음이고, 51번째 묶음은 (201, 202, 203, 204)입니다. 201이 3의 배수이기 때문에 3의 배수도 아니고 4의 배수도 아닌 101번째 수는 202입니다.

앞서 이야기했듯 무엇인가를 잘 배우는 방법은 학생의 입장에만 머무르는 것이 아니라, 선생님의 입장이 되어서 관련된 문제들을 직접 만들어보는 것입니다. 지금 문제를 경험했으니 스스로 관련 문제를 만들어보면 좋습니다. 이런 문제들을 생각해볼까요?

"4의 배수도 아니고 5의 배수도 아닌 수 중 101번째 수는?"
"2의 배수도 아니고 5의 배수도 아닌 수 중 101번째 수는?"

이렇게 직접 문제를 만들어서 풀어보면 더욱 잘 이해할 수 있습니다. 주어진 문제만 풀면 단편적인 생각에 그치게 되는 경우가 대부분인데, 관련된 문제를 만들다 보면 다각도로 생각하게 되고 더 깊이 있게 이해할 수 있으니까요.

## 💡반복되는 패턴

조금 쉬운 문제를 통하여 패턴을 찾아보겠습니다. 다음의 값을 계산해봅시다.

$$\frac{1}{5} \times \frac{3}{7} \times \frac{5}{9} \times \frac{7}{11} \times \cdots \times \frac{99}{103} \times \frac{101}{105} = ?$$

이 계산의 패턴은 앞의 분모가 2번째 뒤의 분자와 약분되는 것입니다. 다음과 같이 표시해보면, 맨 처음의 분자 2개가 살아남고, 맨 뒤의 분모 2개가 남습니다.

$$\frac{1}{\cancel{5}} \times \frac{3}{\cancel{7}} \times \frac{\cancel{5}}{\cancel{9}} \times \frac{\cancel{7}}{\cancel{11}} \times \cdots \times \frac{\cancel{99}}{103} \times \frac{\cancel{101}}{105} = \frac{3}{103 \times 105} = \frac{1}{3605}$$

이렇게 계산해서 바로 패턴을 찾을 수 있습니다. 문제를 하나 살펴보겠습니다.

| 생각<br>실험 | **1의 자리 수 찾기 1** |
|---|---|
| | 다음 숫자의 1의 자리 수는 무엇일까요?<br><br>$3^{2014}$ |

3에 3을 계속 곱해보며, 마지막 자리가 어떤 패턴을 보이는지 관찰하라는 문제입니다. 일단 3에 3을 몇 개 곱해볼까요?

$$3, 3^2=9, 3^3=27, 3^4=81$$

이렇게 곱해보면, 3을 4번 곱할 때 81이 되므로, $3^5$의 1의 자리는 3이 될 것이고, $3^6$의 1의 자리는 $3^2$과 같은 9가 될 것입니다. 3을 계속 곱해 나갈 때 1의 자리 수는 $3 \rightarrow 9 \rightarrow 7 \rightarrow 1 \rightarrow 3 \rightarrow 9 \rightarrow 7 \rightarrow 1 \rightarrow 3 \rightarrow \cdots$와 같이 반복됩니다.

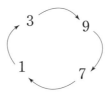

여기에서 발견할 수 있는 패턴은 $3^n$의 1의 자리 수는 $n=4k+r$이라고 할 때, $r=1$이면 3, $r=2$이면 9, $r=3$이면 7, $r=0$이면 1이라는 것입니다. 2014를 4로 나눈 나머지는 2이므로 $3^{2014}$의 1의 자리 수는 9입니다.

이 문제를 이해했다면 같은 방법으로 다음 문제를 풀어봅시다. 같은 방법으로 푼다는 것은 문제를 해결하는 패턴이 같다는 뜻입니다.

# 1의 자리 수 찾기 2

다음 숫자의 1의 자리 수는 무엇일까요?

$$2^{2014}$$

앞에서와 같은 방법으로 2에 2를 계속 곱해보며, 마지막 자리가 어떤 패턴을 보이는지 살펴봅시다.

$$2, 2^2 = 4, 2^3 = 8, 2^4 = 16, 2^5 = 32$$

이렇게 곱하면 2를 5번 곱할 때 1의 자리 수가 다시 2가 되는 것을 알 수 있습니다. 따라서, $2^6$의 1의 자리는 4가 될 것이고, $2^7$의 1의 자리는 8이 됩니다. 2를 계속 곱해나갈 때 1의 자리 수는 2 → 4 → 8 → 6 → 2 → 4 → 8 → 6 → 2 → …와 같이 반복됩니다.

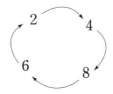

2014를 4로 나눈 나머지는 2이므로 $2^{2014}$의 1의 자리 수는 4입니다.

2014를 4로 나눈 나머지가 2라고 했습니다. 2014를 4로 나눈 나머지는 14를 4로 나눈 나머지와 같죠. 이것도 우리가 10진법을 쓰기 때문에 나타나는 패턴입니다. 4의 배수는 그 숫자의 마지막 두 자리로 판정합니다. 그 이유를 2014로 생각해보면, 2014＝2000＋14＝20×100＋14이기 때문입니다. 100이 4의 배수이기 때문에 2014를 4로 나눈 나머지는 14를 4로 나눈 나머지와 같은 것입니다. 모든 숫자가 마찬가지이기 때문에, 어떤 숫자를 4로 나눈 나머지는 마지막 두 자리를 4로 나눈 나머지와 같습니다.

## 가우스의 패턴 찾기

인류 역사상 가장 위대한 수학자를 꼽으라면 단연 가우스Karl Friedrich Gauss를 들 수 있습니다. 수학사를 연구하는 사람들은 인류의 수학 발전에 가장 큰 공을 세운 3명으로 아르키메데스, 뉴턴 그리고 가우스를 꼽는데요, 그중 가우스가 수학 전 분야에 걸쳐서 가장 많은 공을 세웠다는 평을 받습니다. 한번은 들어봤던 가우스의 일화를 살펴봅시다.

가우스가 10살 때, 선생님은 학생들에게 1에서 100까지의 모든 정수를 더하라고 시켰습니다. 선생님은 아이들이 한참 동안 계산하리라고 생각하여 밀린 다른 일을 처리하려 했지요. 그런데 잠시 후 가우스가 손을 번쩍 들고 정답을 말했습니다.

$$1+2+3+\cdots+99+100=?$$

이 문제에 가우스는 이렇게 접근합니다. $1+2+3+\cdots+99+100$ 에서 1과 100, 2와 99, 3과 98처럼 앞에 나타나는 숫자와 뒤에 나타나는 숫자를 더하면 모두 101이고, 그런 쌍은 50개가 된다고요.

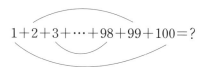

$$1+2+3+\cdots+98+99+100=?$$

따라서, 앞의 계산은 $50 \times 101 = 5{,}050$입니다.

이것을 수식으로 정리하면 다음과 같습니다.

$$S = 1 + 2 + 3 + \cdots + 98 + 99 + 100$$
$$S = 100 + 99 + \cdots + 3 + 2 + 1$$
$$2S = 101 + 101 + \cdots + 101 = 100 \times 101$$
$$\text{따라서, } S = 50 \times 101 = 5050$$

어린 가우스는 숫자를 단순히 더하지 않고, 숫자들의 전체적인 패턴을 파악했습니다. 가우스는 천부적인 패턴 찾기의 달인이었습니다. 패턴을 발견한 가우스는 모든 숫자를 하나하나 순차적으로 더하는 것이 아닌, 전체를 한꺼번에 계산하는 방법으로 문제를 풀었지요. 가우스가 10살 때 풀었던 이 방식은 고등학생들이 배우는 등차수열의 합을 만드는 공식으로 사용됩니다. 1에서 특정한 수 n 까지의 합은 이렇게 계산합니다.

$$S = 1 + 2 + 3 + \cdots + n$$
$$S = n + (n-1) + \cdots + 3 + 2 + 1$$
$$2S = (n+1) + (n+1) + \cdots + (n+1) = n \times (n+1)$$
$$따라서, S = \frac{n(n+1)}{2}$$

패턴을 파악하면 생각지도 못했던 어려운 문제도 풀 수 있습니다. 다음의 어려운 문제에 도전해봅시다. 푸는 것도 좋지만 풀이 과정을 이해하며 패턴의 힘을 느껴보세요.

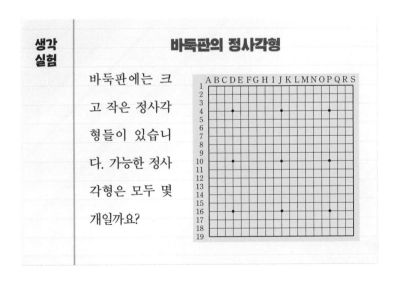

**생각 실험**

**바둑판의 정사각형**

바둑판에는 크고 작은 정사각형들이 있습니다. 가능한 정사각형은 모두 몇 개일까요?

패턴적 사고: 단순화하여 해결하다

이런 문제는 풀 수 없어 보입니다. 바로 보이는 한 칸짜리만 정사각형이 아니라, 2×2의 4칸짜리도 정사각형이고, 3×3의 9칸짜리도 정사각형입니다. 이것을 모두 세기는 불가능해 보이죠. 하지만 앞에서 가우스가 10살 때 패턴을 발견한 것처럼 우리도 어떤 패턴을 찾아야 합니다. 패턴을 찾을 수 있다면 전체를 한꺼번에 계산할 수 있으니까요. 다음과 같은 패턴을 생각해봅시다.

- 한 칸짜리 정사각형은 가로 18개, 세로 18개가 있습니다. 즉, $18^2$개입니다.
- 2×2의 4칸짜리 정사각형을 찾아보면 가로 17개, 세로 17개가 있습니다. 즉, $17^2$개입니다.
- 3×3의 9칸짜리 정사각형을 찾아보면 가로 16개, 세로 16개가 있습니다. 즉, $16^2$개입니다.

...

- 17×17 정사각형은 가로 2개, 세로 2개가 있습니다. 즉, $2^2$개입니다.
- 그리고, 가장 큰 전체 18×18 정사각형이 하나 있습니다. 이것도 앞에서와 같은 패턴으로 써보면 가로 1개, 세로 1개, 즉, $1^2$개입니다.

따라서 바둑판에 있는 모든 가능한 정사각형의 개수는 다음과 같이 계산할 수 있습니다.

$$1^2 + 2^2 + 3^2 + \cdots\cdots + 18^2$$

바둑판 안에 $n \times n$의 정사각형이 가로 $[18-(n-1)]$개, 세로 $[18-(n-1)]$개 있다는 패턴을 찾아서 만든 계산입니다. 제곱근의 합에 관한 공식은 $\sum_{k=1}^{n} k^2 = \dfrac{n(n+1)(2n+1)}{6}$ 입니다. 여기에 $n=18$을 대입하면 2,109개의 정사각형이 있다는 답을 얻을 수 있습니다.

공식만 아는 사람은 이 문제를 쉽게 풀 수 없습니다. 반면 패턴을 아는 사람은 제곱의 합을 계산하는 공식을 찾아서 풀었겠지요. 저 역시 공식이 기억나지 않아 책을 뒤져보았습니다. 공식을 외우거나 꼼꼼히 계산하는 것도 중요하지만, 문제를 관통하는 핵심 패턴을 발견하는 것은 더욱 중요합니다. 아인슈타인도 어려운 수학 계산은 동료 수학자들에게 맡겼다고 합니다. 하지만 그 사실을 두고 아인슈타인을 깎아내리는 사람은 없죠. 우주의 패턴을 발견한 사람이 바로 아인슈타인이기 때문입니다.

# 복잡한 문제에서 단순한 패턴을 발견하다

## 💡 IQ 테스트

패턴 찾기의 대표적인 문제는 IQ 테스트입니다. IQ 테스트나 직무적성 검사 같은 시험에서 패턴 찾기 문제가 많이 나오는 이유는, 패턴을 찾는 능력이 지적인 활동이나 실제 업무에 반드시 필요하기 때문이지요. 패턴을 찾는 문제를 소개합니다.

**생각 실험**

### 정답 고르기

이 문제에는 특별한 언급이 없고 주어진 그림이 전부입니다. 그림만 보고 1번에서 8번 중에 하나를 골라야 합니다. 보통의 IQ 테스트는 이런 식의 문제가 많습니다. 국제적으로 통용되어야 하기에 언어에 구애받지 않고 제시되는 문제가 대부분입니다.

앞의 그림들에 있는 특정 패턴을 찾아야 하는데, 그 패턴이 명쾌해야 합니다. 이 문제의 답은 7번입니다. 앞의 2개를 더하면 3번째 줄의 모양이 되지요.

**생각 실험**

## 숫자들의 패턴 찾기 1

다음 '?'에 적당한 숫자를 각각 넣어보세요.

1번째 그림에서 숫자들은 오른쪽 대각선에 있는 숫자 2개를 합한 것입니다. 4+2=6, 2+1=3, 6+3=9, 따라서 '?'는 6입니다. 2번째 그림은 마주보는 숫자들의 합이 모두 56을 만들고 있습니다. 따라서 '?'은 35와 더할 때 56이 되는 21입니다.

# 숫자들의 패턴 찾기 2

다음 '?'에 적당한 숫자를 넣어보세요.

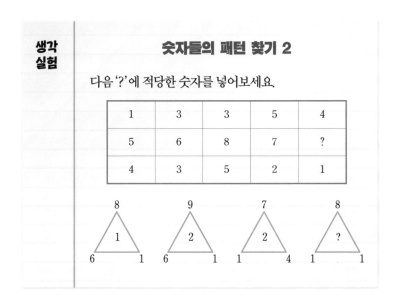

| 1 | 3 | 3 | 5 | 4 |
|---|---|---|---|---|
| 5 | 6 | 8 | 7 | ? |
| 4 | 3 | 5 | 2 | 1 |

출제자가 의도한 패턴은 1번의 경우 1번째 줄의 숫자와 3번째 줄의 숫자를 더하여 중간의 2번째 줄의 숫자가 만들어지는 것입니다. 따라서 '?'에 들어갈 숫자는 5입니다. 2번 문제의 경우는 삼각형의 맨 위에 있는 숫자에서 아래의 숫자 둘을 더한 값을 뺀 값을 중앙에 적는 것이 패턴입니다. 따라서 '?'에 들어갈 숫자는 6입니다.

# 숫자들의 패턴 찾기 3

다음 '?'에 적당한 숫자를 넣어보세요.

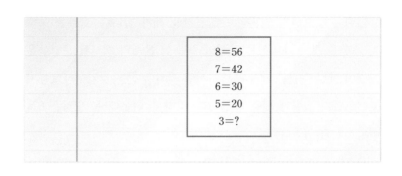

$$8 = 56$$
$$7 = 42$$
$$6 = 30$$
$$5 = 20$$
$$3 = ?$$

왼쪽의 숫자와 오른쪽의 숫자의 연결고리를 찾아야 합니다. 이 문제는 다음과 같은 패턴으로 만들어진 건데요, 왼쪽 숫자의 제곱에서 그 숫자를 뺀 것이 오른쪽의 숫자입니다. $8^2 - 8 = 56$, $7^2 - 7 = 42$와 같이 만들어진 것이죠. 따라서, 마지막은 $3^2 - 3 = 6$입니다. 그런데 다른 패턴을 주장할 수도 있습니다. 가령, $8 \times 7 = 56$, $7 \times 6 = 42$, $6 \times 5 = 30$, $5 \times 4 = 20$이라는 패턴을 찾아도 모든 경우를 설명할 수 있습니다. 따라서, $3 \times 2 = 6$ 역시 이 문제의 답이 될 수 있습니다. 만약 또 다른 패턴을 찾는다면 그 패턴에 맞는 숫자를 '?'에 넣어도 좋습니다.

**생각 실험**

## 다음 '?'에 올 모양은?

Ⴋ ♡ �83 Ⴔ ㅎ **?**

패턴을 찾으려면 기본적으로 관찰을 해야 합니다. 관찰을 통하여 패턴을 찾는 재미있는 문제입니다. 이 문제의 제시된 문양들은 그림이 아닌 숫자를 거울에 반사시킨 것처럼 만든 것입니다. 1에서부터 5까지 그렇게 만든 것입니다. 따라서, 다음에 올 모양은 6을 반사시킨 **ᘓ**입니다.

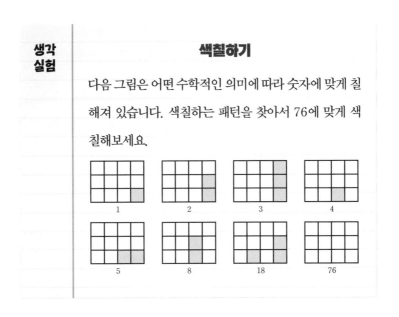

**생각 실험**

### 색칠하기

다음 그림은 어떤 수학적인 의미에 따라 숫자에 맞게 칠해져 있습니다. 색칠하는 패턴을 찾아서 76에 맞게 색칠해보세요.

1    2    3    4

5    8    18    76

이것은 수열과 비슷합니다. 색칠하는 패턴을 보면 4진법이 나타납니다. 10진법은 수를 $1, 10^2, 10^3, 10^4, \cdots$ 을 기초로 나타내고, 4진법은 $1, 4^2, 4^3, 4^4, \cdots$ 을 기초로 나타내는 것입니다. 5를 4진법으로 표현하면 $5 = 4 + 1$ 이므로 $5 = 11(4)$입니다. $8=4\times2=20\,(4)$이고, $18=16+2=102\,(4)$이죠. 따라서, $76=64+12=4^3+3\times4=1010\,(4)$이므로 다음과 같이 칠하면 됩니다.

76

| 생각<br>실험 | 소설가의 수열 |
|---|---|
| | 11 |
| | 12 |
| | 1121 |
| | 1321 |
| | 123121 |
| | 132231 |
| | 123222 |
| |  |

베르나르 베르베르의 소설《개미》에 나오는 수열입니다. 숫자들의 배열 규칙이 매우 엉뚱합니다. 숫자의 배열 규칙은 두 번째 줄에서부터 설명하면, 앞줄이 '1이 2개이다'입니다. 세 번째 줄은 '1이 1개, 2가 1개이다'는 의미입니다. 네 번째 줄의 의미는 앞줄이 '1

이 3개, 2가 1개이다'라는 겁니다. 이렇게 바로 앞줄에 있는 숫자의 개수를 읽듯이 표현하는 것이죠. 따라서 답은 '1이 1개, 2가 4개, 3이 1개이다'를 의미하는 112431입니다. 이 수열과 매우 비슷한 수학적인 의미가 있는 수열이 있습니다. 다음 수열의 규칙을 살펴보고, 그 다음에 나올 수를 찾아보세요.

| 생각<br>실험 | 수학자의 수열 |
|---|---|
| | 1 |
| | 11 |
| | 21 |
| | 1211 |
| | 111221 |
| | ☐ |

앞의 《개미》에 나오는 수열과 유사한 이 수열은 1986년 수학자 호턴 콘웨이Horton Conway가 제시한 '보고 말하기 수열look and say sequence'이라고 합니다. 수열의 규칙은 앞줄을 보고 읽는 것입니다. 가령, 두 번째 줄은 '앞에 1개의 1이 있다'이고, 세 번째 줄은 '앞에 2개의 1이 있다'입니다.

따라서, 문제에서 주어진 빈칸에는 312211이 들어갑니다. '3개의 1이 있고, 2개의 2가 있고, 1개의 1이 있다'고 수열로 쓰는 것이죠. 왜 수학자는 이런 엉뚱한 수열을 만들었을까요? 실제로 이 수열은 컴퓨터 코딩에 사용된다고 합니다. 영상을 압축할 때 '다음 127개의 픽셀은 모두 빨간색이다'와 같은 의미로 사용된다고 하네요.

패턴에는 수학의 논리만 있는 것이 아닙니다. 누군가 어떤 패턴을 의도적으로 만들었다면 거기에는 새로운 규칙이 숨어 있을 수도 있지요. 때로는 그런 패턴이 더 많은 재미를 주고 사람들의 아이디어를 확장시킵니다. 다음 두 문제를 풀어봅시다.

---

**생각 실험**

## 다음에 적당한 숫자를 넣어라

$5+3=28$
$9+1=810$
$8+6=214$
$5+4=19$

$7+3=?$

| | |
|---|---|
| $8809=6$ | $5531=0$ |
| $7111=0$ | $8094=4$ |
| $2172=0$ | $3152=0$ |
| $6666=4$ | $0082=4$ |
| $1111=0$ | $4120=1$ |
| $3213=0$ | $2225=0$ |
| $7662=2$ | $0980=5$ |
| $0000=4$ | $4155=0$ |
| $2222=0$ | $8444=2$ |
| $3333=0$ | $\vdots$ |
| $4123=0$ | |
| $1000=3$ | $2581=?$ |

---

일종의 수수께끼 같은 문제입니다. 주어진 패턴이 꼭 수학적이

지만은 않은 거죠. 그 패턴을 찾아야 합니다. 먼저 워밍업으로 다음 질문에 답해봅시다.

1. 남자에게는 있고 여자에게는 없다. 책상에는 있는데 의자에는 없다. 아파트에는 없고 옥탑방에는 있다. 이것은 무엇일까?
2. 처녀는 없고 총각은 있다. 불은 없고 물은 있다. 흑은 없지만 백은 있다. 이것은 무엇일까?

첫 번째 질문의 답은 '받침'입니다. 남자라는 단어에는 받침이 있고, 여자라는 단어에는 받침이 없지요. '책상'에는 받침이 2개 있고, '의자'에는 받침이 없습니다. 이런 수수께끼의 풀이는 기본적으로 전혀 연관 없어 보이는 것들이 묶이고 연결되는 패턴을 찾는 겁니다. 두 번째 질문의 답은 '김치'입니다. 처녀 김치는 없지만 총각 김치는 있고, 흑김치는 없지만 백김치는 있지요.

이제 앞에서 제기했던 문제들을 살펴볼까요? 첫 번째 문제에 있는 덧셈의 규칙은 '두 숫자의 차를 앞에 쓰고, 두 숫자의 합을 뒤에 쓰는 것'입니다. $5+3=28$인 이유는 $5-3=2$, $5+3=8$이기 때문인 것이죠. $9+1=810$인 이유는 $9-1=8$, $9+1=10$이기 때문입니다. 같은 방법으로 만들어졌기 때문에 $7-3=4$, $7+3=10$, $7+3=410$입니다.

두 번째 문제가 지닌 패턴은 수학과 전혀 상관이 없습니다. 그래서 수학적인 의미를 찾으려 하면 이 문제는 풀 수 없습니다. 다른 관점을 요구하는 문제입니다. 초점을 전환하여 어린아이처럼 숫자를 그림으로 볼까요? 숫자의 의미나 숫자가 갖는 규칙성과 같은 것은 모두 무시하고 단지 그림으로만 보면, 등호의 오른편은 동그라미의 개수를 센 숫자라는 점을 발견할 수 있습니다. 따라서 마지막 2581에는 동그라미가 2개 있으므로 2581＝2입니다.

# 관찰을 통해 패턴을 찾는다

## 🔅 관찰하기

문제 해결 능력이 뛰어난 사람은 복잡한 문제를 복잡하게 잘 푸는 사람이 아닙니다. 복잡한 문제를 간단한 문제로 잘 바꾸는 사람이죠. 다음 연립방정식을 풀어봅시다.

| 생각<br>실험 | 다음을 계산하라 |
|---|---|
| | $6751x + 3249y = 26751$ |
| | $3249x + 6751y = 23249$ |

이런 큰 숫자가 있는 연립방정식은 전자계산기가 있어야 풀 수 있을 것 같지만, 사실은 암산으로 풀 수 있는 문제입니다. 먼저 숫자를 관찰해봅시다. 위의 방정식과 아래 방정식을 더하면 $10000x + 10000y = 500000$를, 위의 방정식에서 아래 방정식을 빼면 $3502x - 3502y = 3502$를 얻을 수 있습니다. 따라서, 위의 방정식은 다음과 같은 간단한 형태로 바꿀 수 있지요.

$$x + y = 5$$
$$x - y = 1$$

이렇게 간단한 연립방정식은 누구라도 암산으로 풀 수 있을 겁니다. $x = 3, y = 2$입니다.

이처럼 문제 해결의 핵심은 단순 계산이 아닙니다. 복잡한 계산을 잘하는 것이 능력이 아니라, 복잡한 문제를 간단한 형태로 바꾸는 것이 진짜 능력입니다. 때로는 하나의 복잡한 문제를 여러 개의 간단한 문제로 바꿀 수도 있습니다. 문제가 여러 개여도 단순한 문제는 쉽게 풀리기 때문에, 복잡한 문제 하나를 여러 개의 간단한 형태도 바꾸는 것은 좋은 전략입니다. 다음 문제를 보시죠.

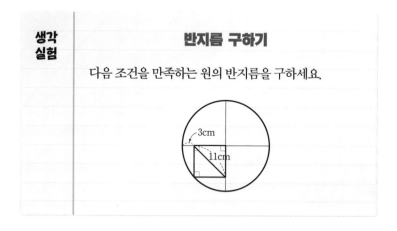

**생각 실험**

## 반지름 구하기

다음 조건을 만족하는 원의 반지름을 구하세요.

이 문제는 사실 수학 문제가 아니라 관찰력을 묻는 문제입니다.

단순하게 생각하면 바로 답이 보이지만 문제를 두려워하면 풀 수 없습니다. 반지름은 11cm입니다. 자세히 보면 사각형의 대각선이 반지름입니다. 문제라기보다는 유머에 가깝습니다.

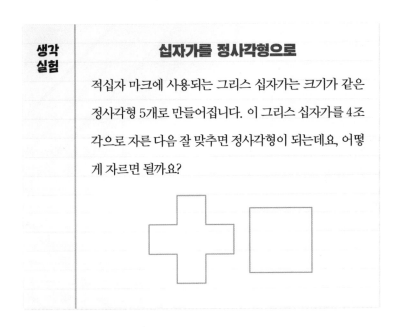

넓이를 중심으로 이 문제에 접근해봅시다. 그리스 십자가를 잘라 붙여서 정사각형을 만든다면, 정사각형의 넓이는 그리스 십자가 작은 조각 하나가 1일 때 5입니다. 따라서 한 변의 길이는 $\sqrt{5}$인 정사각형이 만들어진다는 것을 생각해야 합니다.

문제를 풀려면 관찰을 통해 그리스 십자가에서 $\sqrt{5}$를 찾아야 합니다. $\sqrt{5}$는 다음과 같이 찾을 수 있습니다.

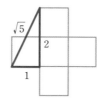

다음과 같이 십자가의 한쪽을 잘라서 보조선의 안쪽으로 끼워 넣으면 정사각형을 만들 수 있습니다.

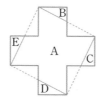

## 💡 고상한 이론과 현실적인 관찰

오래된 수학 문제가 풀렸다고 가정해봅시다. 가령 100년 동안 풀리지 않았던 문제가 처음 풀렸다면, 그 풀이는 전화번호부 두께만큼 깁니다. 그 풀이를 사람들에게 설명하고 사람들이 그것을 이해하고 새로운 개념을 도입하면서 분량이 짧아지죠. 그러다 50년이 지나고 100년이 지나면 교과서에 1~2쪽 실립니다. 우리가 보는 짧고 명료한 정리의 증명도 처음에는 아주 길고 장황하게 시작했습니다. 문제를 보면서 생각해봅시다.

| 생각<br>실험 | ## 100명의 모자 벗고 쓰기 |
|---|---|

운동장에 1번부터 100번까지 100명의 학생들이 기합을 받고 있습니다. 선생님이 호루라기를 한 번 불면 모두 모자를 벗고, 두 번째 호루라기를 불면 번호가 2의 배수인 학생들이 모자를 씁니다. 선생님이 세 번째 호루라기를 불면 번호가 3의 배수에 해당하는 학생들이 모자를 쓰거나 벗거나 합니다. 모자를 쓰고 있던 학생은 벗고, 모자를 벗고 있던 학생은 쓰는 거죠. 가령 번호가 17번인 학생은 선생님이 호루라기를 17번째로 불 때까지 정신을 집중하고 있다가 벗었던 모자를 써야 합

니다. 그렇게 선생님은 100번의 호루라기를 부는데, 100번째 호루라기가 불리면 100번째 학생은 모자를 쓰든지 벗든지 합니다. 학생들이 모두 정신을 집중하고 호루라기 소리에 맞춰 제대로 모자를 쓰고 벗는다면, 100번째 호루라기가 불렸을 때, 모자를 벗고 있는 학생은 모두 몇 명일까요?

이 문제를 해결하는 방법을 2가지로 소개하겠습니다. 먼저 다음과 같이 고상한 방법으로 설명할 수 있습니다.

### 1. 고상한 방법

앞의 상황에서 벌을 서던 학생이 모자를 벗든지 쓰든지 하는 일은 자기 번호의 약수 순번일 때 선생님이 호루라기를 불면 일어납니다. 즉, 6번 학생은 {1, 2, 3, 6}번째의 호루라기 소리에 모자를 벗거나 쓰면 됩니다. 일반적인 수들은 약수가 짝수 개이므로 모자를 벗었다가 결과적으로 마지막에는 모자를 쓰게 되는데요, 약수가 홀수 개인 수는 {1, 4, 9, 16, 25, 36, 49, 64, 81, 100}과 같이 제곱을 해서 만들어지는 수입니다. 따라서 모자를 벗고 있는 학생은 모두 10명입니다.

정답을 알고 있는 사람이라면 앞의 고상한 방법으로 설명할 겁니다. 하지만 이는 문제의 해답을 설명하는 방법이지, 문제를 처음 접하는 사람은 실질적으로 결코 이렇게 해결하지 않습니다. 다시 말해서, 이런 문제에 매우 익숙하거나 문제를 이미 파악하고 있는 사람이라면 앞의 방법대로 고상하게 문제를 해결할 수 있어도, 이런 문제를 처음 접한 사람이라면 누구도 그렇게 해결하지 못합니다. 다음과 같은 접근이 실제일 겁니다.

### 2. 구차한 방법

먼저 처음 10명을 대략 관찰해볼까요? 모자를 벗거나 쓰는 일이 발생했을 때를 표시하면 다음과 같습니다. 벗었을 때를 O, 썼을 때를 X로 표시해보지요.

| 1번 | 2번 | 3번 | 4번 | 5번 | 6번 | 7번 | 8번 | 9번 | 10번 |
|---|---|---|---|---|---|---|---|---|---|
| O | O, X | O, X | O, X, O | O, X | O, X, O, X | O, X | O, X, O, X | O, X, O, X | O, X, O, X |

10명을 관찰하면 1번, 4번, 9번의 학생들이 모자를 벗고 있다는 것을 알 수 있습니다. 그리고 모자를 쓰거나 벗는 일은 자신의 약수에 해당하는 숫자에서 발생한다는 것을 알 수 있죠. 즉, 6번 학생은 {1, 2, 3, 6}번째의 호각에서 모자를 쓰거나 벗게 됩니다. 결과적으로 모자를 벗고 있는 학생은 1번, 4번, 9번처럼 어떤 수의 제곱에

해당하는 번호라는 것을 알 수 있습니다. 그 이유를 생각해보면 제곱수는 다름 아닌 홀수 개의 약수를 갖기 때문입니다. 즉, 어떤 수의 제곱이면 약수의 개수가 홀수 개라는 것을 관찰할 수 있습니다. 어떤 수의 제곱이 되는 {1, 4, 9, 16, 25, 36, 49, 64, 81, 100}번의 학생들이 모자를 벗게 되는 것입니다. 답은 모두 10명입니다.

대부분 문제 해결 방법에 대한 설명은 논리적이고 깔끔하지만, 그것은 과정이 아니라 설명일 뿐이죠. 누구도 처음 접하는 문제를 고상하게 해결하지는 못합니다. 앞의 논리 문제뿐 아니라, 우리가 일상생활에서 겪는 문제들은 더더욱 그렇습니다. 어떤 사람들은 문제를 쉽고 단순하게 해결하는 것처럼 보이지만, 그것은 우리가 결과만 보기 때문에 깔끔하다고 느끼는 겁니다.

문제를 실제로 해결해나갈 때는 구차한 과정들이 매우 많습니다. 문제 해결뿐 아니라 목표 달성도 마찬가지인데, 목표를 달성한 사람은 자기 계획과 전략을 잘 추진해서 고상해 보이지만 그 역시 결과만 봤기 때문입니다. 인생은 생각보다 우아하거나 고상하지 않습니다.

문제의 정답은 모두 단순하고 논리적이며 깔끔해 보이지만, 실제로 그 문제를 해결하는 과정에서 누구나 시행착오를 겪고 약간은 어리숙하고 때로는 멍청하게 시작합니다. 우아한 인생을 꿈꾸며 계획했던 일들이 척척 진행되지 않는 현실에 '나는 왜 이렇게 되는 일이 없지?' 낙담하고는 합니다. 그럴 땐 스스로에게 말합니다. 생각대로 고상하게 진행되는 일은 없다고 말입니다. 그렇게 되는 일이 있다면 그건 너무나 쉽겠지요.

어렵고 도전할 가치가 있는 일은 고상하게 해결되지 않습니다. 그래서 시행착오를 많이 겪으며 구차하게 얻어지는 일이 더 가치 있습니다. 어쩌면 우리가 해야 할 많은 일들은 백조 같습니다. 겉으로는 우아한 자태를 뽐내지만, 물 속에서 필사적으로 발을 저어대는 백조 말입니다.

## 💡 문제의 핵심

패턴은 전체를 구성하는 핵심입니다. 핵심을 파악하는 것이 곧
패턴을 찾아내는 것이죠. 핵심을 찾으며 문제를 해결해봅시다.

| 생각<br>실험 | **정육면체 나누기** |
|---|---|

정육면체 나무 상자가 있습니다. 각 변의 길이는 3cm
씩입니다. 이 상자를 잘라서 각 변의 길이가 1cm인 정
육면체 27개를 만들려고 합니다. 아래의 그림과 같이
칼질을 하면, 각 변의 길이가 1cm이고 처음의 정육면
체와 모양이 같은 27개의 정육면체를 얻을 수 있습니
다. 그럼 27개의 정육면체를 얻
기 위한 가장 적은 횟수의 칼질
은 몇 번일까요? 최소한 몇 번의
칼질을 해야 한다면, 그 합리적인
이유를 설명해보세요.

이 문제를 해결하기 위해서 단순한 형태를 생각해보고, 그 형태에서 얻은 아이디어를 실제 문제에 적용해봅시다. 먼저 입체적인 정육면체를 단순한 형태로 바꾸면 평면의 정사각형을 떠올릴 수 있습니다. 따라서 이 문제의 3차원 조건을 2차원으로 바꿔보면 다음과 같습니다.

"정사각형 하나를 다음과 같이 9조각으로 만들려면 최소 몇 번의 칼질이 필요할까?"

이 문제에서는 중앙의 정사각형을 주목해야 합니다. 새로 만들어지는 9개의 정사각형 중 한복판에 있는 정사각형은 4개의 변 중 바깥쪽과 접하는 변이 하나도 없습니다.

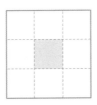

칼질 한 번에 하나의 변밖에 만들 수 없으므로, 4개의 변을 모두

자르려면 최소한 칼질을 4번 이상 해야 합니다. 따라서 2차원의 정사각형을 9개의 조각으로 자르려면 최소한 4번의 칼질이 필요합니다. 이것을 3차원의 정육면체에 적용하면, 적어도 6번 이상의 칼질을 해야 27개의 작은 정육면체를 얻을 수 있습니다. 2차원으로 단순화했을 때와 마찬가지로, 3차원의 정육면체가 27개의 작은 정육면체로 만들어진다면 중앙에 있는 정육면체의 6면은 모두 외부와 접촉하지 않을 것입니다. 중앙의 정육면체는 모든 면을 한 번 이상 칼질해야만 얻을 수 있지요.

따라서 적어도 6번 이상의 칼질을 해야 27개의 정육면체 중 한복판에 있는 것을 얻을 수 있는데, 우리는 6번의 칼질로 27개의 정육면체를 얻는 방법을 알고 있으므로 6번이 최소입니다. 중앙에 새로 만들어지는 작은 정사각형을 생각하는 아이디어가 이 문제의 포인트입니다. 이렇게 문제를 해결하려면 핵심 포인트를 찾아야 합니다.

---

**생각 실험**

## 50 만들기

다음 숫자들 중 몇 개를 골라 그 숫자들의 합이 50이 되게 만들어보세요. 몇 개를 골라도 상관없습니다. 그 합이 50이면 됩니다.

복잡하게 보이려고 숫자들을 정렬하지 않은 문제입니다. 숫자를 잘 파악하기 위해 작은 수부터 순서대로 써봅시다.

$$3, 6, 9, 12, 15, 19, 21, 25, 27, 30$$

몇 개의 숫자를 마구잡이로 더해보고 싶은 마음이 들겠지만, 그건 생각 없이 문제에 접근하는 것입니다. 경우의 수가 많기 때문에 운 좋게 몇 번 안에 합이 50이 되는 숫자들을 찾지 못하면 엉뚱하게 힘만 빼게 됩니다. 마구잡이로 노력하기보다는 핵심이 되는 포인트를 찾아야 합니다. 문제를 잘 파악하려면 단순하게 문제를 해석할 필요가 있고, 답을 찾으려면 단순한 해결방식부터 찾아야 합니다. 문제 해결의 핵심 포인트를 찾아야 하지요. 이 문제의 핵심 포인트는 무엇일까요?

주어진 숫자들을 보니 3의 배수가 많습니다. 10개의 숫자들 중 19와 25를 제외하면 모두 3의 배수죠. 이것이 이 문제를 해결하는 핵심 포인트일 수 있습니다. 19와 25는 3으로 나누면 나머지가 모두 1인데, 50은 3으로 나누면 나머지가 2입니다. 따라서, 주어진 10개의 숫자들 중에 19와 25는 50을 만드는 수에 포함되어야 한다는 결론을 얻을 수 있습니다. 19＋25＝44, 즉 6을 추가하면 50을 만들 수 있죠. 합이 50이 되는 수를 선택하면 {19, 25, 6}입니다. 또한 우리는 이 3개의 수를 선택하는 조합 외에 다른 조합으로는 50을 만들 수 없다는 주장까지도 할 수 있습니다.

## 💡 20：80 법칙

앞의 문제에서 마구잡이로 열심히 이 숫자 저 숫자 더해보는 사람보다 핵심 포인트를 파악하려는 사람이 더 현명합니다. 어떤 문제에든 핵심이 있습니다. 적은 노력으로 더 많이 얻었다면 핵심을 잘 파악하고 핵심에 가까이 있다는 뜻입니다.

어떤 사람이 하루는 자동차가 고장 나서 카센터 직원을 불렀습니다. 그러나 직원도 원인을 알 수 없어 차를 못 고치겠다고 했습니다. 다른 직원을 불러서 수리를 의뢰해도 마찬가지였습니다. 그때 그의 부인이 알고 있는 자동차 전문가를 불렀습니다. 전문가는 차를 한 5분 살펴보더니 어디 한 군데를 만졌습니다. 기껏해야 1분이나 지났을까, 별다른 부속도 쓰지 않았지만 시동이 걸리고 차는 언제 고장 났었냐는 듯 멀쩡해졌습니다. 공장까지 갈 뻔했던 차가 너무나 쉽게 고쳐져 부부는 매우 기뻤습니다.

"수리비로 얼마를 드리면 될까요?"

"100만 원입니다."

"네? 100만 원이요? 공장에 갈 뻔한 차를 쉽게 고쳐서 좋긴 하지만, 얼마 손 보지도 않았는데 100만 원이라니 너무 과하지 않나요?"

남자의 말에 자동차 전문가는 자기가 요구하는 금액의 구체적인 견적서를 이렇게 제시했습니다.

자동차 수리비(100만 원)
＝고장 난 곳을 찾는 비용(99만 원)＋고치는 비용(1만 원)

핵심을 파악하는 일의 가치를 보여주는 이야기입니다. 몇 시간 동안 노력했는데도 차가 고장 난 원인을 파악하지 못하는 사람은 성과를 거둔 것이 아닙니다. 노력은 적게 했더라도 핵심을 정확하게 파악해서 차를 고친 사람이 성과를 거둡니다.

'20:80 법칙'이라는 것이 있습니다. 원인의 20%가 결과의 80%를 만든다는 개념입니다. 내가 노력한 것의 20%에서 내가 얻는 결과의 80%가 만들어진다는 것입니다. 원인과 결과, 노력과 성과, 투입input과 산출물output의 관계를 살펴보면 다음과 같은 20:80의 불균형이 있다는 내용이지요.

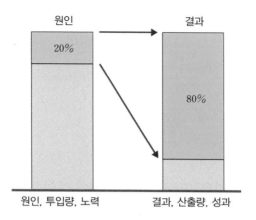

| 원인 | 결과 |
|---|---|
| 20% | |
| | 80% |

원인, 투입량, 노력       결과, 산출량, 성과

　예를 들면 백화점 매출의 80%는 고객의 20%에게서 발생하고, 회사 매출의 80%는 영업사원의 20%가 달성한다는 것입니다. 100명의 대학생이 생활하는 기숙사에서 1주일에 100병의 맥주를 마셨다면 20명의 학생이 80병을 마셨고, 나머지 80명이 20병을 마셨다고 생각하는 것이 20:80 법칙입니다. 이런 불균형은 이탈리아의 경제학자 파레토에 의해 알려지면서 '파레토의 법칙'이라고도 합니다. 다양한 곳에서 관찰할 수 있는 자연스러운 사회 현상입니다.

　20:80 법칙이 우리에게 주는 메시지는 단순하면서도 강력합니다. 백화점은 매출의 80%를 올려주는 20%의 고객에게 더 좋은 서비스를 집중해야 하고, 회사는 매출의 80%를 만드는 20%의 영업사원을 특별 관리하며 성장시키고 그들이 일을 더 잘할 수 있게 이끌어야 합니다. 기숙사의 사감은 1주일에 80병의 맥주를 마시는

20명의 학생이 문제를 일으킬 수 있다는 사실을 미리 염두에 두고 그들을 잘 지도해야 합니다. 우리의 일도 마찬가지입니다. 무작정 노력하기보다는 더 중요하고 집중할 핵심 포인트를 찾아서 노력해야 합니다.

## 💡 문제 해결의 시작점

문제에는 해결의 시작점이 되는 지점이 있습니다. 문제 해결의 핵심 포인트가 되는 것입니다. 몇 개의 문제를 해결하며 핵심 포인트를 잡아봅시다.

| 생각<br>실험 | **100!** |
|---|---|
| | $100! = 1 \times 2 \times 3 \times \cdots \times 100$입니다. $100!$은 어떤 큰 숫자인데, 이 숫자에는 0이 몇 개 붙을까요? |

이 문제는 재미있으면서도 핵심을 생각하게 합니다. 뒤에 붙는 0의 개수를 구하려면 무엇을 생각해야 할까요? 포인트는 '$10 = 2 \times 5$'라는 겁니다. 뒤에 붙는 0은 $2 \times 5$의 계산으로 만들어집니다. 다른 어떤 수를 곱해도 0을 만들지 못하죠. 따라서 뒤에 붙는 0의 개수를 세려면 $100!$을 소인수분해해서 '$2 \times 5$'의 개수를 파악하면 됩니다. 예를 들어, 43,700이라는 수는 $43,700 = 437 \times 100 = 437 \times 10$

×10＝437×2×5×2×5라고 생각할 수 있습니다. 2×5가 두 번 있고, 뒤에 0이 2개 붙은 것이죠.

100!을 소인수분해했을 때 2와 5의 개수를 생각하면, 2는 4에도 있고 6에도 있고 100까지의 숫자 중에 충분히 많이 있습니다. (4＝2×2, 6＝3×2) 따라서, 소인수분해했을 때, 약수 5개의 개수만큼 뒤에 0이 붙는다고 생각할 수 있습니다. 1에서 100 사이 5는 기본적으로 20개 있고, 25, 50, 75, 100에는 5가 2번씩 있습니다. 따라서 뒤에 붙는 0의 개수는 모두 24개입니다.

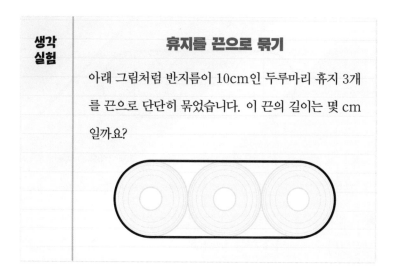

**생각 실험**

## 휴지를 끈으로 묶기

아래 그림처럼 반지름이 10cm인 두루마리 휴지 3개를 끈으로 단단히 묶었습니다. 이 끈의 길이는 몇 cm 일까요?

이 문제를 풀려면 다음을 관찰해야 합니다.

원과 직선이 그림과 같이 접할 때는 원의 중심과 이어지는 선과 직선이 직각을 이룹니다. 이 문제에서는 이 부분이 문제 해결의 포인트이지요. 끈과 원이 만나는 점에 직각을 표현해보면 다음과 같습니다.

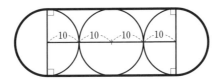

이렇게 직각을 표현하여 그리고 나면 문제는 매우 간단해집니다. 끈의 길이는 중앙에 보이는 사각형에서 위아래의 둘레와 양쪽 끝의 반원을 더해서 만들어지는 원 하나의 둘레를 더한 것입니다. 사각형의 위아래의 길이는 $2 \times 40 = 80$이고 원 하나의 둘레는 $20\pi$입니다. 즉, $80 + 20\pi$입니다.

이 문제는 다음과 같은 동일한 유형의 문제로 바꿔볼 수도 있습니다.

"원의 반지름이 10cm일 때 다음 끈의 길이를 구하세요."

문제가 이렇게 제시되어도 해결 포인트는 동일합니다. 포인트는 앞 문제와 같이 직각을 이루는 부분을 표시하는 것이지요.

이렇게 직각을 표시하고 보면 역시 어렵지 않게 해결됩니다. 끈의 길이는 지름과 같은 길이 3개와 원의 둘레와 같은 길이 하나입니다. 즉, $20\pi + 3 \times 20 = 60 + 20\pi$입니다. 두루마리 휴지를 끈으로 묶는 문제들은 지금 풀어본 것과 대부분 비슷한 유형에 속합니다.

포인트를 찾는 일은 이렇게 중요합니다. 다음 문제에서도 핵심 포인트를 찾아보세요.

## 범인을 찾아라

보석상에 도둑이 들었습니다. 경찰은 A, B, C, D, E 5명을 용의자로 지목하고 조사를 시작했는데, 그들 중 단 1명만이 범인입니다. 그들은 이렇게 진술했습니다.

- A: 범인은 C다.
- B: 범인은 A다.
- C: A는 내가 범인이라고 하지만 거짓말이다.
- D: 나는 범인이 아니다.
- E: 범인은 B다.

5명 중 진실을 말하는 사람은 1명뿐이고 나머지는 모두 거짓말을 하고 있습니다. 누가 범인일까요?

참과 거짓의 논리 문제는 가설을 세우고 검증해나가는 과정으로, A의 말부터 참 혹은 거짓이라고 가정하고 하나하나 따져봐야 합니다. 하지만 이 문제에는 눈에 띄는 포인트가 있습니다. A와 C의 말이 정반대라는 점입니다. 2명 중 1명은 진실, 다른 1명은 거짓을 말한 것입니다.

문제의 조건에서 참을 말하는 사람은 1명이므로 A와 C 중에 진실을 말하는 사람이 있다면 B, D, E의 말은 모두 거짓입니다. 그중

D는 "나는 범인이 아니다"라고 했는데 이 말이 거짓말이므로 범인은 D입니다.

정답이 아닌 선택지를 먼저 제거하는 것은 정답을 찾는 효과적인 방법입니다. 핵심을 파악하기 위해 중요하지 않은 것들을 쳐내는 방법이지요.

옛날 어느 나라에 왕이 있었습니다. 책을 많이 읽고 공부도 많이한 왕은 백성들에게 자신이 공부한 것과 같은 가르침을 주고 싶었습니다. 하지만 백성들은 일하느라 바빠서 제대로 공부할 시간이 없다는 것을 왕은 잘 알고 있었습니다. 왕은 자신에게 공부를 가르쳐주는 학자들에게 명령을 내렸습니다.

"세상의 모든 지식을 총망라하여 12권의 책을 만들어라."

왕은 백성들이 공부할 시간을 줄일 수 있도록 핵심 지식만 전달하고 싶었던 것입니다. 학자들은 많은 연구를 했고 12권의 책을 만들었습니다. 왕은 매우 기뻤지만 12권이나 되는 책을 보자 너무 많다고 생각했습니다. 왕은 다시 명령했습니다.

"12권의 책을 더 간단히 줄여서 1권으로 만들어라."

왕의 명령에 학자들은 다시 연구를 시작하여 책 1권을 만들었습니다. 왕은 매우 기뻤지만, 백성 모두에게 책을 나눠준다는 것에 부담을 느껴 다시 명령했습니다.

"책의 지식을 한 줄로 줄여오라."

학자들은 매우 힘든 작업 끝에 세상의 지식을 한 문장으로 줄였다고 합니다.

## 한 문장의 가르침

세상의 모든 지식을 한 문장으로 줄인다면 무엇일까요? 옛날 이야기 속에 나오는 문장이 아니더라도, 세상의 지식을 한 문장으로 줄인다면 당신은 무엇이라고 하겠습니까?

이 옛날 이야기에는 몇 가지 버전이 있습니다. 주로 이야기를 시작한 사람이 주장하고 싶은 메시지를 마지막 한 문장으로 제시합니다. 열심히 살아야 성공하고 부자가 된다는 이야기를 하고 싶은 사람은 "세상에 공짜는 없다"는 말을 합니다. 종교적인 믿음을 가져야 한다는 이야기를 하고 싶은 사람은 주로 "모든 사람은 죽는다"는 말을 많이 하더군요.

세상의 지식을 한 문장으로 줄인다면 무슨 말을 하고 싶나요? 이 이야기에서처럼 상대에게 무엇인가를 강력하게 전달하려면 하나를 선택해야 합니다. 선택해야 집중하고 몰입할 수 있습니다. 그래서 선택이 중요합니다. 또한 선택이란 선택하지 않은 것을 버리는 행위입니다. 과감하게 버릴 것, 지울 것을 지우고 강력한 것 하나만을 남기는 행위가 바로 선택입니다.

세상의 모든 지식을 한 문장으로 만들려면 자신이 가장 좋아하는 말을 넣어야겠지요. 좋은 말 하나를 선택하려고 하면 망설여집니다. "서로 사랑하라"도 좋고 "열심히 살자"도 좋죠. "긍정적으로 생각하자"도 좋은 말이죠. 그렇게 몇 번 생각하다 보면, 하나보다는 몇 가지를 더 선택하고 싶어집니다. 그러나 하나만 선택해야 집중할 수 있습니다.

물론 시간이 지나서 집중하던 것이 바뀔 수 있습니다. 하지만 처음부터 2가지 이상을 선택하면 제대로 집중할 수 없습니다. 하나만을 선택해서 우리의 모든 에너지를 쏟아부어야 하기 때문입니다. 여러분의 일을 선택하고 집중해보세요. 사람들은 그것을 가리켜 '성공의 법칙'이라고 합니다. 하나를 선택하기 위해서는 선택하지 않은 것을 과감하게 버려야 합니다.

대학교 때, 공부를 잘하는 학교 선배가 있었습니다. 그는 어느 날 후배들에게 자신의 공부 비결을 이야기해주었습니다. '도서관 제1열람실의 특정 자리를 무조건 맡는다'는 철칙을 지키는 것이었습니다. 도서관 제1열람실에 자리를 잡으려면 매우 일찍 학교에 와야 합니다. 선배는 전날 어떤 일이 있었어도 무조건 아침 일찍 와서 자리부터 잡았다고 했습니다.

어느 날은 술을 마시고 놀며 밤 늦게까지 시간을 보낼 때도 있죠. 때로는 병에 걸려 몸이 아프기도 합니다. 그럴 때는 공부하기도 어려우니 무조건 학교에 가기보다는 집에서 쉬는 게 낫다는 생각이 듭니다. 그게 더 효과적이고 융통성 있다며 말이지요. 하지만 유연하게 생각하기보다 오히려 철칙을 정해놓고 융통성 없이 지키는 것이 자신을 더 강력하게 지켜줍니다. 단순하게 도서관 자리부터 무조건 잡는 것이 선배의 공부 비결이었습니다.

어떤 사람은 인생의 어려운 시절에 무조건 하루 한 시간 달리기를 해서 위기를 극복했다고 말하더군요. 절망의 시간, 아무 비전이 보이지 않던 자신의 인생을 바꾸기 위해 그는 하루에 한 시간씩 무조건 달렸다고 합니다. 비가 와도 날이 추워도, 하루도 달리기를 멈추지 않았답니다. 그 습관이 그가 슬럼프를 극복하고 인생의 위기를 넘겨 큰 성공을 이루는 발판이 되었다고 하더군요. 내 생활을 지켜줄 수 있는 아주 단순한 하나의 규칙을 만들고 따르는 일은, 핵심을 세우고 개념 있는 삶을 살아가는 아주 특별한 방법일 수 있습니다.

# f<sub>x</sub> 단순하게 정리하다

## 💡 아는 것의 수준을 높이자

어떤 수학자가 다음과 같은 답을 적었습니다.

$$40 - 32 \div 2 = 4!$$

사람들은 그의 계산에 수군거리기 시작했습니다. 사칙연산이 같이 있으면 곱하기와 나누기를 더하기와 빼기보다 먼저 계산해야 합니다. 위의 계산은 $32 \div 2$를 먼저 계산하여 $40 - (32 \div 2) = 40 - 16 = 24$입니다. $40 - 32$를 먼저 계산하여 $(40 - 32) \div 2 = 8 \div 2 = 4$라는 답을 내는 것은 틀린 풀이입니다. 그런데 수군대는 사람들을 보며 수학자는 자신의 답이 정답이라고 재차 확인했습니다. 그는 왜 그렇게 말했을까요?

실제로 그의 계산은 틀리지 않았습니다. 왜냐하면 $40 - 32 \div 2 = 24$인데, 위의 계산 결과를 자세히 보면 $4!$이라고 쓰여 있죠. $4! = 4 \times 3 \times 2 \times 1$은 결국 24입니다. 그는 주어진 식의 계산 결과가 24인데, 어떤 사람들은 4라는 잘못된 계산을 할 것이라고 생각했을 겁니다. 그리고 숫자에 대한 감각이 있었던 그는 4!＝24라는 것을 알고 있었기 때문에, 사람들이 자신이 잘못된 계산을 했다고 생각하도록 유도한 것이죠. 보통 사람들보다 한 단계를 더 앞서나가며 나름의 재치를 발휘한 것입니다.

어떤 사람은 "사칙연산에서는 곱셈과 나눗셈을 먼저 하는 거야! 뭘 모르네!" 하며 자신이 아는 것을 과시하고 24가 답이라고 큰소리쳤을 것 같습니다. 그렇게 잘난 척하는 사람에게 한 단계 위에서 4!＝24라고 빠르게 계산하는 능력을 발휘하며 유머를 발휘한 것이죠. 그는 분명 한 단계 높은 수준에 있었던 겁니다.

우리는 자신이 아는 것에 대한 수준을 높여야 합니다. 무엇에 대하여 '안다'는 것은 O, X처럼 단순하게 '안다'와 '모른다'로 나뉘지 않습니다. 단지 들어본 적 있는 것도 아는 것이고, 그것에 대한 지식이 있는 것도 아는 것이며, 그것과 관련된 다양한 지식을 파악하고 있는 것도 아는 것이고, 그것을 적용하고 활용할 수 있을 만큼 아는 것도 아는 것입니다.

예를 들어, '당뇨병'이란 단어를 들어본 사람도 당뇨병을 아는 사람이고, 당뇨병에 대한 직간접적인 경험이 있는 사람도 당뇨병을 아는 사람이며, 당뇨병을 치료할 수 있는 의학 지식이 있는 사람도 당뇨병을 아는 사람입니다. 중요한 것은 내가 아는 것의 수준을 높이는 일입니다.

## ⚡ 설명하기 공부법

내가 아는 것의 수준을 높이는 좋은 방법 중 하나는 그것을 설명해보는 것입니다. 10분, 20분 시간을 정해서 무언가에 대하여 내가 혼자 쭉 설명할 수 있을 때, 그것에 대한 아는 것의 정도가 높아집니다. 다른 사람이 이야기할 때 끼어들며 반응해서 이야기하는 것과 혼자서 주도적으로 설명을 이끄는 것은 전혀 다릅니다. 그래서 공부할 때도 자료에 의존하지 않고 혼자서 설명하며 공부하면 좋습니다. 이것과 관련해서는 러닝 피라미드Learning Pyramid를 참조하면 좋을 듯합니다.

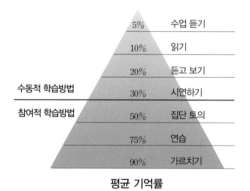

**평균 기억률**

수동적으로 보고 듣기만 하는 방법으로 공부하면 별로 기억에 남는 것이 없다고 합니다. 내가 적극적으로 참여하여 토의하고 실습하면 더 오래 기억에 남습니다. 가장 오래 기억하는 방법은 '가르치는 것'이라는 점이 인상적입니다. 사실, 오래 기억하기 위해서만

이 아니라, 정확하게 이해하는 것은 물론 그것을 활용하고 적용할 수 있도록 풍부하게 이해하려면 가르치는 방법으로 공부하는 것이 가장 좋습니다.

가끔 사람들에게 "어떻게 공부하면 수학을 잘할 수 있나?"라는 질문을 받습니다. 제가 개인적으로 좋아했던 공부법은, 달력 같은 커다란 백지에다가 책을 보지 않고 배운 내용을 써보는 겁니다. 공식을 유도해보기도 하고, '선생님이라면 이렇게 문제를 내겠지' 생각하며 배운 것을 써봅니다. 책을 보지 않고 백지를 많이 채울수록 더 많이 공부한 겁니다. 이런 활동으로 아는 것의 수준을 높이는 것이죠.

이는 수학 공부에만 적용되는 것이 아닙니다. 인공지능, 빅데이터 등 새로운 이슈가 있다면 그것에 대해서 혼자서 설명을 해보는 것이 좋은 공부 방법입니다. 혼자서 10분, 20분 자료에 의지하지 않고 쭉 설명할 수 있다면 그것에 대해 내가 좀 더 많이 알고 있다는 것이죠.

관련 내용을 전혀 모르는 사람도 알 수 있도록 설명하는 것이 좋습니다. 전문 용어를 쓰지 않고는 설명이 안 된다면 내가 그것에 대하여 아는 것이 많지 않기 때문입니다. 초보 의사가 당뇨병에 대해 설명한다면, 전문 용어를 많이 사용해서 이야기할 겁니다. 전문 용어가 없으면 몇 마디 못할 수도 있고요. 하지만 명의라고 소문난 의사는 일반인도 쉽게 알아들을 수 있게 설명할 겁니다.

## 💡 엘리베이터 테스트

회사의 사장실은 빌딩의 높은 층, 전망 좋은 곳에 있습니다. 한 직원이 두꺼운 보고서를 들고 사장실에 들어옵니다. 그런데 사장은 갑자기 급한 일이 생겼다며 방을 나섭니다. 그러면서 이렇게 말합니다.

"내가 시간이 없어서 그러는데, 그 보고서 내용을 엘리베이터를 타고 내려가는 동안 내게 말해주겠나?"

엘리베이터가 사장실에서 현관 로비까지 내려가는 데에는 대략 30~60초가 걸립니다. 직원은 그 짧은 시간 동안 자신이 작성한 보고서의 핵심을 보고해야 합니다. 만약 그가 핵심을 파악하고 있다면 명쾌하게 말할 겁니다. 사장은 시간을 아끼려는 것이 아니라, 직원이 자신이 작성한 보고서의 내용을 제대로 이해하고 핵심을 파악했는지 알고 싶었던 것입니다. 어떤 문제의 설명을 요구하면, 가끔 이런 말을 하는 사람들이 있습니다.

"내가 알기는 아는데, 어떻게 설명을 잘 못하겠어."

이런 경우는 대부분 표현이 서투른 것이 아니라, 모르는 것을 안다고 스스로 착각하고 있는 상태입니다. 물론, 말로 표현하기 힘든 것들이 있습니다. 사랑하는 사람을 향한 마음의 감정이나 무언가 모르게 기분이 나쁜 상황, 이상한 일이 생길 것만 같은 느낌과 같은 것은 말로 표현하기 어렵죠.

하지만 지금의 문제는 말로 표현하기 힘든 감정에 관한 이야기가 아닙니다. 구체적인 핵심을 파악하고 있는지 아닌지의 문제입니다. 아무리 복잡한 상황이라도 60초 안에 명쾌하게 설명하지 못한다면 그 상황의 핵심을 이해하지 못하고 있는 것입니다. 한 마디로 단순화할 수 있느냐 없느냐가 그것에 대한 핵심을 파악하고 있느냐 없느냐를 가릅니다.

구글의 입사 면접 문제 중 "8살 조카에게 데이터베이스를 설명하시오"라는 질문을 본 적이 있습니다. 자신이 하는 전문적인 일을 8살 조카가 알아들을 만큼 쉽게 설명할 수 있는 사람은, 분명 그에 대해 아는 수준이 아주 높을 것입니다. 노벨 물리학상을 받은 리차드 파인만은 어려운 연구를 할 때, 그 연구를 대학 1학년 학생에게 설명할 강의노트를 만들고는 했습니다. 너무 전문적인 내용이라 1학년 학생에게 설명하는 데 어려움을 느낄 때 그는 '내가 이것을 제대로 이해하지 못하고 있구나' 생각했다고 하더군요.

쉽고 단순하게 설명할 수 없다면 그것에 대해 아는 것이 많지 않다는 뜻입니다. 아는 것의 수준을 높여야 합니다. 자신이 아는 것을 쉽고 단순하게 설명해보세요. 초보자에게 쉽게 이해시켜보세요. 그런 과정을 통하여 아는 것의 수준을 높여가기 바랍니다.

**6장**

# 차원적 사고

한 단계 위에서 생각하다

# 창의력 미술관: 4차원을 상상할 수 있을까?

### 한 차원 위에서 생각하는 살바도르 달리

이 그림은 살바도르 달리의 〈4차원 십자가에 매달린 예수Crucifixión
(Corpus Hypercubus)〉라는 작품입니다. 차원이란 그 공간을 만드는 직
선의 개수라고 생각하면 됩니다. 직선은 1차원을 만듭니다. 두 직

선이 90도로 연결되어 $x-y$축으로 이루어진 평면을 만들면 2차원의 세상이 됩니다. 2차원은 $x$축과 $y$축이라는 2개의 직선으로 만들어진 것입니다. $(x, y, z)$축으로 만들어진 공간은 직선이 3개이니까 3차원입니다. 우리가 살고 있는 공간을 $(x, y, z)$축으로 표현한다면 우리는 3차원 공간에 살고 있는 것입니다.

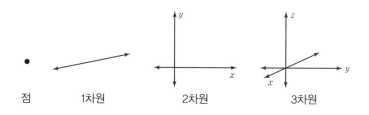

점　　　1차원　　　　2차원　　　　3차원

1차원에서 일정한 점에서 같은 거리에 있는 점은 2개가 있습니다. 2차원에서는 일정한 점에서 같은 거리에 있는 점이 원circle을 이루고, 3차원에서는 구sphere를 만듭니다. 우리가 경험하는 공간이 3차원이기 때문에 4차원에서는 일정한 점에서 같은 거리에 있는 점들이 어떤 모양을 만드는지 우리는 알 수 없습니다. 달리가 그린 4차원의 십자가는 상상일 뿐입니다. 높은 차원에서는 낮은 차원을 이해할 수 있지만, 낮은 차원에서 높은 차원을 이해할 수는 없습니다. 그래서 높은 차원에서 생각해야 전체를 더 잘 알 수 있습니다.

우리는 정확히 몇 차원에 살고 있을까요? 공간을 보면 3차원 같고, 시간과 공간 속에 살고 있으니 4차원에 살고 있는 것 같기도 합니다. 우주는 지금도 팽창하고 있다고 합니다. 과거의 아주 작은 점에서 시작하여 지금까지 팽창했다고 볼 수 있습니다. 138억 년 전 빅뱅Big Bang을 통하여 우주가 태어났다는 이야기를 들을 때면 저는 이렇게 물었습니다. "그럼 빅뱅 이전에는 무엇이 있었나요?"

그런데 최근에 읽은 책에서는 제 질문에 이렇게 답하더군요. "우주라는 공간뿐만 아니라 시간도 그때 태어났기 때문에 그 이전은 없습니다." 빅뱅으로 공간만 탄생한 것이 아니라 시간도 탄생했다는 말에, 여전히 뭘 모르는 건 마찬가지이지만 '시간과 공간을 따로 떼어 생각한 내 생각이 틀렸구나' 싶더군요. 시간과 공간을 같이 봐야 진짜 4차원을 생각하는 것이라고 합니다. 한 가지 알 수 있는 사실은, 더욱 겸손한 태도로 마음을 열고 생각해야겠다는 점입니다.

# f$_x$ 입체적으로 생각하다

## 💡 차원을 높인다

이런 질문을 들어본 적이 있습니까?

"성냥개비 6개로 정삼각형 4개를 만드시오."

성냥개비 6개를 이렇게 저렇게 배치해도 정삼각형 4개를 만들기는 어렵습니다. 그러나 성냥개비를 평면에 놓지 않고 입체로 정사면체를 만들면 정삼각형 4개를 만들 수 있습니다.

생각도 평면적이 아니라 입체적으로 해야 한다는 은유법으로 자주 인용되는 질문입니다. 평면은 2차원이고 입체는 3차원이죠. 2차원에서 3차원으로 차원이 한 단계 높아지면, 우리가 새롭게 볼 수 있는 면은 3개가 늘어납니다. 더 여러 관점에서 생각할 수 있게 되지요.

# 성냥개비 문제

성냥개비 12개로 정사각형 6개를 만드세요.

성냥을 많이 사용하던 시절에는 성냥개비로 뭔가를 만드는 일이 많았습니다. 주머니에서 쉽게 성냥통을 꺼내서 문제를 내고 같이 풀고는 했지요. 12개의 성냥개비로 정사각형을 만드는 경우, 만들어진 정사각형의 한 변을 겹치게 놓으면 겹치지 않게 놓은 것보다 조금 더 많은 정사각형을 만들 수 있습니다. 12개의 성냥개비를 겹치지 않게 놓으면 4 × 3 = 12, 3개의 정사각형을 만들 수 있는데, 겹치게 놓으면 다음과 같이 4개의 정사각형을 만들 수 있습니다.

앞에서 성냥개비 6개로 정삼각형 4개를 만들었던 것과 같은 아이디어로 3차원으로 확장하여 생각하면, 성냥개비 12개로 다음 정육면체를 만들 수 있습니다. 정육면체에는 정사각형이 6개 있지요.

우리는 일반적으로 자신이 선 위치에서 보이는 면만 봅니다. 지금 내 눈에 보이는 면의 뒤쪽, 위쪽 또는 옆쪽에서 보는 대상은 분명 또 다른 모습일 것입니다. 한 방향에서 평면적으로 바라보는 것이 아니라, 더 다양한 관점에서 생각하는 것이 '입체적 사고'입니다. 입체적 사고를 가장 쉽게 이해할 수 있는 것이 우리의 눈이라고 합니다.

사람의 눈은 오른쪽과 왼쪽이 시차를 갖습니다. 서로 다른 것을 보는 셈이죠. 그렇게 다르게 보기 때문에 그 두 가지 시각이 연결되어 입체적으로 보게 됩니다. 동화 속에 나오는 외눈박이 도깨비는 입체적으로 볼 수 없습니다. 눈이 하나라서 평면적으로 보기 때문에 거리감이 떨어질 겁니다. 반면 도깨비를 피해 도망가기가 상대적으로 수월할 수 있습니다. 서로 다른 둘 중 하나를 없애고 하나를 선택하는 것이 아니라, 두 가지 관점을 모두 받아들이는 태도가 중요합니다.

2,200년 전 에라토스테네스는 지구의 둘레를 거의 정확하게 계산했습니다. 그는 지금의 리비아 지역인 시에네 출신인데, 젊은 시절 아테네에서 공부하고 알렉산드리아 도서관의 도서관장이 됩니

다. 그는 어떤 책에서 이런 내용을 읽었습니다. "매년 하짓날 오후가 되면 시에네에서는 태양이 머리 바로 위에서 수직으로 비쳐 그림자가 생기지 않는다." 하지만 시에네에서 925km 떨어진 알렉산드리아에서는 그림자가 생기는 것을 보았지요.

에라토스테네스는 두 지역의 태양 빛이 들어오는 각도의 차이와 두 지역의 거리를 이용하여 지구의 둘레를 거의 정확하게 계산합니다. 아이들이 읽는 책에도 많이 소개되는 유명한 일화입니다. 태양이 비치는 서로 다른 시차를 활용하여 지구의 둘레를 계산했다는 사실에 주목해야 합니다. 서로 다른 시차의 존재는 둘 중 하나를 선택해야 하는 문제가 아니라, 활용해서 더 좋은 것을 만들 수 있는 요소인 것입니다. 서로 다른 관점과 시각의 차이를 고려하여 생각할 때 현명함을 얻는다는 입체적 사고의 메시지입니다.

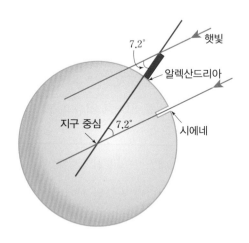

세상은 입체인데 우리는 자주 평면으로 받아들입니다. 선택적 지각의 오류라고 하듯이, 보고 싶은 것만 보고 자신이 좋아하는 하나의 관점에서만 생각하는 것이지요. "지식의 양을 늘리기보다 관점의 양을 늘려라"는 말을 기억해야 합니다. 과거에는 많은 것을 아는 사람이 똑똑한 사람이었다면, 요즘은 많은 관점을 갖고 다양한 시각에서 생각하는 사람이 진짜 똑똑한 사람입니다.

같은 영화를 2번 이상 본다는 친구가 있습니다. 어떤 영화는 7번이나 봤다고 해서 이해되지 않아 그 이유를 물었습니다. 그랬더니 볼 때마다 다른 관점에서 보면 꽤 재미있다고 하더라고요. 처음에는 주인공의 입장에서 감정 이입하며 보고 두 번째는 조연의 입장에서, 다음에는 배경이나 화면 또는 감독이나 제작자의 입장에서 보는 등 보는 관점을 달리하면 또 다른 느낌과 감동을 느낄 수 있다고 했습니다.

문제 해결력, 리더십, 창의력, 협상력 등은 모두 입체적 사고가 필요합니다. 둘 이상의 다양한 관점을 가져야 하지요. 입체적으로 사고하려면 의도적으로 몇 가지 관점을 미리 설정하여 점검해야 합니다. 가령, 여행을 간다면 무엇을 생각해야 할까요? 비용이 얼마나 들지, 안전한지, 재미있는 요소가 있는지, SNS에 올릴 만한 것은 무엇인지, 누구와 가는지 등 다양하게 생각해야 합니다. 이런 요소들을 미리 적어놓고 구체적으로 생각하면 여행에 관해 더욱 입체적으로 사고할 수 있습니다.

상황을 파악하는 것뿐만 아니라 어떤 기회를 만들 때도 입체적으로 다양한 관점에서 생각하면 효과가 더욱 큽니다. 내놓은 아이디어를 여러 가지 관점에서 보는 것이죠. 가령 나무를 심으면 과일을 따 먹을 수 있습니다. 그 나무를 목재로도 사용할 수 있지요. 그뿐만이 아닙니다. 나무는 홍수를 예방하고 공기를 정화하며 녹지 공간을 제공합니다.

이렇게 하나의 효과만이 아닌 일석이조 아니 일석오조의 효과를 고려하여 접근하면 다양한 관점을 연습하는 데 좋습니다. 아리스토텔레스는 "논리란 아는 것들을 결합하여 모르는 것에 도달하는 것"이라고 말했는데요, 비슷한 지식들을 연결하여 전혀 다른 관점의 지식을 결합하면 더 독특하고 창의적인 것을 만들 수 있습니다.

## 전체적으로 보기

부분적으로 드러나 있는 것을 전체적으로 보면 상황이 이해되고, 어려웠던 문제를 쉽게 해결할 수 있습니다. 이처럼 전체적인 시야 확보는 매우 강력합니다. 몇 가지 문제를 살펴보겠습니다.

| 생각<br>실험 | 동전 옮기기 |
|---|---|
| | 아래 그림처럼 정삼각형 모양의 동전 10개가 있습니다.<br>그중 3개를 옮겨서 삼각형의 방향을 반대로 만드세요. |

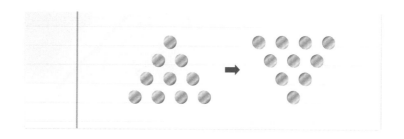

　일반적으로 사람들은 동전 4개를 움직여야 역삼각형 모양이 된다고 생각합니다. 그러나 실제로는 다음과 같이 3개의 동전을 옮기면 됩니다.

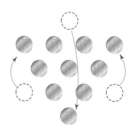

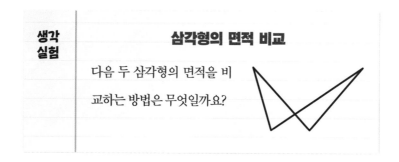

| 생각<br>실험 | **삼각형의 면적 비교** |
|---|---|
| | 다음 두 삼각형의 면적을 비교하는 방법은 무엇일까요? |

이런 불규칙한 모양의 삼각형 2개의 면적을 비교하기는 매우 어려워 보입니다. 그런데 두 삼각형에 보조선을 그어봤더니 다음과 같은 평행한 직선 2개가 생긴다면 어떤 결론을 낼 수 있을까요?

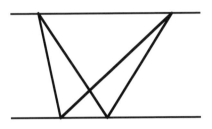

　이렇게 평행한 2개의 직선이 그어진다면, 두 삼각형의 면적은 같다는 사실을 알 수 있습니다. 밑변과 높이가 같기 때문입니다. 평행한 직선 2개를 그은 이유는 두 삼각형의 높이가 같다는 사실을 보이기 위해서입니다. 다음 그림에서 넓이가 같은 두 삼각형에서 공통된 부분을 뺀 것이 문제에서 제시한 두 삼각형입니다. 따라서 이두 삼각형의 넓이도 같습니다.

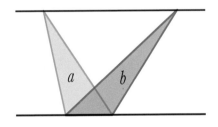

# 원과 정사각형

다음 그림에서 꽃병처럼 생긴 부분의 면적은 어떻게 계산할 수 있을까요?

고대 그리스 시대에는 자와 컴퍼스를 이용하여 작도할 수 없는 대표적인 작도 불가능 문제 3개가 있었습니다.

1. 임의의 각을 3등분하라.
2. 주어진 정육면체의 2배 부피를 갖는 정육면체를 작도하라.
3. 주어진 원과 같은 넓이를 갖는 정사각형을 작도하라.

현대 수학이 발전하며 이 세 문제를 풀기 불가능하다는 사실이 증명되었습니다. 면적이 같은 정사각형과 원을 찾기는 쉽지 않습니다. 그런데 다음과 같이 원과 정사각형이 매우 가까이에도 있는 것을 볼 수 있습니다.

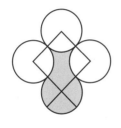 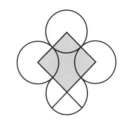

## 💡 바라보는 관점을 늘린다

살바도르 달리가 그린 십자가의 예수 그림이 하나 더 있습니다. 〈십자가 성 요한의 예수Christ of Saint John of the Cross〉란 작품입니다. 사람들은 이 그림을 보면서 다른 관점에 대해 이야기하고는 합니다. 십자가에 달린 예수를 그린 그림 대부분이 인간의 관점에서 예수를 보는데, 이 그림은 하늘에 계신 하나님의 관점에서 예수를 보고 있다고요. '십자가 예수'라고 검색하면 달리의 그림뿐 아니라 수많은 그림이 나옵니다. 대부분의 그림은 예수를 인간의 시각에서 보았지만 이 그림에서는 신의 관점에서 바라봤습니다.

앞의 그림과 이 그림을 번갈아 감상하면, 각도만 바뀌었을 뿐인데, 그림이 불러일으키는 감정이나 생각이 완전히 달라진다는 것을 알 수 있습니다. 인간의 관점에서 본 예수는 거룩해 보이고, 신의 관점에서 본 예수는 비극적으로 느껴집니다. 당신은 어떻게 감상하고 있습니까? 이렇게 다양한 시각에서 대상을 바라보면 더 풍부한 경험을 할 수 있고, 더 많은 아이디어를 얻을 수 있습니다. 다양한 시각이 입체적인 사고를 가능하게 합니다.

15세기 후반 콜럼버스는 인도 반대 방향의 바다로 배를 타고 나가며, "인도에 도착해서 지구가 둥글다는 것을 증명하겠다"라고 했습니다. 지구는 평평하니까 지구 끝에는 낭떠러지가 있다는 사람들의 비웃음을 뒤로하고 배를 출발시키죠. 그런데 2,200년 전 에라토스테네스는 둥근 지구의 둘레를 정확하게 계산했습니다. 그로부터 1,700년이나 지난 후에 지구가 둥글다는 사실을 증명하려 했다니, 좀 이상하지 않습니까?

600년경부터 1500년경까지 중세 유럽을 '암흑 시대'라고 부릅니다. 종교로 인해 문명이 발달하지 못한 시기라는 의미에서 붙은 이름이지만, 실제로는 중요한 업적과 발견이 많았다고 합니다. 그러나 그 시대에 종교가 아닌 관점이 존중받지 못했다는 것은 부정할 수 없는 사실이죠. 물론 하나의 관점, 하나의 시각으로도 세상을 볼 수 있습니다. 하지만 다른 관점으로만 볼 수 있는 세상은 암흑에 가려져 있겠지요. 다양한 관점으로 세상을 관찰하고 생각하는 입체적 사고가 필요한 이유입니다.

# fx 전략적으로 생각하다

## 반응적인 생각과 주도적인 생각

주어진 질문에 반응적으로 답을 찾는 것과 상황에 맞게 주도적인 답을 제시하는 것은 큰 차이가 있습니다. 반응적으로 답을 찾으면 수동적이며 기계적인 생각을 주로 하게 되고, 주도적으로 답을 만들면 능동적이고 전략적인 생각을 하게 합니다. 다음 두 질문을 비교해봅시다.

1. 7−4=□
2. □−□=3

두 문제가 별로 다르지 않다고 느낄 수 있지만, 실은 큰 차이가 있습니다. 첫 번째는 정해진 하나의 답을 찾는 문제이고, 두 번째는 가능한 답을 내가 제시하는 문제입니다. 두 번째 질문이 좀 더 다양하게 이해하고 넓게 생각하게 하는데, 채점하는 선생님의 입장에서는 첫 번째 질문이 편리하기 때문에 우리는 첫 번째 질문을 주로 접하는 것 같습니다.

## 천당문과 지옥문

지금 내 앞에 2개의 문이 있습니다. 하나는 천당으로 가는 문이고, 다른 하나는 지옥으로 가는 문입니다. 안타깝게도 어느 문이 천당 문이고, 어느 문이 지옥 문인지는 모릅니다. 각각의 문 앞에는 도깨비가 있는데, 천당으로 가는 문 앞의 도깨비는 항상 진실을 이야기하고, 지옥으로 가는 문 앞의 도깨비는 항상 거짓을 이야기합니다. 하지만 어느 문이 천당문이고 어느 문이 지옥문인지 모르기 때문에 어떤 도깨비가 진실을 이야기하고 어떤 도깨비가 거짓을 이야기하는지도 알지 못하는 상황입니다. 여기서 나는 2명의 도깨비 중 한 명에게 단한 번의 질문만 할 수 있습니다. 이런 상황에서 천당으로 가는 문을 찾으려면 어떤 도깨비에게 어떤 질문을 해야 할까요?

매우 어려운 문제입니다. 우리는 이 상황에서 도깨비 아무나 붙잡고 이렇게 물어야 합니다. "만약 내가 천당문이 어느 것이냐고 저쪽 도깨비에게 물으면 어느 쪽 문을 가리킬까?" 이렇게 말이죠. 왜냐하면 어느 도깨비에게 묻든지 그들은 '지옥문'을 가리킬 테니까요. 질문에 대한 대답을 다음과 같이 살펴봅시다.

1. 진실을 말하는 도깨비에게 질문한다면? 그 도깨비는 진실을 말하겠지만, 상대편 도깨비가 거짓을 말할 테니 그가 가리키는 문은 지옥문일 겁니다.
2. 거짓을 말하는 도깨비에게 질문한다면? 상대편 도깨비가 천당문을 가리킬 테니 그 반대인 지옥문을 가리키겠죠.

결과적으로 어떤 도깨비에게 이 질문을 해도 지옥으로 가는 문을 가리키리란 겁니다. 두 도깨비의 대답이 모두 들어가도록 질문하는 것이 이 문제의 포인트입니다. 그리고 그 대답이 수학적으로 논리곱의 형태로 나타나게 하는 거죠. A와 B 두 개의 명제를 'A 그리고 B'와 같이 AND의 형태로 만들면, A와 B 둘 중 하나라도 거짓이 있으면 전체가 거짓이 됩니다. 그러니까 천당으로 가는 문에 대한 두 도깨비의 대답 중 한 명이라도 거짓말을 하면 결론이 거짓이 되는 형태로 질문을 만들어야 합니다.

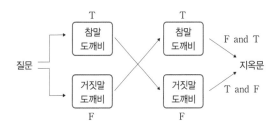

단순한 계산이나 문제에 대응한 답을 찾는 문제와 달리 이 문제는 상황을 전체적으로 보며 질문을 설계해야 합니다. 반응적으로 답을 찾지 말고 전략적으로 질문을 디자인해야 합니다. 참말 도깨비에게 무슨 질문을 던질지, 거짓말 도깨비에게 무슨 질문을 던질지를 생각할 게 아니라 두 도깨비가 이루는 관계를 생각해야 합니다. 개개의 질문을 고민하기보다 전체 논리 구조를 보는 것입니다.

'천당문과 지옥문'은 매우 어려운 문제이고 이해하기 쉽지 않지만, 그만큼 재미있고 특별한 의미를 주는 이야기입니다. 이 문제를 좋아한 어떤 수학자는 이 이야기를 변형해서 만든 다양한 유사 문제들로만 책 한 권을 채우기도 했습니다. 같은 아이디어의 질문 2개를 더 소개합니다. 동일한 방법으로 해답을 만들어보세요.

---

**생각
실험**

## 참과 거짓 1

도둑을 쫓고 있던 경찰이 한 사람을 만났습니다. 이 사람은 참 마을이나 거짓 마을 사람임이 분명하지만 둘 중 어느 마을 사람인지는 알지 못했습니다. 그 마을 사람들은 특이한 점이 있는데, 참 마을 사람은 항상 진실만 말하고, 거짓 마을 사람은 항상 거짓만 말합니다. 그리고 질문에 대해서는 "예"나 "아니요"로만 대답합니다. 경찰은 자신이 만난 사람이 참 마을 사람인지 거짓 마을 사람인지는 몰랐지만, 질문 하나로 도둑이 달아난 길을 찾아 뛰어갈 수 있었습니다. 경찰은 그 사람에게 뭐라고 물었을까요?

다음과 같이 물으면 됩니다. "도둑이 당신네 마을로 갔습니까?"

만약 참 마을로 갔다면 참 마을 사람은 "예"라 할 것이고, 거짓 마을 사람도 "예"라 할 것입니다. 만약 거짓 마을로 갔다면 참 마을 사람은 "아니요"라고 할 것이고, 거짓 마을 사람도 "아니요"라고 할 겁니다. 따라서 "도둑이 당신네 마을로 갔습니까?"라는 질문에 "예"라고 대답하면 그가 어느 마을 사람이든 상관없이 도둑은 참 마을로 간 것입니다. 만약 이 질문에 "아니요"라고 대답했다면 도둑은 거짓 마을로 간 것입니다.

"도둑이 당신 마을로 갔습니까?"

|  | 참 마을 사람 | 거짓 마을 사람 |
|---|---|---|
| 도둑이 참 마을로 갔을 때 | 예 | 예 |
| 도둑이 거짓 마을로 갔을 때 | 아니요 | 아니요 |

# 참과 거짓 2

어느 섬나라에 원주민과 이주민이 함께 살고 있습니다. 한 쪽은 낯빛이 붉고 다른 한 쪽은 까맣습니다. 붉은 얼굴이 원주민인지 검은 얼굴이 원주민인지는 알 수 없습니다. 이상한 것은 원주민은 오전에는 참말을 하고 오후에는 거짓말을 하며 반대로 이주민은 오전에는 거짓말을 하고 오후에는 참말을 합니다. 어느 날 붉은 얼굴과 검은 얼굴 두 사람을 만나 "당신은 이주민입니까?"라고 물었더니 둘 다 "예"라고 대답했습니다. "지금은 오후입니까?"라고 물었더니 붉은 사람은 "예"라고 하고 검은 사람은 "아니요"라고 했습니다. 질문한 때는 오전인가요, 오후인가요? 또 원주민의 얼굴은 붉은가요, 검은가요?

문제에서 제시된 상황을 표로 나타내면, 얼굴이 붉은 사람과 검은 사람의 대답은 다음과 같습니다.

|  | 붉은 사람 | 검은 사람 |
| --- | --- | --- |
| 당신은 이주민입니까? | 예 | 예 |
| 지금은 오후입니까? | 예 | 아니오 |

앞서 만든 표를 원주민과 이주민을 대상으로 만들어보고, 예/아

니오가 맞아떨어지는 상황을 찾으면 됩니다. 먼저 오전과 오후로 나눠서 같은 표를 그려보면 다음과 같습니다.

오전　원주민: 참말, 이주민: 거짓말

| | 원주민 | 이주민 |
|---|---|---|
| 당신은 이주민입니까? | 아니요 | 아니요 |
| 지금은 오후입니까? | 아니요 | 예 |

오후　원주민: 거짓말, 이주민: 참말

| | 원주민 | 이주민 |
|---|---|---|
| 당신은 이주민입니까? | 예 | 예 |
| 지금은 오후입니까? | 아니요 | 예 |

이렇게 오전과 오후로 표를 그려보면, "당신은 이주민입니까?"라는 질문에 모두 "예"라고 대답하는 상황은 오후에 벌어집니다. 따라서 현재는 오후입니다. 그리고, "예"와 "아니요"라는 대답에 따라 붉은 얼굴과 검은 얼굴의 사람을 원주민과 이주민에 매칭하여 연결하면, 이주민이 붉은 얼굴이고 원주민이 검은 얼굴임을 알 수 있죠.

천당으로 가는 문을 찾기 위해 도깨비에게 할 질문을 설계했던 것처럼, 전략적으로 문제를 해결하려면 그 상황에서 한 발짝 떨어져서 전체적으로 상황을 보아야 합니다. 지도 안에서 지도를 보는 것이 아니라, 지도 밖에서 전체적인 지형을 보는 것이지요.

## 💡 한 단계 위에서 본다

불규칙하게 쌓여 있는 고철덩어리에 빛이 비치면 바닥에 오토바이가 정교한 모습으로 나타납니다. 무질서하게 쌓여 있던 고철은 사실 정교한 그림자를 만드는, 계획된 예술 작품이었습니다. 일본의 예술가 후쿠다 시게오Fukuda Shigeo의 작품인데, 단지 고철덩어리로만 보이는 것이 빛을 만나 예술 작품으로 다시 태어났습니다. 사람들은 이처럼 기대하지 못하던 것을 얻었을 때, 감탄하며 마음을 빼앗깁니다. 예상하지 못하는 의외성에 열광하지요. 이런 감탄과 열광을 만들려면 한 단계 위에서 바라보는 시각이 필수입니다. 후쿠다 시게오의 예술 작품을 떠올리게 하는 문제를 소개합니다.

## 버팔로와 청년

아메리카 들소인 버팔로가 미국의 초원을 무리 지어 달리는 장면은 보는 이의 기억 속에 남는 장관이라고 합니다. 야생의 버팔로 무리를 보면 행운이 온다는 믿음도 있어서 누구나 이런 장관을 보고 싶어 합니다. 하지만 버팔로의 무리는 토네이도처럼 불규칙하게 움직이기 때문에 언제 어디서 나타날지는 아무도 모른다고 합니다. 한 청년이 신문에 광고를 냈습니다. 자신을 버팔로 연구가로 소개한 그는 몇 월 며칠, 몇 시, 몇 분 어느 장소에 버팔로 무리가 지나갈 거라는 정보가 담긴 초청장을 1달러에 판다고 합니다. 만약 자신의 예측이 틀린다면 2달러로 돌려준다는 말도 덧붙였죠. 수많은 사람들이 초청장을 샀습니다. 그가 말한 시간과 장소에 사람들이 구름같이 많이 모였지만 버팔로 무리는 나타나지 않았고, 청년은 약속대로 많은 사람들에게 2달러를 돌려줬습니다. 1달러에 판 초청장을 2달러로 보상했으니 큰 손해를 봤을 거 같지만, 오히려 청년은 이 일로 엄청난 돈을 벌었다고 합니다. 어떻게 손해를 보지 않고 오히려 큰 돈을 벌었을까요?

저는 이 이야기를 좋아해서 많은 사람들과 나누었습니다. 이 이야기를 들은 사람들이 가장 먼저 떠올리는 아이디어는 장사였습니다. 특정 시간과 장소에 많은 사람들이 모였으니까 햄버거도 팔고 생수도 팔아서 돈을 많이 벌었으리라는 겁니다. 교통편을 제공했거나 광고를 중개했다고 말하는 사람도 있습니다. 이런 의견도 있더군요. "청년이 말한 장소는 먼 외곽 지역이고 시간은 새벽이었어요. 그 시간에 그 장소에 가려면 전날 그 지역에서 잠을 자야만 했지요. 물론 청년은 그 지역에서 숙박업을 하고 있었고요."

제가 들은 이 이야기의 진실은 이렇습니다. 버팔로가 지나간다는 장소로 가려면 사람들은 조그만 강을 건너야 했습니다. 그 강에는 다리가 없어서 5달러를 내고 뗏목을 타야 했는데, 이야기 속 청년의 진짜 직업은 그 뗏목을 운전하는 뱃사공이었다고 합니다.

1차적인 접근보다는 2차적인 이익을 생각하라는 이야기입니다. 직접적인 이익보다는 더 큰 간접적인 이익을 생각하라는 거죠. 이렇게 전략적으로 생각하려면 한 단계 위에서 바라보며 전체적인 상황을 고려해야 합니다. 바둑을 둘 때 미리 다음 수를 계산하고, 당구를 칠 때에는 다음에 공이 모이는 것을 상상해야 하듯 말입니다.

이런 비슷한 이야기들이 많습니다. 병원에서 다이어트 프로그램을 운영하는 한 의사는 프로그램은 오히려 손해를 본다고 하더군요. 의사나 영양사들이 상담하고 체중을 관리하는 것으로는 손익이 맞지 않는다고요. 하지만 그 병원은 다이어트 프로그램을 운영

합니다. 왜냐하면 환자들이 프로그램에 참여하며 자연스럽게 혈액 검사 같은 건강검진을 하는데, 거기서 얻는 이익은 손해를 메우고도 남기 때문입니다.

'맥도날드의 부동산 사업'에 관한 이야기를 읽은 적이 있습니다. 맥도날드는 세계에서 햄버거를 가장 많이 파는 회사이지만, 맥도날드의 진짜 기업가치는 그들이 보유한 알짜배기 부동산이라고 하더군요. 맥도날드는 개발되거나 사람들이 모이기 시작하는 장소에 매장을 냅니다. 장사라는 것은 꼭 수익이 나진 않아서, 햄버거를 팔아서 돈을 벌기도 하지만 손해도 봅니다.

하지만 맥도날드 매장이 들어선 거리는 사람들이 많이 다니는 거리가 되고, 인근 지역의 부동산 가격은 상승하게 됩니다. 그래서 특별히 장사가 잘되지 않아도 부동산 가치가 상승하여 맥도날드가 큰 이익을 남겼다고 합니다. 단편적으로 접근하지 말고 더 큰 그림을 그리며 더 많은 것을 전략적으로 생각하라는 메시지를 주는 이야기입니다. 1차적인 이익만이 아닌 2차적인 이익을 생각해야 합니다.

뱃사공과 맥도날드는 표면상으로는 손해를 보고 있는 것 같습니다. 그러나 한발 뒤에서 전체적인 상황을 지켜보면 큰 이익을 내고 있다는 사실을 알 수 있죠. 1차적 이익만 고려하는 사람은 뱃사공이나 맥도날드처럼 창의적인 전략을 세울 수 없습니다. 전략은 한 차원 높게 사고하는 데서 시작합니다.

# 3인의 결투

A, B, C 세 사람이 총으로 결투를 합니다. 그들은 한 번에 한 명씩 돌아가며 총을 쏘기로 했습니다. 명중률은 A가 50%, B는 80%, C는 100%입니다. 게임을 원활하게 진행하기 위해, 명중률이 가장 낮은 A가 먼저 쏘고 다음은 B, 마지막으로 C가 쏘기로 했습니다. 단 한 사람만 살아남을 때까지 계속 돌아가며 쏘기로 했습니다. 만약 당신이 A라면 누구에게 총을 쏴야 할까요?

선택을 위해서 결과를 미리 예측해볼까요?

1. A가 B를 쏠 경우: 최악의 선택입니다. 다음에 쏠 C는 명중률 100%이니까요. 만약 B가 죽는다면 다음 차례인 C는 바로 A를 쏠 것이고, C의 명중률은 100%이니 A는 죽은 목숨입니다.

2. A가 C를 쏠 경우: A가 C를 쏘아 명중시킨다면 다음 순서인 B는 A를 겨냥할 겁니다. B의 명중률은 80%입니다. 다시 말해 A가 죽을 확률은 80%, 살아남아 다시 총을 쏠 기회를 가질 확률은 20%이죠. 그나마 기회를 잡았더라도 A가 B를 맞출 명중률은 50%입니다. 역시 별로 좋은 선택은 아닙니다.

경우를 나누어 생각하면 명중률이 낮은 A가 결투에서 최종 승자가 되기는 거의 불가능합니다. 하지만 상황을 반전시킬 수 있는 방법이 있습니다. A가 의도적으로 아무도 맞추지 않는 전략을 쓰는 것입니다.

3. A가 B와 C를 맞추지 못하는 경우: 다음 차례인 B는 C를 쏠 것입니다. 왜냐하면 B가 A를 쏘아 명중시킨다면 그 역시 100% 명중률을 가진 C의 총구를 맞이하게 되니까요. B가 생각이 있다면 당연히 C를 쏩니다. B가 C를 쏘아 명중시켰다면 다음은 A 차례입니다. 명중률이 50%에 불과하지만 먼저 쏘는 유리한 위치를 점하게 됩니다. B가 C를 쏘았지만 맞추지 못했다면 C의 차례입니다. C에게는 A보다 B가 더 위험한 존재이기 때문에 C는 분명 B를 쏠 것입니다. C의 명중률은 100%, B는 죽은 목숨입니다. 그러고 나면, 이제 다시 A에게 C를 먼저 쏠 기회가 주어집니다.

자신의 상황뿐 아니라 다른 사람들의 상황을 먼저 파악해서 전략을 세우는 것이 중요하다는 점을 알려주는 이야기입니다. 내가 어떤 행동을 했을 때, 상대방이 어떤 반응을 보일지 미리 생각해야 합니다. 문제 속의 A는 자신의 상황만이 아닌 B와 C의 행동을 고려한 후 전략적으로 총을 쏘았습니다. 다른 사람의 행동을 미리 예상하고 행동하면 그만큼 더 유리한 상황을 차지할 수 있습니다.

## 💡 박물관 도난 사건

국립박물관에 도둑이 들었습니다. 경찰은 아무 단서도 찾지 못하고 골머리를 앓고 있었습니다. 사건은 점점 미궁에 빠져들었죠. 경찰은 텔레비전 뉴스를 통해 범인의 공개 수배를 요청했습니다.

"국립박물관에서 국보급 보물 13개가 도난당했습니다. 그중 고려 시대에 만들어진 비취색의 반지는 작지만 예술적인 완성도가 매우 높고 희귀한 것으로 작년 뉴욕의 한 경매장에서 비슷한 반지가 무려 300억 원에 거래된, 보물 중의 보물입니다. 보물을 훔친 범죄자는 매우 엄중한 벌을 받을 것이고, 만약 자수한다면 관대하게 선처할 것입니다."

방송이 나간 후 얼마 지나지 않아 피투성이가 된 도둑이 자수하며 사건의 진상이 밝혀졌습니다. 그는 조직 내에서 집단 구타를 당하다가 극적으로 도망쳤다고 했습니다.

"저희는 모두 12개의 보물을 훔쳤습니다. 하지만 방송에서 말한 비취색 반지는 보지도 못했습니다. 그런데 텔레비전 방송 후 두목이 우리를 의심하며 하루에 한 녀석씩 무자비하게 패기 시작했습니다. 우리 중 누가 그 반지를 훔쳤는지 몰라도 저는 절대 아닙니다. 저는 그 반지를 본 적도 없다고요!"

경찰 조사를 받던 자수한 범인은 자신이 반지를 빼돌리지 않았다고 호소했습니다. 경찰은 빙그레 웃으며 그에게 말했습니다.

"나는 자네가 거짓말하고 있지 않다는 것을 알지."

경찰에서 텔레비전 뉴스를 통해 발표한 비취색 반지는 애당초 도난당하지 않았습니다. 하지만 엄청난 고가의 비취색 반지가 보석 12개와 같이 도난당했다고 발표함으로써 범인들이 서로를 의심하게 만든 것이죠. 도둑들은 서로에 대한 신뢰가 깨지기 시작했고, 두목은 비취색 반지를 찾기 위해 조직원들을 한 명 한 명 신문했으며 서로를 믿지 못했던 조직은 와해되었습니다.

바로 그런 상황을 노린 경찰은 도난당하지 않은 비취색 반지를 도난 품목에 포함시킨 것입니다. 마치 영화 같은 이 이야기에도 상대의 입장을 고려하고 전체적으로 생각하는 전략을 찾아볼 수 있습니다. 이 이야기를 연상시키는 일이 250년 전에 실제로 있었습니다.

18세기 유럽 사람들은 감자를 먹지 않았다고 합니다. 땅속에서 캐낸다는 이유로 좋은 식량인 감자를 악마의 열매라고 믿었다더군요. 이런 미신 때문에 당시 기근이 들어서 먹을 것이 부족했는데도, 사람들은 감자를 먹느니 차라리 굶어 죽겠다는 태도를 취했습니다. 프랑스 관리들은 어떻게 해야 사람들에게 감자를 먹게 할 수 있을지 고민했습니다. 말로는 설득되지 않는 평민들의 마음을 어떻게 돌릴 수 있을지 고민하던 관리들은 고심 끝에 아이디어를 하나 냈습니다.

1770년, 프랑스 베르사유 궁전의 채소밭에는 감자가 재배되었습니다. 그리고 재배되는 감자를 지키는 경비원을 배치시켰죠. 경비원들이 삼엄하게 감자를 지키며 큰 말뚝에 이렇게 써 붙였습니다.

"여기 있는 감자는 귀족을 위한 것이니, 평민은 절대 손대지 말 것!"

경비원들이 자리 잡고 지키는 감자에 대해 사람들의 관심이 폭증했다고 합니다. 더구나 귀족만이 즐기고 평민들은 손도 대지 못하니 관심은 커질 수밖에 없었습니다. 급기야 한밤중에 평민들이 몰래 감자를 빼돌리기 시작했습니다. 그렇게 악마의 열매로 취급되던 감자는 사람들에게 좋은 식량으로 전해졌다고 합니다.

# 메타인지,
# 전교 1등의 공통점

## 💡 이것은 파이프가 아니다

르네 마그리트의 〈이미지의 배반La trahison des images〉이란 작품입
니다. 파이프 그림 아래에 "이것은 파이프가 아니다Ceci n'est pas une
pipe"라고 써 있습니다. 이미지가 배반했는지, 텍스트가 배반했는지
는 몰라도 둘이 충돌하고 있습니다. 마그리트는 사람들의 생각을
자극하기 위해 그림과 문장을 모순적으로 표현했다고 합니다. 화
가가 대상을 매우 사실적으로 묘사하더라도 그것은 대상의 재현일
뿐, 결코 그 대상 자체가 될 수 없다는 역설입니다. 그림 속의 파이

프는 파이프를 그린 그림일 뿐 결코 파이프 자체가 아니라는 뜻이지요.

하지만 다르게 생각하면 그가 써넣은 문장 "Ceci n'est pas une pipe" 역시 텍스트가 아닌 단지 그가 그림에 그려 넣은 이미지라고 할 수 있습니다. 그러니까 그 그림 이미지는 그냥 존재할 뿐, 그려져 있는 파이프를 부정하는 것은 아닐 수도 있는 것이죠. 간단해 보이는 그림 하나를 보며 사람들은 많은 이야기를 나눕니다. 특히 메타인지에 관한 이야기를 합니다.

메타인지metacognition의 '메타meta'는 한 단계 위의 차원을 의미합니다. 그래서 메타인지란 자신의 '인지활동에 대한 인지', 즉 자신이 인지하는 것을 한 단계 위에서 바라보며 조절하는 행위입니다. 지금 무슨 생각을 어떤 방법으로 하고 있는가, 생각하는 방향은 옳은가 등 내가 생각하는 것 자체에 대한 생각을 의미하는데, 성공하고 행복한 인생을 위해 이런 메타인지 능력은 매우 중요합니다.

남들에게 비난받고 욕을 먹는데도 정작 자신만 그 사실을 전혀 모르고 지내는 사람이 있습니다. 그런 사람은 가끔 접하게 되는 누군가의 불만에 '난 아주 잘하고 있고 아무 잘못이 없는데 왜 날 비난하지?'라고 생각합니다. 또는 자신이 아주 잘하고 있다고 생각하기 때문에, 변화와 다른 시도가 필요하다는 것을 전혀 이해하지 못합니다. 자기 자신을 한 단계 위에서 객관적으로 바라보지 않기 때문에 발생하는 일입니다. 심리치료에는 늘 연극치료가 등장합니다.

자신의 상황을 연극처럼 돌아보게 하여 한 단계 위에서 자신을 볼 수 있도록 돕는 치료 방법입니다.

## 💡 전교 1등의 공통점

메타인지 능력은 학교 공부에 매우 결정적인 영향을 준다고 알려져 있습니다. 미국 뉴욕대학교 인지신경과학센터 스테판 플레밍 박사의 논문에 따르면 전전두엽 앞부분, 즉 이마 바로 안의 회백질 부위가 자신을 성찰하는 능력인 메타인지와 높은 상관관계를 보입니다. 네덜란드 라이덴대학교 마르셀 베엔만 교수의 연구 결과에 따르면 IQ가 학교 성적을 25% 정도 결정하는 반면, 메타인지는 학교 성적에 40% 정도 영향을 준다고 합니다.

몇 가지 실험 결과, 공부를 잘하는 학생과 그렇지 못한 학생은 암기력이나 계산 능력에서 별다른 차이가 없다고 합니다. 하지만 자신이 아는 것과 모르는 것을 구별하는 메타인지에는 큰 차이가 있다고 합니다.

가령, 단어 30개를 빠르게 암기하고 시험을 봐도 공부를 잘하는 것과 단어를 외우는 시험을 잘 보는 것과는 큰 상관관계가 없었습니다. 하지만 자신의 점수를 예측하는 데 큰 차이가 있었는데, 공부를 잘하는 학생은 자신이 30개 중 16개를 맞았는지 8개를 맞았는지를 정확히 예측했습니다. 반면 공부를 못하는 학생은 16개를 맞았는데도 12개를 맞았다고 예측하거나 8개를 맞았음에도 14개를 맞았다고 생각하는 등 자신의 점수를 제대로 맞히지 못했다고 합니다. 자신이 아는 것과 모르는 것이 무엇인지 명확하게 아는 것이 바로 메타인지 능력입니다. 이런 실험의 결론은 바로 공부 잘하는 학생의 공통점이 높은 메타인지 능력이라는 것입니다.

메타인지는 자기주도학습으로 연결됩니다. 자신에 대하여 생각하며 지금 해야 하는 일을 주도적으로 하는 것, 아는 것과 모르는 것을 정확하게 구별하여 모르는 것을 알려고 노력하는 것이 메타인지를 바탕으로 한 자기주도학습입니다. 내가 아는 것과 모르는 것도 제대로 구별하지 못한다면 주도적으로 학습하기 어렵겠지요. 이것은 성인의 경우도 마찬가지입니다. 자신이 어떤 사람인지 정확하게 알고 자신의 강점을 개발하거나 자신의 상황에 대한 올바른 이해를 바탕으로 기회를 찾는 등, 메타인지 능력이 높은 사람이 주도적이고 성공적인 삶을 삽니다.

사람들은 자신이 좋아하는 일과 잘하는 일 그리고 인기 있는 일을 찾아서 하는 것이 성공의 비결이라고 합니다. 그런데 메타인지 능력이 낮은 사람은 자신이 무엇을 좋아하는지, 잘하는지를 제대로 파악하지 못합니다. 그래서 주도적이고 능동적으로 어떤 일에 몰입하기보다는 다른 사람이 시키는 일, 사회적으로 인정받는 일에만 관심을 갖게 되죠. 그러면서 자신의 능력을 최대한 발휘하는 기회를 제대로 잡지 못하는 경우가 많습니다. 자신을 돌아보며 메타인지 능력을 키워야 합니다. 자신에 대해 생각하고 자신의 행동을 되돌아보는 시간을 가지며 자기 이해를 높여봅시다.

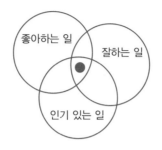

## 💡 편안한 안락지대를 벗어나자

공부를 잘하는 학생과 성적이 평범한 학생의 차이는 모르는 것을 대하는 태도에서 드러납니다. 공부를 잘하는 학생은 모르는 것을 알려고 노력하는 반면, 평범한 학생들은 알고 있는 것을 공부하는 데 더 많은 시간을 보냅니다. 예를 들어 수학을 공부할 때, 평범한 학생들은 쉬운 문제집을 여러 권 사서 닥치는 대로 풉니다. 풀수 있는 문제들이 많다는 사실에 안도감을 느끼면서 말이죠. 반면 수학을 잘하는 학생들은 어려운 문제집을 한 권 사서 오랫동안 풉니다. 이미 아는 문제를 많이 맞히며 안도하기보다는 모르는 문제를 틀리는 불편한 시간을 기꺼이 감수합니다.

같은 맥락으로 이런 질문을 할 수 있습니다. 공부하면서 음악을 듣는 습관은 공부에 도움이 될까요 아니면 방해가 될까요? 음악을 듣는 것이 내가 앉아서 공부하는 시간을 늘려준다면 일정 부분 도움이 된다고도 할 수 있습니다. 하지만 음악을 들으며 공부하는 것은 조금 편하고 느슨하게 공부하는 겁니다. 공부는 모르는 것을 알아가는 과정입니다. 그래서 지겹고 힘겹죠. 다시 말해, 지겹고 힘겨운 시간을 보내고 있다면 공부를 잘하고 있다는 뜻입니다. 그렇지 않다면 안도감에서 벗어날 필요가 있습니다.

한동안 많은 사람들이 '1만 시간의 법칙'을 이야기했습니다. 전문가가 되려면 1만 시간을 투자해야 한다고 강조했죠. 그런데 1만 시간의 법칙에 대한 초기 연구를 진행했던 저명한 심리학자 안데르스 에릭슨은 《1만 시간의 재발견》이라는 저서에서, 기계적인 노력으로 1만 시간을 투입하는 것은 효과가 없다고 지적합니다. 그는 의식적인 노력이 필요하다고 강조합니다.

가령, 탁구를 친다면 그냥 별생각 없이 10시간 치는 것과, 5시간을 쳐도 의식적으로 2시간 정도 탁구를 치면서 자신이 어떤 부분을 더 연습해야 하는지 파악하고 2시간은 자신이 부족한 부분을 집중 연습하고 1시간 동안 다시 탁구를 쳐보는 것을 비교해보세요. 별생각 없이 10시간 탁구를 치는 것보다는 의식적으로 5시간 탁구를 치는 것이 탁구 실력을 더 키울 수 있다는 사실에 동의할 것입니다.

| 10시간 탁구 연습 | VS | 5시간 탁구 연습 |
| --- | --- | --- |
| 그냥 열심히 탁구를 친다. | | 자신이 부족한 점을 파악하여 그것을 집중 연습한다. |

여기에서 중요한 시간은 부족한 부분을 연습하는 2시간입니다. 자신이 잘하지 못하는 것을 연습하는 불편한 시간을 갖는 것이 연습에서는 매우 중요합니다. '컴포트 존comfort zone'이라는 심리학 용어가 있습니다. 기온이나 바람 등이 아주 적당해서 우리 몸이 편안함을 느끼는, 안락지대 같은 익숙하고 편안한 상태를 의미합니다. 에릭슨 교수는 의식적으로 노력할 때 중요한 것은 편안하고 익숙한 컴포트 존에서 벗어나 스스로 어려운 상태까지 자신을 몰아붙이는 것이라고 주장합니다.

물은 100°C에서 끓습니다. 80°C, 90°C에서 오랜 시간 머물러도 물은 기체로 바뀌지 않죠. 마찬가지로 모든 일은 특정한 결과를 얻으려면 어떤 점을 넘어야 합니다. 그 임계점을 넘으려면 노력이 필요하지요. 임계점에 도달하지 못한 채 평범한 상태를 아무리 오래 유지해도 원하는 수준에 도달할 수 없습니다. 같은 시간 동안 더 많은 성과를 올리려면 편안하고 익숙한 컴포트 존에서 의식적으로 벗어나려 노력해야 합니다.

## 💡 인간이 컴퓨터보다 우수한 능력

어떤 이유인지는 몰라도 호주 1달러 동전은 2달러 동전보다 크다고 합니다.

호주의 한 마을에 존이라는 소년이 있었습니다. 존은 어리숙해서 동네 형들이 바보라고 놀려대고는 했습니다. 존이 나타나면 형들은 "헤이, 존! 이리 와 봐" 하고 불러서는 양손바닥에 1달러 동전과 2달러 동전을 올려 놓고 말했습니다.

"야, 네가 갖고 싶은 거 아무거나 가져라."

그러면 존은 항상 1달러 동전을 집었습니다. 1달러 동전이 2달러 동전보다 커서 존이 항상 1달러 동전만 집는다고 생각한 동네 형들은 "저 바보"라고 낄낄거리며 가버리고는 했죠. 하루는 동네 할아버지가 존을 불러 알려주었습니다.

"존, 1달러 동전이 크니까 그게 좋다고 생각하겠지만, 2달러 동전은 1달러 동전 2개랑 같단다. 작아 보여도 2달러 동전이 더 좋은 거야."

그러자 존은 이렇게 대답했습니다.

"저도 알아요, 할아버지. 하지만 2달러 동전을 선택하는 순간 저는 용돈이 끊기거든요."

존의 이야기는 인간이 왜 컴퓨터보다 더 똑똑한지를 잘 보여줍니다. 컴퓨터는 반응적인 사고만 합니다. 정해진 대로만 일을 처리하죠. 하지만 인간은 상황을 이해하며 전략적으로 사고할 수 있습니다. 인간의 위대함은 시키는 일을 열심히 하는 것에 있지 않고, 스스로 생각하고 능동적으로 상황을 만들어가는 것에 있습니다.

만약 컴퓨터에게 존과 같은 상황에서 동전을 선택하라고 하면 컴퓨터는 항상 2달러 동전을 선택했을 겁니다. 컴퓨터는 미리 정해 놓은 프로그램대로만 일을 처리하니까요. 12시마다 화단에 물을 주라고 컴퓨터에 미리 입력해놓으면 어김없이 매일 12시에 물을 줍니다. 비가 많이 오고 있는 날에도 아마 컴퓨터는 우산을 쓰고 나가서 화단에 물을 줄 겁니다. 특별한 설정을 해놓지 않았다면 말이죠.

컴퓨터는 똑똑한 기계의 대명사지만, 반응적이고 수동적인 시스템이라는 면에서는 능동적인 시스템을 가동하는 인간보다 훨씬 멍청합니다. 능동적인 시스템을 가동하고 한 단계 위에서 상황을 보며 전략적인 생각을 하는 것이 바로 인간이 지닌 힘입니다.

자신의 일에 능동적인 시스템을 가동하는 사례를 볼까요? 자동차 영업사원 A와 B가 있습니다. A는 고객을 만나면 자동차에 관한 소개를 친절하게 잘 전달합니다. 차에 대한 정보도 가장 많이 알고, 모든 고객에게 성실하고 친절합니다. 반면 영업사원 B는 고객을 만나면 나름 생각을 하고 분석합니다.

'저 사람은 회계사니까 기본적으로 분석적이고 계산에 능하겠군. 그러니 숫자를 사용한 객관적인 데이터로 차를 소개해야겠어. 연비나 차량 유지비와 같은 구체적인 숫자를 이용해서 차의 우수성을 설명해야지.'

'간호사인 저 사람에게는 숫자를 늘어놓으면서 차를 소개하는 건 시간 낭비겠지. 오히려 거부감을 줄 수도 있어. 저 사람에게 차를 소개할 때에는 감성적인 말들을 많이 사용해야겠군.'

'저 사람은 방송국 PD인데 아마 새롭고 개성 강한 것을 좋아할

거 같아. 새로 나온 차나 남들이 잘 찾지 않는 지프나 스포츠카를
강력하게 추천해야겠는데.'

차에 대한 정보를 가장 많이 알고 있는 A보다는 능동적으로 생
각하는 B가 더 많은 차를 팔 것입니다. 수동적이고 반응적으로 대
응하기보다는 상황에 대해 전략적으로 생각하는 사람이 더 좋은
결과를 얻습니다. 머리가 좋은 사람을 일컬어 '컴퓨터 같은 두뇌'를
가졌다고 표현하죠. 컴퓨터 같은 두뇌를 가진 사람은 분명 기억력
이 무척 좋고 계산도 빠르고 정확하게 해낼 겁니다. 하지만 까다로
운 문제를 맞닥뜨렸을 때, 유연하게 해결하는 능력은 없을 겁니다.
우리는 컴퓨터를 능숙하게 활용할 수 있습니다. 굳이 컴퓨터 같은
두뇌를 가지고 있을 필요는 없죠. 우리에게 필요한 건 메타인지에
능숙한 창의적인 두뇌가 아닐까요?

# 논리보다 한 단계 위에서 생각하다

$f_x$

## 💡 논리의 함정

우리는 자기 멋대로의 논리를 펴면서 논리적이라고 착각하는 함정에 빠지기 쉽습니다. 자신에게 유리하게, 자신이 생각하고 싶은 대로 생각하면서 논리적이라고 착각하는 경우가 많습니다. 다음 이야기가 대표적인 사례입니다.

어떤 부잣집의 한쪽 담이 무너졌습니다. 부자는 대수롭지 않게 여겼으나 그의 어린 아들이 말했습니다.

"아버지, 저쪽 허물어진 담으로 도둑이 들 수도 있으니 빨리 고쳐야 합니다."

아들의 말에도 부자는 크게 신경 쓰지 않았습니다. 잠시 후 지나가던 이웃 남자도 부자에게 같은 말을 했습니다.

"허물어진 담으로 도둑이 들 수도 있으니까 담을 빨리 고치는 게 좋겠습니다."

이번에도 부자는 그 말을 귀담아듣지 않았습니다. 그날 저녁 부자의 집에 도둑이 들어 재물을 훔쳐갔습니다. 허물어진 담을 통해 들어온 것이죠. 아침이 되어 이 사실을 안 부자는 매우 화가 났지만, 어린 아들을 보고 금세 화가 풀렸습니다. 그는 아들이 도둑 들 것을 예견하여 충고했는데 자신이 말을 듣지 않아 낭패를 보았다고 사람들에게 말하며, 아들의 선견지명을 칭찬했죠. 부자는 매우 논리적으로 자신의 아들이 얼마나 총명한지 사람들에게 설명했습니다. 재산은 좀 잃었지만 총명한 아들이 있어서 괜찮다며 사람들에게 아들의 칭찬을 아끼지 않았습니다. 아들만 생각하면 매우 흐뭇했습니다.

잠시 후 부자는 이웃집 남자가 떠올랐습니다. 그는 생각했습니다. '어떻게 도둑 들 것을 알았을까? 우연의 일치라고 하기에는 너무 수상해. 분명 그 남자는 도둑과 관계가 있을 거야. 확실해.' 부자는 그 남자를 의심했습니다. 자신의 의심이 아주 논리적이라고 생각한 그는 이웃 남자를 경찰에 신고했습니다. 결국 이웃 남자는 아무 죄 없이 경찰서에 끌려갔습니다.

우리가 펼치는 논리의 성격을 잘 나타내는 이야기입니다. 부자는 매우 논리적으로 생각하는 사람이었습니다. 아들을 칭찬할 때도 논리적이었고 이웃 남자를 의심해서 경찰에 신고했을 때도 매우 논리적으로 생각했습니다. 물론 자기 나름의 논리이지만 말이죠. 이야기 속의 부자는 특별한 사람이 아니며, 우리와 크게 다르지 않습니다.

## 💡 프로타고라스와 청년의 재판

고대 그리스의 철학자 프로타고라스에게 어느 날 한 청년이 찾아왔습니다. 청년은 프로타고라스에게 '재판에서 이기는 법'에 관한 수업을 요청했습니다. 수업료는 공부를 시작할 때 우선 반을 주고, 수업이 끝났을 때 청년이 제대로 잘 배웠다면 나머지 반을 주기로 했습니다. 프로타고라스와 청년은 수업료를 합의하고 수업을 시작했습니다.

어느 정도 시간이 흘러, 프로타고라스는 청년에게 많은 것을 배웠으니 수업이 끝났다고 했습니다. 프로타고라스는 공부가 잘 끝나면 받기로 한 수업료의 반을 요구했지요. 그런데 청년은 자신이 잘 배우지 못했기 때문에 수업료의 반을 지불할 수 없다고 했습니다. 둘은 서로 싸우다가 결국 재판까지 하게 되었습니다.

재판장에서 프로타고라스가 먼저 말했습니다.

"나는 이 재판에서 이기든지 지든지, 청년에게 돈을 받을 겁니다. 왜냐하면 만약 내가 재판을 이기면 나는 재판에서 이겼기 때문에 청년에게 돈을 받을 것이고, 만약 내가 재판에서 진다면 청년이 재판에서 이기는 법을 잘 배웠다는 증거이니 청년에게서 받기로 한 수업료의 반을 받아야 합니다."

청년도 이에 질세라 이렇게 말했습니다.

"나는 이 재판에서 이기든지 지든지, 프로타고라스에게 돈을 주지 않을 것입니다. 왜냐하면 만약 내가 재판에 이기면 나는 재판에서 이겼기 때문에 돈을 주지 않아도 되고, 만약 내가 재판에서 진다면 프로타고라스가 나에게 재판에서 이기는 법을 잘 가르치지 못했다는 사실을 증명하므로 그에게 주기로 한 수업료의 반을 줄 수 없습니다."

이 상황에서는 누구도 듣는 사람을 논리적으로 설득시키지는 못할 거 같습니다. 결론을 내기가 어려운 이유는 프로타고라스와 청년이 서로가 서로를 언급하는, 일종의 자기언급으로 만들어진 순환 논리에 빠져 있기 때문이죠. 이런 순환 논리는 오래전부터 많은 이야기에서 나타납니다. 악어와 아기에 대한 비슷한 이야기 하나를 소개해보겠습니다.

# 악어와 아기

악어 한 마리가 아기를 입에 물고 아기의 엄마에게 이런 문제를 냈습니다.

"내가 아기를 잡아먹을지 안 잡아먹을지 알아맞히면 아기를 무사히 돌려주지."

엄마는 어떤 대답을 해야 아기를 구할 수 있을까요?

한참을 고민하던 아기 엄마는 이렇게 대답합니다.

"너는 우리 아기를 잡아먹을 거야."

엄마의 주장은 이렇습니다.

"악어는 자기의 약속을 지키기 위해서 아기를 잡아먹을 수 없어. 만일 아기를 잡아먹으면 아기 엄마는 악어가 어떻게 할지 알아맞힌 것이니 악어의 질문을 맞힌 게 되고, 따라서 문제를 맞히면 살려주겠다고 했으니 아기를 살려줄 수밖에 없어."

앞에서 프로타고라스와 청년이 벌인 논쟁처럼, 아기 엄마의 주장에 악어는 이렇게 대답합니다.

"아기를 돌려주고 싶어도, 내가 아기를 돌려주면 네가 내 행동을 알아맞히지 못한 것이 되니까 나는 아기를 잡아먹어야 해."

이렇게 주장하던 악어도 막상 아기를 먹게 되면 아기 엄마가 문제를 맞힌 것이므로 아기를 먹을 수는 없습니다. 악어가 논리적이고 원칙을 지킨다면 말이죠. 여러분은 어떻게 생각하나요? 그리스 철학자들은 엄마의 대답이 매우 현명했다고 평가했습니다. 악어를 순환 논리의 구조에 빠뜨려서 결론을 낼 수 없는 상황을 만들었기 때문입니다.

이야기에 등장하는 프로타고라스는 기원전 5세기에 살았던 그리스 철학자입니다. 당시는 사람들이 민주주의의 싹을 키웠던 시기였기 때문에 대화와 토론 그리고 설득하는 법을 많이 공부했습니다. 힘으로 상대를 제압하기보다는 다수결과 재판 등의 과정을 통해 문제를 해결하고 상대를 설득하는 논리학을 중요하게 여겼습니다. '현명하고 지혜로운 사람'이라는 뜻의 소피스트로 활동한 프로타고라스는 사람들에게 논리학을 가르쳤던 대표적인 학자였습니다. 앞의 청년이 실존 인물인지는 몰라도 상대를 설득하는 논리학을 프로타고라스에게 배웠다는 점이 이야기의 설정입니다.

논리학을 정립한 사람은 아리스토텔레스로 여겨집니다. 그는 자신의 저서 《수사학》에서 상대를 설득하는 3가지 요소로 로고스logos, 파토스pathos 그리고 에토스ethos를 듭니다. 로고스는 이성적인 논리, 파토스는 감성적인 공감, 에토스는 이야기하는 사람의 성품이나 매력도 그리고 진실성 같은 것을 의미합니다.

상대를 설득하는 데 이성적인 논리는 10% 정도 영향을 주고, 감성적인 공감은 30% 정도 영향을 준다고 합니다. 60% 이상은 말하는 사람의 성품이나 매력, 진실성에 의해 좌우된다는 것이죠. 아리스토텔레스도 기본적으로 말하는 사람을 신뢰해야만 설득이 가능하다고 지적하며, 그 사람을 좋아하고 신뢰한다면 비록 그의 논리가 부족하고 공감이 덜 가도 그에게 설득될 수 있다고 강조합니다. 반대로 완벽한 논리와 풍부한 감성으로 나를 설득해도 상대가 믿을 수 없는 사람이라면 그에게 설득당하지 않을 겁니다. 설득의 3요소 중 가장 중요한 것은 말하는 사람의 성품이나 매력, 진실성이라고 아리스토텔레스는 조언합니다.

## 💡 돈키호테의 교훈

순환 논리에 빠진 프로타고라스와 청년 이야기는 논리에만 집중하기보다는 논리보다 한 차원 위에 있는 더 많은 생각들을 해야 한다는 교훈을 줍니다. 세르반테스의 《돈키호테》에는 이 순환 논리에서 벗어나는 멋진 지혜를 찾을 수 있습니다. 비슷한 이야기가 나오는 돈키호테의 장면을 살펴봅시다.

돈키호테의 유일한 추종자 산초 판사는 어느 섬의 태수가 됩니다. 진실을 소중하게 여기는 산초 판사는 다음과 같은 매우 엄격한 법령을 발표합니다.

"이 섬을 방문하는 모든 사람에게 '여기에 무얼 하러 왔느냐?'고 물을 것이다. 진실을 말하는 사람은 문제없이 통과하겠지만, 거짓말을 하면 바로 교수형에 처할 것이다."

어느 날 섬에 한 남자가 왔습니다. 무슨 일로 왔냐는 병사들의 질문에 그는 "나는 교수형을 당하러 여기에 왔다"고 답했습니다. 병사들은 당황하기 시작했죠. 만약 이 남자를 그냥 통과시키면 그는 거짓말을 한 셈이니 그를 처형해야 합니다. 하지만 그를 처형하면 그는 진실을 말한 것이 되니 처형할 수 없고 그냥 통과시켜야 합니다. 병사들은 어쩔 줄 몰라 하다가 신임 태수인 산초 판사에게 의견을 구했습니다.

| 생각<br>실험 | 판결<br>만약 당신이 산초 판사라면 어떤 판결을 내리겠습니까? |
|---|---|

이 상황에서 산초 판사가 정말 멋진 판결을 내립니다. 사실 논리와 합리로 철저하게 무장하지 못했던 산초는 국경을 넘어온 사람의 말도 제대로 이해하지 못했습니다. 산초 판사는 이야기를 몇 차례나 반복해 듣고는 이렇게 말합니다.

"국경을 넘어온 그 남자를 그냥 통과시켜라. 선을 베푸는 것이 악을 베푸는 것보다 낫기 때문이다. 이것은 내 머리를 쥐어짜서 나온 결론이 아니다. 내가 이 섬의 태수로 오기 전날 밤, 내 주인 돈키호테가 수차례 내게 가르쳐주었던 마음가짐 중 하나가 떠올랐기 때문이다. 판단하기 어려울 때에는 자비의 길을 취하라는 것이다."

우리는 많은 일을 논리적이고 합리적으로만 처리하려 합니다. 왜 그럴까요? 인간에 대한 사랑과 정의를 올바르게 실천하고 싶기 때문입니다. 그런 의미에서 돈키호테의 가르침을 실천한 산초 판사의 지혜는 많은 점을 시사합니다. 그는 논리에 앞서 인간을 위한 마음으로 판단을 내렸습니다.

논리는 우리가 생각하는 데 활용하고 사용하는 도구일 뿐입니다. 우리의 생각은 논리뿐 아니라 더 다양한 요소로 이루어져 있지요. 논리보다 감정, 느낌, 직관 등이 중요할 때도 많습니다. 논리에 갇히기보다는 논리를 현명하게 활용할 줄 알아야 합니다.

## 🔆 멕시코 어부와 하버드 MBA

휴가를 맞아 멕시코에 놀러 간 미국인이 낚시를 하려고 아담한 해안 어촌의 부두에 서 있었습니다. 때마침 부두에는 젊은 멕시코 어부가 작은 보트를 몰면서 들어오고 있었는데, 그 안에 큼직한 참치들이 보였습니다. 이른 오후 햇살의 따스함을 만끽하던 미국인은 참치가 탐스럽다며 젊은 어부에게 말을 건넸습니다.

"참치를 잡는 데 시간이 얼마나 걸렸나요?"

"몇 시간 걸렸답니다."

멕시코 어부는 활짝 웃으며 답했습니다.

"시간이 더 들더라도 몇 마리 더 잡아오면 좋았을 텐데요."

미국인은 다시 물었습니다.

"이 정도면 충분합니다. 우리 가족에게 필요한 것들이 해결되니까요."

멕시코 어부는 미소 지으며 답했습니다. 미국인은 진지한 표정을 지으며 다시 물었습니다.

"나머지 시간은 어떻게 쓰나요?"

어부는 계속 미소 지으며 답했습니다.

"늦잠을 자고, 아이들과 운동 경기도 보러 가고 놀아요. 아내와 달콤한 낮잠도 자고, 산책도 하고, 저녁때는 기타를 연주하며 친구들과 즐겁게 지내지요."

미국인은 답답하다는 표정을 지으며 말했습니다.

"이봐요, 나는 일류 대학인 하버드에서 MBA를 공부했습니다. 당신의 일을 훨씬 생산적으로 만들고 수입도 월등히 많아지게 도와줄 수 있어요. 아주 쉽답니다. 우선 매일 몇 시간씩 낚시를 더 하세요. 추가로 발생하는 수입을 성실히 저축해 때가 되면 보트를 한 척 더 사들이고요. 그렇게 2개, 3개, 4개의 보트를 운영하면 남들이 당신의 보트를 빌려서 잡는 생선들에 대한 수익을 일부 취함으로써 수익성은 올라가고 효율적인 운영을 통한 생산적 이득이 엄청날 겁니다."

미국인은 자신의 날카로운 생각에 뿌듯함을 느끼며 촌스러운 멕시코 어부에게 더욱 큰 사업 가능성을 알려줬지요.

"사업을 확장하면서 멕시코 메인 시장에 진출하면 중간 상인들을 상대할 필요 없이 대형 가게들과 직접 거래할 수 있습니다. 그런 후에는 생산과 포장 그리고 유통까지 직접 할 수 있지요. 그렇게 되면 당신의 사업은 어마어마해집니다. 당신이 얻게 되는 부는 말할 것도 없고요."

그런 생각을 한 번도 한 적 없던 젊은 멕시코 어부는 미국인에게 질문했습니다.

"그렇게 하려면 얼마나 걸릴까요?"

"당신이 열심히 일하면 한 20년 정도면 충분할 겁니다."

미국인은 자신 있게 답했습니다.

"그다음에는 어떻게 되죠?"

어부의 질문에 미국인은 환하게 웃으며 대답했습니다.

"그다음이 가장 중요하죠. 당신은 회사의 주식을 팔아서 큰돈을 벌 것입니다. 아마 몇 백, 몇 천만 불까지도 가능합니다."

어부는 눈이 휘둥그래져서 물었습니다.

"그 많은 돈으로 뭘 하죠?"

미국인은 신이 나서 대답했죠.

"많은 돈을 갖고 은퇴하는 겁니다. 당신이 좋아하는 아담한 부두가 있는 해안가에서 매일 늦잠을 자고, 손자들과 놀고, 보고 싶던 친구들과 흥겨운 저녁 식사를 즐기고, 낮에는 한가로이 낚시를 하고!"

# 양자택이, 2마리 토끼를 동시에 잡는다

$f_x$

## 둘 중 하나가 아닌 둘 다

논리에는 and와 or가 있습니다. 'A and B'와 'A or B'처럼 말이지요. 우리는 둘 모두를 얻으려는 생각과 둘 중 하나를 선택해야한다는 생각으로 문제에 접근합니다. 많은 경우 2마리 토끼를 동시에 잡기는 불가능하고 둘 중 하나를 선택해야 하는 문제로 보입니다. 흔히 모든 일에는 트레이드 오프trade-off가 있다고 생각하지만, 그처럼 둘 중 하나만 선택해야 한다는 생각은 고정관념이며 때로는 게으른 핑계입니다. 어떻게든 2마리의 토끼를 동시에 잡으려고 한다면, 쉽진 않지만 분명 방법이 있습니다. 그런 창의적인 대안을 만들 필요가 있습니다. 다음 질문을 살펴봅시다.

| 생각<br>실험 | 모두 참으로 만들기 |
|---|---|
| | 다음 빈칸에 같은 말을 넣어서 두 문장이 모두 말이 되게 만들어보세요. 논리적으로 둘 다 참이 되게 하는 것 |

입니다.

① ☐은 남쪽에 있다.

② ☐은 남쪽에 없다.

이 문제는 풀 수 없는 문제처럼 보입니다. 논리적으로 생각해보 겠습니다. 빈칸을 A, '남쪽에 있다'는 것을 B라고 하면 "A는 B다" 와 "A는 B가 아니다"가 동시에 참이 되는 것입니다. 형식 논리에 따르면 둘 중 하나는 참이고 다른 하나는 거짓이어야 합니다. 동시 에 둘을 만족시킬 수는 없죠. 하지만 문제의 빈칸에 '지구의 반'이 라는 문장을 넣어보세요. 그럼 다음 두 문장이 나옵니다.

1. 지구의 반은 남쪽에 있다.

2. 지구의 반은 남쪽에 없다.

우리가 알고 있는 논리로는 다음과 같은 두 문장이 동시에 참이 될 수는 없습니다.

1. A는 B다.

2. A는 B가 아니다.

예를 들어, "저 사람은 한국인이다"와 "저 사람은 한국인이 아니다"는 반드시 하나는 참이고 다른 하나는 거짓이어야 합니다. 그게 논리적으로 옳겠죠. 하지만 다음과 같은 사례를 한번 보세요.

1. 이 문장은 아홉 글자다.
2. 이 문장은 아홉 글자가 아니다.

A에 '이 문장은', B에 '아홉 글자'를 넣으면, 둘 중 하나만이 참이고 나머지는 거짓일 수밖에 없을 거 같은 상황이 모두 참이 됩니다. 놀랍지 않습니까? 둘 중 하나만 선택하고 다른 하나를 어쩔 수 없이 포기하는 것은 우리가 일상에서 자주 경험하는 일이지만, 탁월함이란 2마리 토끼를 모두 잡는 것입니다. 양자택일의 상황에서 양자택이를 하는 것이죠.

"짜장면 먹을까, 짬뽕 먹을까?" 고민하는 사람들에게 짬짜면을 제공하고, 양념 치킨과 후라이드 치킨을 고민하는 사람들에게 '양념 반 후라이드 반'을 제공하는 것처럼 말이죠. 둘 중 하나만이 아니라 2마리 토끼를 모두 잡기를 기대해야 합니다. 이를 창의적인 대안이라고 하는데, 실생활에서는 이런 창의적인 대안이 많습니다.

어떤 옷 가게에서 고객 환불에 관한 문제가 있었습니다. 환불을 요구하는 고객이 많은 반면, 가게 주인은 한번 사간 옷을 돈으로 바꿔주고 싶지 않았죠. 환불을 원하는 고객과 가게 주인 둘 중 하나만 만족시키는 것이 아니라, 둘 모두에게 이익이 되게 할 수는 없을까요?

한 매장이 양측 모두 만족시키는 아이디어를 냈습니다. 환불을 요구하는 고객에게 110%의 상품권과 옷을 교환해주는 것입니다. 가게 사장은 돈을 지킬 수 있어서 좋고, 손님은 110%의 보상에 만족했습니다. 매장의 상품권으로 어떤 옷과도 바꿀 수 있고 더구나 지불했던 금액보다 10%나 더 비싼 옷을 가질 수 있으니 불만이 없었죠. 이렇게 서로 이해관계가 다른 둘을 모두 만족시키는 창의적인 대안을 고민해야 합니다.

## 💡 둘 중 하나를 선택하지 않아도 된다

"A일까, B일까?"가 고민될 때에도 항상 C라는 또 다른 답이 있을 수 있다고 생각해야 합니다. 그런 생각이 창의적인 아이디어를 만들어냅니다.

미국의 한 비누공장에서 일어난 일입니다. 공장의 포장기계가 가끔 오작동해 비누가 포장 케이스에 들어가지 않고 그대로 기계를 빠져나와 케이스가 비어버리는 일이 종종 생겼습니다. 경영진은 이 문제로 외부 컨설팅까지 받았고, 컨설팅 업체는 엑스레이 투시기를 공장에 투입해 포장되지 않은 빈 케이스들을 별도 수거하기로 결정했습니다. 컨설팅 비용 10만 달러, 엑스레이 투시기계값 50만 달러, 인건비 5만 달러에 이르는 비용을 치렀습니다.

그런데 기계를 주문하고 기다리는 몇 달 동안 그 문제로 인한 불량률이 제로가 되었습니다. 상황을 알아보니 최근 입사한 신입사원이 집에서 가져온 선풍기를 틀어서 포장라인에 흐르는 비누 케이스 중 빈 케이스를 날려 보냈다고 합니다. 그 비용은 단돈 50달러에 불과했습니다.

이 이야기는 실화가 아닐 가능성이 크지만, 우리에게 생각할 거리를 던져줍니다. 선택의 순간에 맞닥뜨렸을 때, 우리는 마치 1번부터 5번까지 정해져 있는 객관식 문제처럼 주어진 선택지 중 하나만 고르려 합니다. 그러나 우리는 스스로 선택지를 만들어낼 수 있습니다. 더 효과적이고 더 창의적인 나만의 6번 선택지 말입니다.

2명의 개그맨이 새로운 개그를 짜면서 이런 상황을 고민하고 있었습니다.

"뚱뚱한 사람이 바나나 껍질에 넘어지는 장면을 만들자. 먼저 바나나 껍질을 화면에 보여주고 뚱뚱한 사람을 등장시킬까, 아니면 뚱뚱한 사람이 등장하고 나중에 바나나 껍질을 화면에 잡을까?"

그들은 이야기를 주고받으며 계속 바나나 껍질을 먼저 잡을지, 뚱뚱한 사람을 먼저 잡을지 고민했습니다. 이렇게 A와 B를 고민하던 그들은 최종적으로 다음과 같은 결정을 내렸습니다.

먼저 뚱뚱한 사람을 화면에 나타나게 한 다음 바나나 껍질을 보여준다. 바나나 껍질을 본 사람은 껍질을 피해 멀리 조심스럽게 비켜간다. 그렇게 바나나 껍질에 신경 쓰며 옆 걸음으로 걷던 뚱뚱한 사람은 뚜껑이 열린 하수구에 빠져버린다.

성공한 사람들은 남들이 A와 B 중 하나만을 선택해야 한다고 생각할 때 C를 찾아내는 사람들입니다. 언제나 또 다른 선택이 존재하고, 그 자체가 창의적인 아이디어가 됩니다. 놀랍게도, 또 다른 선택이 있다는 사실을 기억하는 것만으로도 우리는 스스로 새로운 아이디어를 찾게 됩니다.

## 게으른 생각과 부지런한 생각

| 생각<br>실험 | **18번째 낙타** |
| --- | --- |

옛날에 어느 부자가 죽으며 낙타 17마리를 유산으로 남겼습니다. 그러면서 이런 유언을 남깁니다. "큰 아들에게는 재산의 $\frac{1}{2}$ 을 주고, 둘째 아들에게는 $\frac{1}{3}$, 셋째에게는 재산의 $\frac{1}{9}$ 을 주어라." 형제들은 고민에 빠졌습니다. 유산으로 남겨진 낙타는 17마리여서 $\frac{1}{2}$, $\frac{1}{3}$, $\frac{1}{9}$ 로 나눌 수가 없었거든요. 어떻게 유산을 나누면 좋을까요?

고민하던 형제는 마을의 현명한 노인을 찾아가 조언을 구합니다. 이 말을 들은 노인은 자신의 낙타 한 마리를 그들에게 주어 문제를 해결합니다. 낙타 18마리를 갖게 된 형제들은 형이 $\frac{1}{2}$인 9마리를 갖고 둘째가 $\frac{1}{3}$인 6마리를, 셋째가 $\frac{1}{9}$인 2마리를 나눠 가질 수 있었습니다. 이렇게 나눠 가진 낙타는 $9+6+2=$총 17마리였습니다. 남은 한 마리 낙타는 노인에게 돌아갔습니다.

이 이야기의 상황을 조금 더 분석적으로 생각하면, 부자는 아들들에게 $\frac{1}{2}$, $\frac{1}{3}$, $\frac{1}{9}$로 유산을 나눠줬습니다. 이것을 모두 더하면 1이 아닌 $\frac{17}{18}$입니다. 즉, 자신의 소유를 전부 아들들에게 넘기는 배분이 아니었던 것입니다. 아들들이 유언대로 받아야 할 낙타를 숫자로만 표시하면 이렇습니다.

$$첫째: \frac{17}{2}=8.5<9$$

$$둘째: \frac{17}{3}=5.6<6$$

$$셋째: \frac{17}{9}=1.9<2$$

모두 현명한 노인이 제시한 배분보다 적습니다. 결국 노인이 배분하면 형제들이 모두 이익을 볼 수 있다는 점이 형제들이 갈등하지 않고 이 배분을 수용한 이유이며, 노인의 아이디어가 결과적으로 마음을 끌 수 있었던 것입니다.

이 이야기는 창의적인 대안을 만드는 것이 중요하다는 메시지를 줍니다. 주어진 상황에서만 생각하지 말고, 18번째 낙타를 생각하며 창의적인 대안을 고안하는 것이 중요합니다. 일반적으로 경쟁은 둘 중 하나를 선택하게 만들지만, 창의적인 대안은 둘 다 이익이 되는 결정을 유도합니다. 창의적인 대안을 통하여 너도 이기고 나도 이기는 윈-윈win-win 전략을 생각하면 좋습니다.

'A형 논리'와 'E형 논리'가 있습니다. 아리스토텔레스Aristoteles, 어거스틴Augustine, 아퀴나스Aquinas의 이름 첫 글자에서 유래한 용어인 A형 논리는 우리가 흔히 사용하는 이분법적인 형식 논리입니다. 이들이 2,000년 이상 서양 철학과 사상에 강력한 영향을 끼쳤기 때문에 우리도 이분법적으로 "A이다", "A가 아니다" 식으로 생각하는 방식에 익숙합니다. E형 논리는 에피메니데스Epimenides, 유브라이데스Eublaides, 에카르트Eckhart의 이름에서 유래했습니다. E형 논리는 이분법적인 논리를 초월하기에 "A이면서 A가 아닌 것"이 가능합니다. 둘 중 하나가 참이고 다른 하나는 거짓이라는 '양자택일'이 A형 논리라면, 둘 모두 참이 될 수 있는 '양자택이'가 E형 논리입니다.

2,000년 동안 서양의 논리는 A형 논리였습니다. 이분법적으로 선과 악, 빛과 어둠, 지배자와 피지배자 등으로 명백히 나눴습니다. 이런 명쾌한 구분이 외부로부터 자신을 지키는 방법이었습니다. 토론회에서 상대를 제압하며 논리를 펼치는 달변가들은 대부분 A

형 논리의 달인입니다. 그들은 이분법적인 프레임을 잘 짜고 그 안에서 상대와 나를 나눕니다. 물론 내가 속한 쪽이 항상 선이고 정의입니다.

반면 동양의 논리는 E형 논리에 익숙하고 때로는 A형 논리보다 E형 논리가 더 높은 수준이라 생각합니다. 가령 누군가 "지는 것이 이기는 것이야"라고 말하면 "오~ 철학적인데!" 하며 감명을 받는 이유가 그런 것일지도 모르겠습니다.

새로운 생각, 창의적인 아이디어를 원한다면 명쾌하게 구분하는 이분법적인 A형 논리보다 애매모호하고 불확실한 상황을 받아들이는 E형 논리에 더 익숙해져야 합니다. 과학에서도 빛의 성질을 입자와 파동 둘 중 하나로 규명하려던 사람들이 "빛은 입자인 동시에 파동이다"라는 결론을 내렸듯 말이죠. 확실한 것, 명쾌한 것만 추구하며 이분법적으로 생각하는 A형 논리에 매몰되어 있다면, 모호하고 불확실한 상황에 유연하게 대처하는 E형 논리를 가져보십시오. 창의적이고 새로운 아이디어는 대부분 E형 논리로 만들어집니다. 앞뒤가 맞지 않는 모순적인 상황을 피하는 A형 논리보다는 모순의 상황을 받아들이고 그 속에서 어떤 해결책을 찾는 E형 논리가 창의적인 대안을 생성합니다.

예를 들어, 도끼는 무거워야 나무를 더 잘 벨 수 있습니다. 하지만 너무 무거우면 힘을 너무 많이 쓰게 돼서 도끼질을 하는 사람이 금세 지치죠. 이렇게 2가지 특성이 상충될 때, A형 논리로만 생각한다면 우리는 둘 중 하나를 선택하게 됩니다. 무거운 도끼를 만들거나 가벼운 도끼를 만드는 거죠. 하지만 서로 다른 2가지를 모두 받아들이는 E형 논리로 생각하는 사람 중 누군가는 '도끼의 날은 무겁게 하고 도끼 자루는 속을 비워 가볍게' 할 겁니다. 그래서 나무를 잘 베면서도 힘은 적게 들어가는 도끼를 만들게 됩니다.

이런 사례는 찾아보면 매우 많습니다. 인터넷 사이트의 주 수입원은 광고입니다. '정보'를 제공하고 '광고'를 실어서 돈을 벌죠. 이용자 입장에서는 정보는 원하지만 광고는 보고 싶지 않습니다. 이런 상황에서 명쾌한 A형 논리를 따르면 정보에 대한 정당한 대가로 광고를 계산하여 실을 겁니다. 하지만 E형 논리는 정보를 제공하는 동시에 광고도 제공할 수 있다고 생각합니다. 모순적이지만 창의적인 대안으로 이러한 모순을 해결하는 것이죠.

이런 모순된 상황을 해결하며 성공한 회사가 구글입니다. 구글은 사람들이 검색하는 정보에 맞춤으로 광고를 제공하여 사용자가 광고를 거부감 없이 받아들이게 합니다. 여자친구의 생일선물을 검색하는 남자에게 '꽃을 선물하면 좋다'는 정보를 제공하는 동시에 꽃 가게 광고를 싣는 것이죠. 사용자는 광고하는 꽃 가게를 클릭해 손쉽게 꽃을 구입합니다. 사용자도 편해서 좋고, 광고주 입장에서는 충성도 높은 고객에게 광고하게 되니 기꺼이 많은 돈을 광고에 투자합니다.

둘 중 하나가 아닌, 서로 모순되는 2가지를 동시에 만족시키는 창의적인 대안을 찾는 것은 선택이 아닌 생존을 위한 필수조건이 되어갑니다. 북극곰의 흰 털은 눈과 얼음 등 주위 환경과 같은 보호색이어서 생존에 유리합니다. 하지만 북극은 매우 추운 곳이기 때문에 햇볕을 받으려면 검은색이 훨씬 유리하죠.

보호색과 햇볕 흡수라는, 상충하는 관계에서 북극곰은 흰색과 검은색 중 하나만 선택한 것 같습니다. 하지만 사실 북극곰은 둘 중 하나가 아닌, 둘을 모두 가졌습니다. 북극곰의 털은 투명한 흰색이고 피부는 검은색입니다. 검은 피부로 햇볕을 충분히 흡수하면서 보호색인 하얀색으로 생존력을 높이는 것입니다.

구글 인사 담당자의 인터뷰를 본 적이 있습니다. 전 세계 젊은이들이 가장 가고 싶어 하는 회사이기에 기자는 "스펙 좋은 사람 위주로 뽑지 않습니까?"라고 질문했습니다. 당시 구글 인사 담당자의 대답이 매우 인상적이었습니다. 그는 신입직원들이 나온 학교를 보여주며 자신들은 스펙으로 사람을 뽑지 않는다고 말하더군요. 그러면서 이렇게 대답했습니다. "스펙으로 사람을 뽑는 것은 게으르게 일하는 방식입니다. 저희는 부지런하게 일합니다. 필요한 사람을 꼼꼼히 따져보고 직접 확인하며 뽑습니다."

게으르게 일하는 방식이 있고, 부지런하게 일하는 방식이 있습니다. 마찬가지로 게으른 생각이 있고, 부지런한 생각이 있지요. 남과 비슷하게 하려고만 하고 과거와 같은 방식으로만 생각한다면, 그것은 분명 게으른 방식입니다. 더 좋은 것을 갖기 위해서는 부지

런하게 생각해야 합니다. 둘 중 하나를 쉽게 선택하는 게으른 생각
이 아닌 2마리 토끼를 모두 잡는 부지런한 생각 말이죠. 창의성은
부지런한 생각에서 나오는 것입니다.

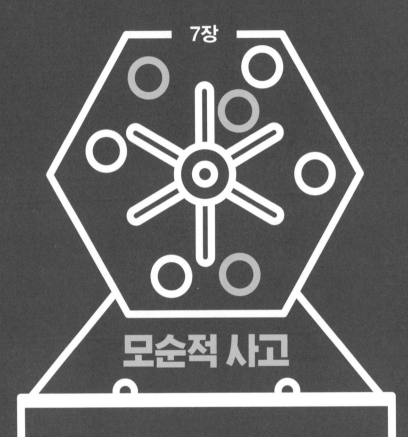

7장

모순적 사고

패러독스를 인정하고 즐기다

# 창의력 미술관:
# 무한한 것이 존재할까?

$f_x$

불가능한 것을 '가능하게' 구현한 에셔

이 작품은 에셔M. C. Escher의 〈폭포〉라는 석판화입니다. 폭포에서
떨어지는 물이 물레방아를 돌리며 흘러서 다시 같은 폭포에서 떨
어집니다. 현실에서는 불가능한 일을 에셔는 그림으로 '가능하게'

구현하고 있습니다. 에셔는 수학자들이 가장 좋아하는 예술가라고 합니다. 초기 습작 시절을 제외하고 그의 작품 속엔 항상 수학적인 원리가 숨어 있기 때문입니다. 그는 수학자들과 교류하며 수학적 의미가 있는 작품들을 만들었고, 〈폭포〉도 그중 하나입니다.

1958년 영국의 수학자인 로저 펜로즈Roger Penrose는 영국 심리학 저널에 '불가능한 대상: 시각적 착시의 특별한 형태'란 용어를 처음 사용하며 다음과 같은 불가능한 삼각 막대를 사람들 앞에 내놓았습니다. 이 삼각 막대는 각 부분에서는 틀린 점을 발견할 수 없으나 실제로는 만들 수가 없는 불가능한 도형입니다. 에셔는 뫼비우스의 띠를 연상시키는 펜로즈의 삼각 막대 3개를 연결해 〈폭포〉를 만든 것입니다. 펜로즈는 한쪽으로는 무한히 내려가고 한쪽으로는 무한히 올라가는 불가능한 계단도 제시했는데, 이 계단을 활용한 에셔의 작품도 있습니다. 이 계단은 영화의 소재로도 사용되면서 많은 사람들에게 알려졌습니다.

삼각 막대          불가능한 계단          뫼비우스의 띠

2020년 12월 로저 펜로즈가 노벨 물리학상을 수상했다는 반가운 뉴스를 접했습니다. 에셔와 교류하며 수학적 아이디어를 확장

하던 젊은 수학자가 훗날 물리학자 스티븐 호킹과 블랙홀에 대한 공동 연구를 진행했고 그 업적을 인정받은 것입니다.

우리가 사물을 보는 과정을 알아볼까요? 우선 사물의 상이 망막에 맺힙니다. 망막에 맺힌 상은 망막에 퍼져 있는 시신경을 자극하고, 자극된 시신경은 망막에 맺힌 상을 시각 정보로 대뇌에 전달합니다. 대뇌는 시신경이 전해준 시각 정보를 기존에 입력되어 있는 인식패턴으로 해석합니다. 여기에서 주목해야 할 점은 망막이 2차원이라는 사실입니다.

3차원 입체는 망막에 맺힐 때 2차원 도형이 됩니다. 마치 사진기로 사람을 찍으면 편평한 종이에 사진이 인화되듯 말이죠. 이 2차원 도형을 우리의 두뇌가 3차원 입체로 재구성하는 것입니다. 이는 우리 두뇌의 뛰어난 재구성 능력 때문입니다. 2차원 도형을 3차원 입체로 대응시키는 과정이 1대1 대응일 수는 없습니다.

2차원의 적은 정보로 더 많은 정보를 갖는 3차원의 대상을 구현하다 보니 그 과정이 불안정할 수밖에 없지요. 그 과정에서 존재하지 않는 3차원 입체를 구현하는 2차원의 불가능한 도형이 나타나는 것입니다. 이렇게 불가능한 형상을 구현한 작품들을 보면 우리의 인식이 완전하지 않다는 사실을 깨닫고, 내 생각이 완벽할 수 없다는 '생각의 겸손함(인지적 겸손함)'을 느끼게 됩니다.

# 답이 될 수 없는 답,
## fx 패러독스

## 🔆 패러독스

언뜻 보면 일리 있지만 분명한 모순이 있거나 잘못된 결론으로 유도하는 논증이나 생각 등을 역설 또는 '패러독스paradox'라고 합니다. 'para'는 평행을 의미하는 'parallel'에서 찾을 수 있는데, 정통에서 벗어나 옆길로 간다는 뜻입니다. 정해진 길은 모든 사람이 예상하고 따르는 길이죠. 거기서 벗어나 옆길로 가는 것은 상식에서 어긋나고, 기존의 체계에서 벗어나는 일입니다. 그래서 자연스럽지 않고 때로는 우리를 혼란에 빠뜨립니다. 그러나 새로운 길을 개척해야만 길이 넓어질 수 있듯, 패러독스는 생각을 더욱 폭넓고 깊게 만들어줍니다. 학문에서 만나는 패러독스는 종종 새로운 연구의 지평을 열어주지요.

직관이나 상식을 벗어나는 패러독스는 우리를 깜짝 놀라게 합니다. 때로는 그런 놀라움이 재미를 주죠. 분명 거짓말 같은데 한 번더 생각하면 참인 것도 있고, 반대로 명백히 참이라고 생각했는데 자세히 따져보면 거짓인 것도 있습니다. 참인지 거짓인지 도저히 밝힐 수 없는 것도 있죠. 아무튼 패러독스는 재미있습니다.

## 💡 깜짝 시험은 없다

"다음주에 시험을 보겠습니다. 그러나, 어느 요일에 볼지는 아무도 모릅니다. 여러분은 아무도 예측하지 못한 날에 시험을 보게 될 테니 주말에 미리 공부하세요."

교수가 학생들에게 다음주에 깜짝 시험을 보겠다며 미리 공부하라고 충고했지요. 그런데 교수의 이 말에 한 학생이 손을 들고 말했습니다.

"교수님 말씀에 따르면, 다음주에는 시험을 볼 수 없습니다."

"그게 무슨 말이지?"

"만약 교수님이 토요일에 시험을 본다면, 저희는 금요일 저녁에 그 사실을 알 수 있습니다. 금요일까지 시험을 보지 않았으니까, 당연히 토요일에 시험을 보겠죠. 그럼 토요일에는 깜짝 시험을 볼 수 없죠. 깜짝 시험은 월요일에서 금요일 사이에 본다는 얘기인데, 이번에도 금요일에는 아무도 예측하지 못하는 시험을 볼 수는 없습니다. 목요일까지 시험이 없었다면, 목요일 오후에는 금요일에 시험을 본다는 사실을 짐작할 수 있으니까요. 결론적으로 금요일에도 깜짝 시험을 볼 수 없습니다. 마찬가지 이유로 목요일에도 수요일에도 화요일과 월요일에도 아무도 예측하지 못하는 깜짝 시험은 내실 수 없을 걸요?"

| 월 | 화 | 수 | 목 | 금 | 토 |

　그러자 학생들은 환호성을 질렀고 교수는 빙그레 웃었습니다. 위풍당당하게 깜짝 시험이 존재할 수 없음을 증명한 학생의 말과는 달리 교수는 그 다음주 수요일에 깜짝 시험을 보았다고 합니다. 물론 학생들 중 누구도 그 시험을 예상하지 못했습니다.

　깜짝 시험은 있을 수 없다는 학생의 증명에서 오류를 발견했습니까? 학생의 말은 논리적으로 어떤 모순도 없어 보입니다. 오히려 다른 사람들이 생각하지 못했던 새로운 시각을 제시했고 그것을 논리적으로 증명함으로써 사람들의 탄성을 자아냈습니다. 동료 학생들이 그의 말에 모두 환호성을 지르고 교수는 반박하지 못했으니까요.

　하지만 새롭고 논리적인 그 학생의 증명은 현실에서는 아무런 힘도 쓰지 못했습니다. 어떻게 보면 논리라는 것은 완벽하고 절대적인 듯하면서도 현실을 그대로 반영하는 건 아닌 것 같습니다. 위의 "깜짝 시험은 없다" 같은 논리적인 구조로 짜인 여러 이야기가 있습니다. 몇 가지를 소개하겠습니다.

### 예고 없는 교수형은 없다

　교도소장이 한 죄수에게 다음주에 예고 없이 교수형을 집행할 것이라고 했습니다. 이때 그 죄수가 자신이 알지 못하는 날에 갑자기 자신의 교수형이 집행될 수는 없다는 사실을 '깜짝 시험은 없다'에서 손을 들고 말한 학생과 같은 방법으로 증명했다고 합니다. 물론 깜짝 시험이 치러졌듯 결국 교수형을 당했겠지만 말입니다.

### 달걀 감추기

내 등 뒤에 1번에서 10번까지 번호가 표시된 상자가 순서대로 늘어서 있습니다. 친구가 그중 한 상자에 달걀 하나를 감추며 내게 말합니다.

"상자를 1번부터 차례로 열어봐. 장담하건대 너는 예상하지 못한 상자에서 달걀을 발견하게 될 거야."

친구의 말에 나는 '깜짝 시험은 없다'를 증명한 학생의 논리대로 그건 불가능하다고 설명합니다.

"너는 분명 10번째 상자에 달걀을 넣을 수는 없을 거야. 내가 9번 상자까지 모두 열어봤을 때 달걀이 없다면 달걀은 10번 상자에 있는 것이 분명하고 그건 내가 예상할 수 있으니까. 그럼, 너는 분명히 1번에서 9번 상자 안에 하나의 달걀을 넣을 텐데, 같은 이유로 9번 상자에도 달걀을 넣지는 못할 거야. 8번까지 열어본 내가 그때까지 달걀이 없다면 9번 상자에 달걀이 있다고 예상할 거니까. 이렇게 논리적으로 계속 생각하면 너는 결코 내가 예상하지 못하는 상자에 달걀을 넣을 수 없지."

나는 매우 논리적으로 친구에게 이야기했지만 예상하지 못한 7번 상자에서 달걀을 발견했습니다.

### 예상할 수 없는 숫자

A와 B가 각각 하나의 숫자를 생각하고 그것을 친구 C에게 속삭였습니다. C는 이렇게 말했습니다. "너희 둘은 서로 다른 자연수를 생각하고 있었어. 너희 둘 중 누가 더 큰 숫자를 생각했는지는 둘 다 모를 거야!"

157을 생각했던 A는 이렇게 생각했습니다.

'B가 1을 생각했을 수 없다는 것은 명백해. 그랬다면 그는 우리가 다른 숫자를 생각했다는 C의 진술로부터 내 숫자가 더 크다는 것을 알 테니까 말이야. 내가 1을 선택하지 않았다는 것을 B가 알고 있다는 것도 마찬가지로 명백하지. 그래, 1은 우리 둘 모두가 선택했을 가능성이 완전히 없어. 가능성이 조금이라도 있는 가장 작은 수는 2가 되어야 해. 그런데 만일 B가 2를 생각했다면 그는 내가 그 숫자를 생각하지 않았다는 것을 알 테니까 내가 생각한 수가 더 크다는 것을 알 수 있을 테지. 따라서 2도 지워야 해….'

이렇게 A는 모든 숫자를 지워버렸다고 합니다.

### 바꾸는 것이 정말 유리할까?

동생과 나는 할아버지에게 세배를 했습니다. 할아버지는 세뱃돈으로 봉투 2개를 내밀고 하나씩 나눠 가지라고 했습니다. 할아버지는 재미로 두 봉투 중 하나에 다른 봉투에 든 세뱃돈의 2배를 넣었다고 했습니다. 나와 동생은 둘 다 어떤 봉투에 더 많은 돈이 있는지 모르는 상태에서 아무거나 하나씩 집었습니다.

봉투 안을 살짝 보니 1만 원이 있었습니다. 동생도 자신의 봉투를 확인했습니다. 동생과 나는 서로 얼마를 받았는지 말하지 않았습니다. 내가 가진 정보는 동생이 받은 돈은 내 돈의 2배이거나 $\frac{1}{2}$ 이라는 것뿐이죠. 할아버지는 빙그레 웃으며 말했습니다.

"너희 둘은 서로 얼마를 받았는지 모른단다. 너희가 알고 있는 사실은 상대가 나보다 2배를 받았거나 $\frac{1}{2}$ 을 받았다는 것뿐이지. 어때, 지금이라도 서로 봉투를 바꾸겠니?"

---

**생각 실험**

### 봉투 바꾸기

내 세뱃돈의 액수를 모르는 동생은 할아버지의 말씀에 봉투를 바꾸자고 제안합니다. 당신이라면 봉투를 바꾸겠습니까?

| 1만 원 | ? |

---

봉투를 바꾸는 것이 유리할까요 아니면 바꾸지 않는 것이 유리할까요? 확률의 기대값을 계산해봅시다. 내 봉투에 1만 원이 있었

으니 동생의 봉투에는 5천 원 혹은 2만 원이 있을 겁니다. 각각의 확률은 $\frac{1}{2}$이죠. 따라서 내가 봉투를 바꿨을 때 얻을 수 있는 기대값은 다음과 같습니다.

$$12,500원 = 5,000원 \times \frac{1}{2} + 20,000원 \times \frac{1}{2}$$

내 봉투에는 1만 원이 있었는데, 동생과 봉투를 바꾼다면 나의 기대값은 12,500원으로 높아집니다. 그럼 당연히 바꾸는 것이 유리하겠죠. 확률적인 계산은 나에게 바꾸는 것이 유리하다고 말합니다. 정말 그럴까요?

이번에는 동생의 입장을 살펴봅시다. 동생의 봉투에는 5천 원 혹은 2만 원이 있기 때문에 두 가지 경우에 대해서 동생이 봉투를 바꿨을 때의 기대값을 계산해보겠습니다. 물론 동생은 내 봉투에 얼마가 있는지 모르는 상황이죠.

1. 5천 원이 있을 경우: 봉투를 바꾼 동생의 기대값은 6,250원(=2,500원 $\times \frac{1}{2} + 10,000원 \times \frac{1}{2}$)입니다.

2. 2만 원이 있을 경우: 봉투를 바꾼 동생의 기대값은 25,000원(=10,000원 $\times \frac{1}{2} + 40,000원 \times \frac{1}{2}$)입니다.

확률의 기대값을 계산해보면 동생 역시 봉투를 바꾸는 것이 유리합니다. 봉투를 바꾸면 동생과 내가 둘 다 유리한 것이지요. 이게 가능할까요? 정해진 봉투를 바꿔서 내가 이익을 얻었다면 그것은 동생의 손해를 의미합니다. 반대로 동생이 이익을 얻었다면 그것은 내가 손해를 보았기 때문이지요. 봉투를 바꾸는 것이 나와 동생 모두에게 이익이라는 계산은 말도 안 되는 결론입니다. 수학적인 계산이 우리에게 매우 이상한 결론을 제시하는 것이죠. 우리는 사실 봉투를 바꾸면 전혀 유리하지 않다는 것을 직관적으로 알고 있습니다.

프랑스의 수학자 모리스 크레쉬크Maurice Kraitchik는 1930년 《게임의 수학Mathematical Recreations》이라는 책에서 이런 게임을 소개합니다. 두 사람이 서로의 넥타이가 더 좋다고 자랑하다 내기를 합니다. 다른 제3자에게 두 사람의 넥타이 중 어느 것이 더 좋은지 물어보고, 이긴 사람이 진 사람에게 위로의 뜻으로 자신의 넥타이를 선물하는 겁니다.

내기를 하면서 두 사람은 모두 이렇게 생각합니다. '이 게임은 나에게 유리해. 내가 이기면 나의 넥타이를 저 친구에게 주겠지만, 만약 내가 지면 더 좋은 넥타이를 가질 수 있어. 이기면 지금의 넥타이를 잃게 되고, 지면 지금보다 더 좋은 넥타이를 얻는 거야! 나에게 유리하군!'

추가로 생기는 것이 없는 제로섬 게임에서 둘 모두에게 유리하다는 결론은 분명 틀린 것입니다. 그런데도 사람들은 이런 논리적인 모순을 극복하지 못하는 듯합니다. 그래서 논리도 생각도 그게 정말 현실적인지 자주 의심해야 합니다.

## 💡 뉴콤의 패러독스

한 초능력자가 있습니다. 내 생각을 알 수 있고, 향후 나의 행동도 예측할 수 있는 능력의 소유자입니다. 그가 어느 날 많은 사람들이 보는 공개된 장소에 나를 부릅니다. 상자 A와 B를 준비해서, 사람들이 모두 보는 앞에서 상자 A에 100만 원을 넣습니다. 그리고 상자 B를 가리키며 그 안에는 10억 원이 들어 있거나 비어 있다며 내게 이렇게 제안합니다.

"저는 여기 2개의 상자를 놓고 갑니다. 당신은 상자 B만 가질 수도, 또는 상자 A, B 둘 다 가질 수도 있습니다. 당신의 선택에 달려 있습니다. 단, 저는 당신의 생각을 알 수 있습니다. 그래서 당신이 상자 B만 선택한다면 그 안에 10억 원을 넣어 놓겠습니다. 하지만 상자 A, B 모두 선택한다면 상자 B에는 아무것도 넣지 않겠습니다. 나는 이미 24시간 전에 당신의 선택을 예상했습니다. 선택은 당신의 몫입니다."

# 여러분의 선택은?

초능력자는 떠났습니다. 여러분은 어떻게 하겠습니까?
상자 B만 선택하겠습니까? 아니면 상자 A, B 모두 선
택하겠습니까?

만약 상자 B만 선택하면 초능력자의 말대로 10억 원을 얻습니
다. 정말 큰돈이죠. 충분히 만족스러울 것입니다. 하지만 좀 더 생
각해보면, 초능력자는 이미 다른 곳으로 가버렸습니다. 그는 당
신이 무엇을 선택하기 전에 상자 B를 가져왔습니다. 상자 A에는
100만 원이 들어 있습니다. 모두가 보는 앞에서 공개적으로 넣었
으니 분명합니다.

하지만 상자 B에는 무엇이 들어 있는지 아무도 모릅니다. 만약
내가 상자 B만을 선택했는데 그 안에 아무것도 없다면 나는 상자
A안의 100만 원도 잃게 됩니다. 그렇다면 차라리 두 상자를 다 선
택해야 하지 않을까요? 그럼 적어도 100만 원은 확보하는 것이고
운이 좋으면 10억 원도 얻지 않을까요? 하지만 그렇게 하면 초능

력자의 말대로 10억 원을 놓칠 수도 있는데?

윌리엄 뉴콤William Newcomb이 제안한 위 상황은 '뉴콤의 패러독스'라고 불립니다. "초능력자가 과연 현재의 내 선택을 과거에 알 수 있었을까?"가 문제의 핵심입니다. 가령, 내가 상자 B만 선택하려다가 선택의 순간 2초 전에 마음을 바꿔서 상자 A, B 모두 갖기로 했다면 이미 떠나버린 초능력자가 그 사실을 알 수 있을까요? 한편, 내가 상자 B만 선택했는데 초능력자가 잘못 예측하는 바람에 그 안에 아무것도 없다면 너무 억울하지 않을까요?

마틴 가드너는 '뉴콤의 패러독스'를 어떤 사람이 자유의지를 믿는가 안 믿는가를 판단하는 일종의 리트머스 시험지라고 했습니다. 그는 이 이야기를 많은 사람들과 나누며 사람들의 성향과 그들의 선택을 관찰했습니다. 그는 상자 A, B 모두 선택하는 사람들은 주로 인간에게 자유의지가 있다고 믿으며, 상자 B만 선택하는 사람들은 주로 결정론을 믿는다는 사실을 관찰했다고 합니다. '뉴콤의 패러독스'는 미래가 완전히 결정되어 있다고 생각하는지 그렇지 않은지에 대한 자신의 생각을 간접적으로 알 수 있는 문제입니다.

## 아킬레스와 거북이

아킬레스와 거북이의 경주는 유명한 제논의 역설입니다. 뛰어난 신체 능력을 가진 아킬레스가 느린 거북이와 경주를 합니다. 거북이가 아킬레스보다 몇 걸음 앞에서 시작하기로 합니다. 경주가 시작되어 둘이 달리기 시작하면 아킬레스는 결코 거북이를 앞지를 수 없다는 것이 2,500년 전 그리스 철학자 제논이 제시한 '아킬레스와 거북이'의 패러독스입니다.

제논의 설명은 이렇습니다. 경주가 시작되어 아킬레스가 처음 거북이가 있는 위치에 도착하면, 거북이는 그 사이에 조금이라도 전진해 있을 겁니다. 그 위치에서 또다시 아킬레스가 거북이가 움직인 곳에 도착하면, 그 사이에 거북이는 조금이라도 또 전진했겠죠. 이렇게 거북이가 쉬지 않고 움직이기 때문에 아킬레스는 결코 거북이를 따라잡을 수 없다는 겁니다.

같은 이유로 우리는 서울에서 부산까지 갈 수 없습니다. 서울에서 부산까지 가기 위해서는 서울과 부산의 중간지점을 통과해야 하는데요, 만약 중간지점에 왔다면 거기서부터 부산까지의 중간지점을 또 통과해야 합니다. 거기에 왔다면 거기서부터 부산까지의 중간지점을 또 통과해야 하죠. 이렇게 부산까지는 무수히 많은 중간지점이 있기 때문에 우리는 그 무수히 많은 중간지점을 모두 통과할 수 없습니다.

따라서 우리는 서울에서 출발하여 부산까지 갈 수 없습니다. 마찬가지 이유로 화살은 날아갈 수 없습니다. A지점에서 쏜 화살이 B지점까지 날아가는 것은 우리가 서울에서 부산까지 갈 수 없는 이유와 마찬가지로 있을 수 없는 일이죠. 이것이 제논의 패러독스입니다.

제논의 패러독스가 생긴 이유는 무한급수의 합이 무조건 무한대라고 생각하기 때문입니다. 아킬레스와 거북이가 시합을 할 때 거북이가 앞서 있는 거리를 아킬레스가 무한히 따라가는 상황은 무한급수의 합과 같이 계산됩니다. 물론 그 값은 유한하고요. 예를 들어, 서울에서 부산까지의 거리를 d라고 하면, 서울에서 출발하여 중간에 도착하고 또 중간의 중간에 도착하는 과정을 수식으로 표현하면 $\frac{d}{2} + \frac{d}{4} + \frac{d}{8} + \cdots$입니다. 이렇게 무한히 많은 수를 더한다고 그 값이 무한대가 되는 것은 아닙니다. 이 무한급수의 합은 $d$이죠.

제논의 패러독스는 무한에 대한 잘못된 이해에서 시작되었습니다. 지금 와서 풀어보면 그다지 어렵지 않지만, 19세기 초에 와서야 제논의 패러독스는 완전하게 해결되었습니다. 무한의 개념을 이해하기란 무척 어렵다는 방증이죠. 무한 때문에 생기는 또 다른 패러독스 하나를 소개합니다. 아리스토텔레스가 제시한 역설입니다. 바퀴가 다음과 같이 굴러갑니다.

바퀴는 밖으로 큰 원이 있고, 안쪽으로 작은 원이 있습니다. 바

퀴가 한 번 굴러서 왼쪽에서 오른쪽으로 이동하면 큰 원과 작은 원이 지나간 자국을 생각할 수 있는데, 두 자국의 길이는 같습니다. 이것은 큰 원과 작은 원의 크기가 같다는 의미입니다. 어떻게 된 일일까요?

큰 원과 작은 원의 모든 점이 1:1 대응이 된다는 사실을 알 수 있습니다. 1:1 대응이 존재하기 때문에 두 원의 길이가 같다는 결론을 내릴 수 있을 것 같지만, 사실은 그렇지 않습니다. 2장에서 무한히 집합의 개수를 센 것처럼 큰 원을 이루는 점의 집합과 작은 원을 이루는 점의 집합을 비교해보면 두 집합의 개수는 같습니다. 하지만 그것이 길이가 같다는 뜻은 아닙니다. 다음의 경우도 생각해봅시다.

정사각형의 한쪽을 다음과 같이 접어보겠습니다. 왼쪽에서 오른쪽으로 계속 접어가도 전체 둘레의 길이는 처음과 변함없이 일정합니다. 만약 한 변의 길이가 1인 정사각형이라고 하면 모든 도형의 둘레는 4의 값을 유지하겠지요.

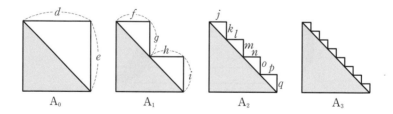

그런데 이 과정을 무한히 진행하면 수열 $\{A_n\}$에 대하여 $\lim\limits_{n\to\infty} A_n = A$인 A를 생각할 수 있습니다. $\{A_n\}$이 수렴하는 A는 다음과 같은 단순한 삼각형입니다.

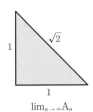

$$\lim\nolimits_{n\to\infty} A_n$$

그런데 수열 $\{A_n\}$의 모든 둘레의 길이는 4인 반면 수렴하는 삼각형 둘레의 길이는 $2+\sqrt{2}$입니다. 어떻게 된 것일까요?

역시 '무한히 수렴한다'에 대한 이해가 필요합니다. 수학에서 수렴하는 것에는 몇 가지 종류가 있습니다. 모든 점들이 각각 수렴하는 것 전체적인 모양이 수렴하는 것, 크기의 값이 수렴하는 것 등무한히 수렴하는 것도 개념에 따라 몇 가지 종류가 있습니다. 아직은 우리에게 너무 어려운 무한 때문에 많은 패러독스들이 발생한 것입니다.

### 💡 선택의 패러독스

친척들이 여행을 가기로 했습니다. 인원은 모두 15명이고 제주도, 속초, 거제도 3곳 중 한 곳에 가기로 했습니다. 15명이 공정하게 투표로 장소를 정하기로 했습니다. 투표 결과 가장 가고 싶은 곳으로 제주도가 6표, 속초가 5표, 거제도가 4표를 득표해 여행 장소가 제주도로 정해졌습니다.

그런데 몇 사람이 투표의 공정성에 의문을 제기했습니다. 그래서 모두 가고 싶은 여행지를 공개적으로 적어보기로 했습니다. 가고 싶은 곳을 순서대로 적었더니 다음과 같은 결과가 나왔습니다.

6명: 제주도 > 속초 > 거제도
5명: 속초 > 거제도 > 제주도
4명: 거제도 > 속초 > 제주도

제주도는 최다 득표를 했지만, 사람들이 가장 꺼리는 곳이기도 했습니다. 그래서 가중치를 두어 가장 가고 싶은 곳 2점, 그다음 가고 싶은 곳은 1점, 가장 가기 싫은 곳은 0점으로 계산했습니다. 그랬더니 여행지는 20점을 받은 속초로 정해졌습니다. 제주도는 12점으로 13점을 받은 거제도보다 점수가 낮았습니다.

6명: 제주도 > 속초 > 거제도
5명: 속초 > 거제도 > 제주도
4명: 거제도 > 속초 > 제주도

| 속초: 20점 |
| 거제도: 13점 |
| 제주도: 12점 |

투표 방법도 몇 가지가 있을 수 있습니다. 단순하게 최다 득표를 선택할 수도 있고, 가중치를 두어 점수화할 수도 있지요. 여러 사람이 점수를 주는 다이빙이나 체조 경기에서는 가장 좋은 점수와 가장 나쁜 점수를 제외하고 평균을 내는 방식을 취하기도 합니다. 기준을 어떻게 두느냐에 따라 선택의 결과는 언제나 달라질 수 있습니다. 그래서 처음부터 공정한 선택은 불가능하다고 볼 수도 있습니다.

사회 선택 이론에 '애로의 역설Arrow's paradox'이 있습니다. 투표 자들에게 3개 이상의 서로 다른 대안을 제시할 때 어떤 투표 제도로도 모든 구성원이 동의하는 최적의 선택을 만들어내기 쉽지 않다는 것인데, 쉽게 생각하면 어떤 선거도 공정하다고 할 수 없다는 주장입니다. 경제학자 케네스 애로는 이것을 수학적으로 증명하여 1972년 노벨 경제학상을 받았습니다.

## 🔆 패러독스 주사위

A가 B보다 크거나 같고, B가 C보다 크거나 같으면, A는 C보다 크거나 같다. 이를 기호로 표현하면 다음과 같습니다.

$$A \geq B \text{이고 } B \geq C \text{이면 } A \geq C \text{이다.}$$

'무겁다' '많다' 등의 관계에도 성립합니다. 그럼 A가 항상 B를 이기고 B가 항상 C를 이긴다면 A가 항상 C를 이긴다고 할 수 있을까요? 그렇지는 않습니다. 우리가 알고 있는 가장 쉬운 사례가 '가위 바위 보'입니다. 바위는 가위를 이기고 가위는 보를 이기지만, 바위가 보를 이기지는 못하죠. 오히려 보가 가위를 이깁니다. 가위 바위 보의 '이기는 화살표'는 다음과 같이 그릴 수 있습니다.

가위 바위 보와 같은 주사위가 있습니다. A가 B를 이기고, B가 C를 이기고, C가 D를 이기는데 D가 A를 이기는 주사위입니다, 통계학자 브래들리 에프론Bradley Efron이 제시했습니다. 다음 4개의 주사위를 보시죠.

| | A | | B | | C | | D |
|---|---|---|---|---|---|---|---|

|  |  |  | 4 |  |  |  |  |  |  | 3 |  |  |  |  |  | 2 |  |  |  |  |  | 1 |  |  |
|---|---|---|---|---|---|---|---|---|---|---|---|---|---|---|---|---|---|---|---|---|---|---|---|

A: 4 4 0 0 (위 4, 아래 4)
B: 3 3 3 3 (위 3, 아래 3)
C: 6 6 2 2 (위 2, 아래 2)
D: 5 5 1 5 (위 1, 아래 1)

주사위 A, B, C, D 중 하나를 선택하여 던져서 나온 숫자가 크면 이기는 게임을 한다면 어떤 주사위를 선택하는 것이 유리할까요? 가령 A와 B를 선택한다고 하면 A를 선택한 사람이 B를 선택한 사람보다 유리합니다. A는 $\frac{4}{6}$의 확률로 4가 나오고 B는 항상 3이 나오겠죠. 6번 중 A가 4번 이기고 B가 2번 이긴다는 뜻이니 A가 유리하죠.

B를 선택한 사람과 C를 선택한 사람을 비교하면 B를 선택한 사람이 유리합니다. C와 D를 비교해도 C를 선택한 사람이 유리합니다. 그럼 A를 선택한 경우와 D를 선택한 경우는 어떨까요? 다음과 같이 주사위 A와 D를 동시에 던졌을 때, 나올 수 있는 모든 경우는 36개입니다. A가 이기는 경우를 A, D가 이기는 경우를 D라고 쓰면 이렇습니다.

| A   D | 5 | 5 | 5 | 1 | 1 | 1 |
|-------|---|---|---|---|---|---|
| 4 | D | D | D | A | A | A |
| 4 | D | D | D | A | A | A |
| 4 | D | D | D | A | A | A |
| 4 | D | D | D | A | A | A |
| 0 | D | D | D | D | D | D |
| 0 | D | D | D | D | D | D |

이렇게 모든 경우를 따져보면 36번의 경우 중 A가 이기는 경우는 12번, D가 이기는 경우는 24번입니다. 압도적으로 D를 선택하는 것이 유리하지요. 이 주사위는 가위 바위 보처럼 상대적으로 유리한 상황이 순환합니다.

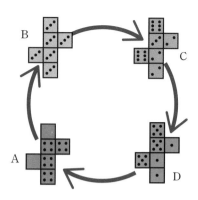

스포츠 경기를 보면 상대적인 경우가 많이 있습니다. A가 B를 이기고 B가 C를 이기는데, C가 A를 이기는 상황이 많지요. 순서나 순위가 항상 한쪽 방향으로 정해지는 것은 아닙니다.

## 💡 일상에서 만나는 많은 패러독스

인터넷에서 다음 문제를 놓고 사람들이 토론을 벌이는 모습을 봤습니다. 저마다 자신이 생각하는 답을 이야기하는데 뚜렷한 결론을 내릴 수 없었습니다.

| 생각<br>실험 | 이 문제를 무작위로 찍었을 때, 정답을 맞힐 확률은? | |
|---|---|---|
| | ① 25% | ② 50% |
| | ③ 60% | ④ 25% |

4개 중에 하나를 찍어서 정답을 맞힐 확률은 25%입니다. 따라서 25%가 답인데, 문제 속에는 1번과 4번에 25%가 있습니다. 답은 1번과 4번 같습니다. 그런데 4개의 보기 중에 찍어서 1번과 4번이 나온다는 것은 4개 중에 2개를 선택하는 것이기 때문에 정답률이 50%인 것 같고, 정답은 2번 같습니다. 그런데 무작위로 정답인 2번을 찍어서 맞추면 정답률이 25%가 되기 때문에 정답은 또다시 1번이나 4번이라고 이야기할 수 있을 것 같습니다. 이렇게 사람들은 논리적으로 결론을 내지 못하더군요.

우리는 논리적으로 어떤 답을 도출할 수 있지만 그게 반드시 옳은 것은 아닙니다. 우리가 내세운 논리에 부합하는 답일 뿐이죠. 다른 논리를 동원해서 우리와 다른 답을 구하는 사람들이 있고, 그들의 답도 그 나름으로 옳을 수 있습니다. 우리의 답과 그들의 답이 모두 틀렸을 수도 있죠. 답은 여러 개일 수도, 없을 수도 있습니다. 사람들은 수학이 하나의 정답만 요구하는 학문이라고 생각하지만, 제 생각은 다릅니다. 수학은 하나의 답을 요구하는 학문이 아니라, 합리적인 답을 요구하는 학문이라고요. 수학의 패러독스는 바로 그 사실을 알려줍니다.

## 🔅 불가능한 도형과 착시

로저 펜로즈의 불가능한 삼각막대와 에셔의 작품 〈폭포〉에서처럼, 패러독스를 연상시키는 불가능한 도형은 많은 사람들에 의해 발견되었습니다. 다음은 스웨덴의 오스카 로이터스바르드Oscar Reutersvard가 소개한 도형입니다.

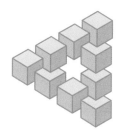

오스카는 중앙에 별을 그리고 별의 바깥 선을 따라 정육면체들을 그려서 별이 정육면체들 사이에 놓이도록 했습니다. 별 주위에 있는 12개의 정육면체가 삼각 막대를 이루고 있습니다. 자세히 관찰하면 삼각 막대의 세 꼭지각이 각각 직각을 이루고 있으니, 세 꼭지각의 합은 270도인 셈입니다. 실제로 12개의 정육면체를 이 그림처럼 결합해도 이런 도형은 만들 수 없습니다.

펜로즈의 삼각 막대와 완전히 똑같아 보이는 도형이지만, 오스카는 펜로즈나 에셔와 교류하지 않고 독자적으로 이런 불가능한 도형을 만들었다고 합니다. 그는 불가능한 대상을 소재로 많은 예술 작품을 남겼고, 많은 작가들에게 예술적인 영향을 끼쳤습니다. 1982년 스웨덴 우편국은 '불가능한 도형의 아버지'라고 불리는 오스카 로이터스바르드를 기념하는 아래의 우표를 발행했습니다.

불가능한 도형을 보면 생각나는 또 하나의 형태는 착시입니다. 다음은 미국 MIT 교수 에드워드 아델슨Edward Adelson이 개발하여 제시한 '체커보드 그림자'라고 불리는 유명한 착시 그림입니다. 눈으로 보기에는 체스판 A부분의 사각형과 B부분의 사각형 색이 달라 보이지만 실제로는 같은 색입니다.

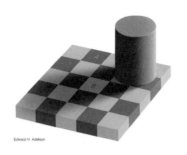

Edward H. Adelson

같은 색인 A와 B를 다르게 보는 것은 우리의 눈과 뇌가 정보를 얼마나 부정확하게 인식하는지 보여주는 사례입니다. 이는 불가능한 형태를 인식하는 것과 전혀 다른, 우리의 착각입니다. 앞에서 살펴본 불가능한 도형은 있을 수 없는 것을 존재하는 것처럼 구성한 패러독스였다면, 지금 보는 착시는 가짜를 진짜처럼 착각하는 실수입니다. 아델슨의 '체커보드 그림자' 착시에서 A와 B가 같다는 것은 다음과 같이 증명할 수 있습니다.

Edward H. Adelson

착시는 틀리게 보는 것입니다. 내가 보고 있는데도 틀리게 인식한다는 것이 한편으로는 재미있죠. 아래 2개의 테이블을 살펴보면, 왼쪽은 길쭉하고 오른쪽은 정사각형에 가까워 보입니다. 하지만 이 둘은 똑같은 테이블입니다. 테이블 상판의 사각형을 오려 붙여 보면 똑같다는 것을 확인할 수 있습니다. 놀랍고도 재미있죠?

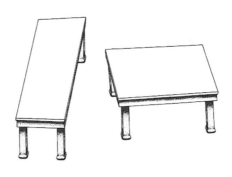

다시 말하지만 이런 착시는 우리의 눈과 뇌가 일으키는 착각입니다. 같은 것을 다르다고 보는 것이죠. 반면 패러독스를 연상시키는 불가능한 도형은 조금 다른 착각을 일으킵니다. 불가능한 것을 가능한 것처럼 구현하니까요.

## 논리적 착각

이러한 착시처럼 우리는 논리적으로 자주 착각을 일으키고 오류에 빠집니다. 때로는 자신이 오류에 빠졌는지도 판단하지 못하고,

알 수 없는 상황을 무조건 패러독스라고 치부하기도 합니다. 많은 사람들이 착각에 빠지는 이야기 몇 개를 소개합니다.

### 사라진 만 원

친구 3명이 놀러가서 숙소를 정했습니다. 호텔 숙박비는 30만 원이어서 각각 10만 원씩 냈습니다. 다음 날 퇴실하려는 이들에게 5만 원 할인 요금이 적용된다는 사실을 발견한 지배인이 5만 원을 돌려줬습니다. 3명의 친구는 각각 1만 원씩 나눠 갖고 2만 원은 지배인에게 팁으로 줬습니다. 결국 그들은 숙박비를 9만 원씩 지불한 셈입니다. 총 비용을 생각하면 3명×9만 원＋2만 원＝29만 원입니다. 나머지 1만 원은 어디로 간 것일까요?

3명이 지불한 돈과 그 돈이 사용된 항목을 제대로 구별하지 않아서 많은 사람을 혼란에 빠뜨린 질문입니다. 세 친구가 지불한 돈은 3명×9만 원＝27만 원입니다. 그 돈은 숙박비 25만 원과 지배인 팁 2만 원으로 사용되어 총 27만 원입니다.


### 오렌지와 사과

과일 가게에서 오렌지 30개를 1,000원에 3개씩 팔고, 사과 30개를 1,000원에 2개씩 팔았습니다. 저녁이 되자 오렌지와 사과는 모두 다 팔렸습니다. 1,000원에 2개씩 판 30개의 사과는 15,000원이고, 1,000원에 3개씩 판 30개의 오렌지는 10,000원입니다. 총

25,000원입니다.

다음 날 같은 양의 오렌지와 사과를 같은 가격에 팔아야 하는데, 직원이 이런 생각을 떠올렸습니다. '이것들을 귀찮게 나눠서 팔지 말고 5개 2,000원에 팔자! 어차피 다 팔면 되잖아.'

직원은 사과와 오렌지를 섞어놓고 5개 2,000원짜리 60개를 모두 팔았습니다. 그런데 다 팔고 나서 보니까 25,000원이 아니라 24,000원밖에 되지 않았습니다. 깜짝 놀란 직원은 사라진 1,000원을 찾아봤지만 없었습니다. 1,000원은 어디로 갔을까요?

오렌지 3개와 사과 2개 묶음으로 5개씩 팔았다면 전날과 같이 총 25,000원을 받았을 겁니다. 하지만, 문제는 오렌지와 사과를 구별하지 않고 섞어서 5개씩 팔았다는 점입니다. 1,000원에 3개인 오렌지는 하나의 가격이 $\frac{1,000}{3}$ 원이고 1,000원에 2개인 사과는 하나의 가격이 $\frac{1,000}{2}$ 원입니다. 반면 섞어서 5개에 2,000원을 받고 팔았다면 하나의 가격은 $\frac{2,000}{5}$ 원입니다. 첫날에는 오렌지와 사과를 다음과 같이 팔았습니다.

$$\frac{1,000}{3} \times 30 + \frac{1,000}{2} \times 30 = 25,000$$

그다음 날 오렌지와 사과를 한꺼번에 판 것은 다음과 같습니다.

$$\frac{2,000}{5} \times 60 = 24,000$$

## ☀️ 확률에 관한 어려운 문제

한 오디션 프로그램에서 3명이 최종 라운드까지 진출했습니다. 세 사람은 각자 장기를 발휘했고 내일 최종 우승자 한 명이 결정됩니다. 하룻밤을 기다려야 결과를 알 수 있습니다. 당일 발표 순간까지 최종 우승자가 누구인지 비밀을 유지하는 것이 오디션의 규칙입니다.

최종 후보 A, B, C 중 궁금증을 참지 못하는 성격인 A는 발표 하루 전날 담당 PD를 찾아가 결과를 알려달라고 졸랐습니다. PD가 절대 알려줄 수 없다고 하자 A는 이렇게 말합니다.

"B와 C 중 누가 우승하지 못하는지만 알려주세요. 그건 비밀이라고 할 수 없잖아요?"

A의 설득에 PD는 이렇게 말했습니다.

"B는 우승하지 못합니다."

이 이야기를 듣고 A는 기쁨의 환호성을 질렀습니다.

'나 포함 3명이 최종 후보니까 나의 우승 확률은 $\frac{1}{3}$이었어. 그런데 B는 우승하지 못한다네? 결국 우승자는 나와 C 둘 중 한 명이니까 확률이 $\frac{1}{2}$로 높아졌어! 정말 기분 좋은 밤이야!'

정말 A의 생각처럼 A의 우승 확률은 $\frac{1}{3}$에서 $\frac{1}{2}$로 올라간 것일까요?

A의 생각처럼 그의 우승 확률이 높아지지는 않았습니다. 담당 PD의 대답은 A의 우승에 관한 아무 정보도 없었으며 B와 C에 관

한 정보만 알려준 것입니다.

만약 담당 PD에게 "B가 우승하나요 아니면 탈락하나요?"라고 물었는데 "B는 탈락입니다"라는 대답을 들었다면 A의 우승 확률은 높아집니다. 이 경우에는 A의 우승 확률이 $\frac{1}{2}$로 올라갔다고 볼 수 있습니다. 하지만 지금의 이야기는 상황이 다릅니다. 담당 PD는 A가 아닌 다른 2명에 대해 이야기했고, 그것은 A와는 상관이 없는 정보였습니다. 이 상황에서 우승 확률이 진짜로 올라간 사람은 C입니다. C가 우승할 확률은 $\frac{1}{3}$에서 $\frac{2}{3}$가 되었고 A가 우승할 확률은 처음과 같은 $\frac{1}{3}$입니다.

상황을 정리해봅시다. A, B, C의 우승 확률이 각각 $\frac{1}{3}$이라고 하면, 담당 PD는 A와 상관없는 B와 C에 대해 언급했습니다. B와 C, 둘 중 한 사람이 우승한다는 말은 B가 우승하거나 C가 우승한다는 것이니 그 확률은 각각의 확률을 더해 $\frac{2}{3}$입니다. 그런데 B는 우승하지 못한다고 못박았습니다. 이것은 C의 우승 확률이 $\frac{2}{3}$가 되었다는 의미입니다.

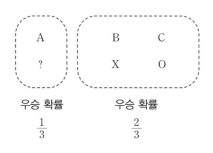

이러한 확률에 관한 이야기는 우리를 자주 혼란에 빠뜨립니다. 지금 소개한 이야기는 유명한 '몬티 홀의 문제'와 같은 아이디어를 공유합니다.

## 몬티 홀의 문제

TV 쇼에 참가했다고 상상해봅시다. 당신은 TV 쇼의 최종 승자가 되어 보너스로 스포츠카까지 받을 수 있는 기회를 얻었습니다. 마지막 선택에서 행운과의 한판 승부를 벌여야 합니다. 지금 당신 앞에는 3개의 닫힌 문이 있습니다. 진행자는 3개의 문 중 하나를 열면 멋진 스포츠카가 있지만, 나머지 2개의 문 뒤에는 세발 자전거가 있다고 알려줍니다. 3개의 문 중 하나를 선택하라는 진행자의 말에 당신은 하나를 선택했습니다. 이때! 수백만의 시청자에게 긴장감을 주기 위해서 진행자는 선택되지 않은 2개의 문 중 스포츠카가 없는 문 하나를 열었습니다. 그리고 이렇게 묻습니다.

"지금이라도 문을 바꾸겠습니까? 아니면 처음 선택한 문을 계속 유지하겠습니까?"

자, 이제 최종 선택의 시간입니다. 당신은 다른 문으로 바꾸겠습니까 아니면 맨 처음 선택을 유지하겠습니까?

이 이야기는 미국의 한 방송국에서 실제로 진행되었던 인기 쇼 프로그램의 한 장면입니다. 수학 관련 영화나 드라마에서도 자주 언급되는 상황이지요. 수학적인 계산으로는 처음 선택한 문을 다른 문으로 바꾸는 것이 선택을 바꾸지 않는 것보다 스포츠카를 얻을 확률이 2배 더 높습니다. 확률을 계산해봅시다.

일단 선택을 바꾸지 않는다면 처음 고른 문에 스포츠카가 있을 확률은 $\frac{1}{3}$입니다.

당신이 선택하지 않은 2개의 문에 스포츠카가 있을 확률은 $\frac{2}{3}$입니다. 그런데 진행자가 스포츠카가 없는 문을 열면서 당신이 선택하지 않는 문의 수를 2개에서 하나로 줄여줬습니다. 만약 진행자가 어느 문에 스포츠카가 있는지 모른 채 무작위로 하나를 열었는데 그 안에 스포츠카가 없었다면, 당신이 선택한 곳에 스포츠카가 있을 확률은 $\frac{1}{2}$로 높아진다고 할 수 있습니다. 하지만 진행자는 의도적으로 스포츠카가 없는 문을 열었기 때문에 선택을 바꾼다면 그곳에 자동차가 있을 확률은 $\frac{2}{3}$가 됩니다.

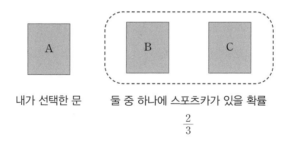

내가 선택한 문　　둘 중 하나에 스포츠카가 있을 확률
$\frac{2}{3}$

여기에서 주목할 점은 진행자가 어디에 스포츠카가 있는지 알고 있다는 사실입니다. 그가 일부러 스포츠카가 없는 문을 열었다는 것은 $\frac{2}{3}$의 확률을 남은 문에 몰아준 셈입니다. 그러니 바꾸는 것이 유리하지요.

언뜻 이해되지 않는다면 이번에는 100개의 문이 있다고 생각해 보세요. 당신은 하나의 문을 선택했습니다. 진행자는 스포츠카가 없는 98개의 문을 열었고, 당신이 선택한 문과 그렇지 않은 2개의 문만 남았습니다. 그는 묻습니다. "문을 바꾸시겠습니까?" 만약 처음 선택한 문을 바꾸지 않는다면 자동차를 탈 확률은 $\frac{1}{100}$ 입니다. 바꾼다면 $\frac{99}{100}$ 가 되지요.

몬티 홀의 문제를 '유사 패러독스'라고 하는 사람들도 있습니다. 패러독스는 아니지만 패러독스처럼 알쏭달쏭하다고 생각하기 때문인 듯합니다.

이 문제는 상당히 재미있어서 저는 많은 사람들과 이 문제에 관해 이야기했습니다. 그런데 제가 발견한 흥미로운 점은, 이 질문을 받은 사람들 중 80% 이상이 첫 선택을 바꾸지 않겠다고 대답했다는 사실입니다. 바꾸는 것과 안 바꾸는 것의 확률이 50:50이라고 잘못 판단한 사람도 일단은 바꾸지 않겠다고 합니다. "만약 바꿔서 스포츠카가 날아가면 너무 안타까울 것 같아서"가 그 이유였습니다.

사람들은 확실히 기회보다는 손실을 더 두려워하고 피하려 합니다. 그래서 변화가 주는 이익이 발생할지도 모르는 손실보다 월등히 클 때에만 변화에 동참하지요. 심리학자들의 연구에 따르면, 우리는 이익보다 손실을 2.5배 정도 더 크게 느낀다고 합니다. 그래서 변화에 더 적극적으로 대응하는 하나의 좋은 방법은 변화를 통해 얻게 되는 불확실한 이익을 계산하기보다, 변화하지 않았을 때 확실하게 잃게 되는 손해를 계산하는 것입니다.

이익 추구와 손실 회피를 축구의 공격과 수비로 비유해보면, 손해를 피하려는 수비는 인간의 본능 같은 자연스럽고 일차적인 선택이고 행동입니다. 수비를 튼튼히 한다 해도 공격을 해야만 경기에서 승리할 수 있지요. 합리적이고 계산적으로 생각한다면 더 공격적으로 변화를 받아들이고 동참해야 합니다.

### 💡 웃기는 수학

논리적인 오류를 의도적으로 활용하여 알쏭달쏭한 이야기를 만들어내는 것은 상당히 재미있습니다. '수학 유머'라고 부를 만한데, 다음과 같은 사례가 대표적입니다. "공부하면 실패한다!"를 수학적으로 증명한 것입니다.

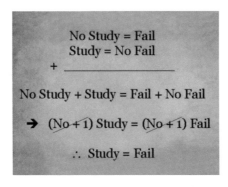

$$No\ Study = Fail$$
$$Study = No\ Fail$$
$$+\ \underline{\hspace{5cm}}$$
$$No\ Study + Study = Fail + No\ Fail$$
$$\rightarrow\ (No + 1)\ Study = (No + 1)\ Fail$$
$$\therefore\ Study = Fail$$

불교에서 이야기하는 '색즉시공 공즉시색', 즉 '있는 것이 없는 것이고 없는 것이 있는 것'이라는 오묘한 철학을 수학적인 식으로도 이야기합니다. 다음 그림을 살펴봅시다.

이것을 보고 "물컵에 물이 반 비워졌다"라고 말하는 사람이 있고 "물컵에 물이 반 채워졌다"라고 하는 사람도 있을 겁니다. 둘 다 맞는 말이죠. 이 두 표현을 식으로 써보면 이렇습니다.

$\frac{1}{2}$ Empty (비워짐) $=\frac{1}{2}$ Full (채워짐)

즉, Empty = Full; 비워짐과 채워짐은 같다.

결론적으로 있는 것이 없는 것이고, 없는 것이 있는 것이다;

색즉시공, 공즉시색

오류를 이용하여 황당한 것도 증명할 수 있습니다. "모든 숫자는 같다"를 증명해보겠습니다.

정리: 모든 숫자는 같다.

증명.

임의의 숫자 $a$와 $b$을 생각해보자. $t$라는 숫자를 '$t=a+b$'로 만들면 다음과 같은 연산을 할 수 있다.

$$a+b=t$$
$$(a+b)(a-b)=t(a-b)$$
$$a^2-b^2=ta-tb$$
$$a^2-ta=b^2-tb$$
$$a^2-ta+\frac{t^2}{4}=b^2-tb+\frac{t^2}{4}$$
$$\left(a-\frac{t}{2}\right)^2=\left(b-\frac{t}{2}\right)^2$$
$$a-\frac{t}{2}=b-\frac{t}{2}$$
$$a=b$$

그러므로, 모든 수는 똑같다는 결론을 얻는다.

엉뚱한 주장이지만 나름의 수학공식을 적용했지요. 때로는 오류를 정확하게 지적하지 못하는 이야기가 우리에게 혼란을 주기도 하는데, 혼란스러우면서도 재미를 느낄 수 있습니다. 이런 주장을 보세요.

36인치＝1야드이다.

즉, 9인치＝$\frac{1}{4}$야드이다.

9의 제곱근은 3이고, $\frac{1}{4}$의 제곱근은 $\frac{1}{2}$이므로,

3인치＝$\frac{1}{2}$야드이다.

따라서, 6인치＝1야드다.


이렇게 실수와 오류를 의도적으로 활용하여 엉뚱하게 주장하는 '수학 유머'를 즐기는 것도 생각의 힘을 키우는 또 하나의 방법입니다.

# $f_x$ 거짓말쟁이 패러독스

## 🔆 나는 거짓말을 하고 있다

소크라테스는 이렇게 말했다고 합니다.

"내가 아는 한 가지는 나는 아무것도 모른다는 것이다."

좀 이상하지 않습니까? "나는 내가 아무것도 모른다는 사실을 알고 있다"라는 말은 자연스럽게 들리면서도 한편으로는 묘하게 논리적으로 모순 같습니다. 소크라테스의 말은 '거짓말쟁이 패러독스'와 같은 것입니다.

"나는 거짓말쟁이다."

2,500년 전 이 말을 들은 한 철학자는 이렇게 생각했다고 합니다. 만약 저 사람이 거짓말쟁이라면 그의 말은 모두 거짓이기 때문에 그가 자신을 거짓말쟁이라고 한 것은 거짓입니다. 따라서 그는 진실을 말하는 사람이지요. 만약 그가 진실을 말하는 사람이라면 자신을 거짓말쟁이라고 한 말은 진실이므로 그는 거짓말쟁이입니다. 그러니까 그가 거짓말쟁이라고 가정하면 그는 진실을 말하는 사람

이 되고 그가 진실을 말하는 사람이라고 생각하면 그는 거짓말쟁이가 됩니다. 뭔가 잘못된 상황이지요. 이것을 거짓말쟁이 패러독스라고 합니다. 비슷한 사례들을 살펴봅시다.

1. "이 문장은 거짓이다."
이 문장의 참, 거짓을 따져볼까요?
만약 이 문장이 참이라면 이 문장의 주장대로 이 문장은 거짓이 됩니다.
만약 이 문장이 거짓이라면 이 문장에서의 주장과는 다르게 이 문장은 참이 됩니다. 참이라고 가정하면 거짓이 되고, 거짓이라고 가정하면 참이 되죠. 참과 거짓이 뒤바뀌고 있습니다.

2. "나는 지금 독자에게 거짓말을 하고 있다."
어떤 작가가 했다는 이 말을 생각해볼까요? 만약 그가 지금 진실을 이야기한다면 그는 그의 말대로 거짓말을 하고 있습니다. 반대로 그가 지금 거짓을 말한다면 자신이 지금 거짓말을 하고 있다는 말은 거짓이므로 그는 진실을 이야기하는 겁니다. 이것은 정말 이상하지요.

3. A: 문장 B는 거짓이다.
B: 문장 A는 진실이다.
만약 문장 A가 진실이라면 문장 B는 거짓이 되고, 다시 문장 A가 거짓이 됩니다. 만약 문장 A가 거짓이라면 문장 B는 진실이 되고, 다시 문장 A가 진실이 됩니다. 출발하여 되돌아오는 과정이 무언가 뒤틀려 있습니다.

4. 앞면과 뒷면에 다음과 같이 적힌 카드를 만드세요.

앞면: 뒷면에 적힌 말은 진실입니다.

뒷면: 앞면에 적힌 말은 거짓입니다.

| | |
|---|---|
| 뒷면에 적힌 말은<br>진실입니다 | 앞면에 적힌 말은<br>거짓입니다 |

5. "이 문장은 일곱 단어로 이루어져 있다."

이 문장의 단어는 모두 6개입니다. 그러니 틀린 문장이죠. 올바르지 않은 문장을 부정하면 올바른 문장을 만들 수 있습니다. 다음과 같이 부정형을 만들어볼까요?

"이 문장은 일곱 단어로 이루어져 있지 않다."

그런데 이 문장의 단어를 세어보면 모두 7개이니 이 문장도 잘못된 것입니다. 분명 틀린 문장을 부정하면 올바른 문장이 되고, 올바른 문장을 부정하면 틀린 문장이 되는데, 지금은 어떻게 된 것일까요?

## 🔆 러셀의 집합

수학자 러셀은 이렇게 논리적으로 모순되는 현상을 설명하기 위해 다음과 같은 집합을 만들었습니다.

$$S = \{x \mid x \notin S\}$$

이 집합은 자신에게 속하지 않는 원소들을 포함하는 집합입니다. 다시 말해, 어떤 원소가 이 집합에 속한다면($x \in S$) 그 원소는 이 집합에 속하지 않게 되고($x \notin S$), 이 집합에 속하지 않는 원소($x \notin S$)는 이 집합에 속하게($x \in S$) 됩니다. 이 집합은 형식적으로 보면 논리적인 구성상 아무런 문제가 없어 보이지만 실제로는 모순적이며 존재할 수도 없습니다. 앞뒤가 맞지 않는 앞의 거짓말쟁이 패러독스처럼 말이죠. 러셀은 이를 쉽게 설명하기 위해 다음 이야기를 직접 만들었습니다.

세비야의 이발사는 이발소 앞에 이렇게 써 붙였습니다. "나는 스스로 면도하지 않는 사람들만 면도한다." 이발사는 자신의 말에 매우 만족했습니다. 하지만 지나가던 사람이 그에게 물었습니다. "그럼, 당신은 누가 면도를 해주나?"

만약 이발사가 스스로 면도를 한다면, 그는 스스로 면도하는 사람에 속하니까 이발소 앞에 붙어 있는 말에 따라 자신이 면도할 수 없습니다. 만약 다른 사람이 이발사를 면도해준다면, 그는 스스로 면도하지 않는 사람에 속하게 됩니다. 그런 사람은 이발사 자신이 면도해주겠다고 이발소 앞에 써 붙였으니, 자신이 면도를 해야 합니다. 즉 다른 사람이 면도해줄 수 없습니다. 이발사는 어떻게 면도를 해야 할까요?

## 💡 자기언급

"A의 집은 어디인가요?"

"A의 집은 B의 옆집이에요."

"그럼 B의 집은 어디인데요?"

"B의 집은 A의 옆집이죠."

거짓말쟁이 패러독스는 생각보다 자주 접할 수 있습니다. 자기언급의 방법으로 이런 패러독스를 많이 만들 수 있지요. 위의 상황에는 A와 B 둘이 등장하지만, 이 역시 서로 맞물려 있는 일종의 자기언급입니다. 자기언급으로 몇 가지 패러독스를 만들어볼까요?

1. 노총각: 나는 나 같은 멍청이와 결혼하지 않을 현명한 여자를 만나서 결혼할 것이다.
2. 법칙: 예외 없는 법칙은 없다.
3. 담벽: 낙서 금지.
4. 작가의 변: 나는 지금 독자에게 거짓말을 하고 있다.

1. 도대체 노총각은 어떻게 결혼할까요? 결혼할 생각이 있는 걸까요, 없는 걸까요?
2. '예외 없는 법칙은 없다'는 법칙의 예외는 어떤 법칙일까요?
3. 왜 남의 담벼에 그런 낙서를 하는 건가요?
4. 작가는 지금 독자에게 거짓말을 하는 걸까요, 진실을 말하는 걸까요?

자기언급을 생각하며 거짓말쟁이 패러독스와 비슷한 이야기를 만들려면 이야기 전체를 이야기 속의 하나의 구성원으로 보는 접근이 필요합니다. 이렇게 이야기들을 만들어보는 것도 상당히 재미있습니다. 자기언급으로 만들어지는 패러독스는 내부와 외부가 연결되는 뫼비우스의 띠를 닮았는데, 저는 뫼비우스의 띠를 연상시키는 글을 써보고 싶었습니다. 내부와 외부가 만나는 것처럼, 이야기 속의 내용이 그 이야기 자체를 만들면 좋겠다고 생각했지요. 제가 그런 생각으로 쓴 짧은 글 2개를 소개합니다.

### 새빨간 거짓말의 유래

한 소설가에게 우리의 풍습과 말의 유래 등을 배운 적이 있었습니다. 얼마 전 그 소설가에게 거짓말에 빨간색을 붙이는 이유를 들었습니다. 우리는 누군가의 악의적이고 고의적인 거짓말을 '새빨간 거짓말'이라고 표현합니다. 그 유래는 이렇습니다. 고려 말 공민왕 때, 세상이 어수선하고 민심이 흉흉해서 서로를 속이고 곤경에 빠트리는 일이 자주 발생했다고 합니다.

그래서 고을의 수령은 매우 엄하고 강력하게 사람들을 통제하며 특히 거짓말을 한 사람에게 매우 무거운 벌을 내렸습니다. 바로 뜨거운 떡을 목에 쑤셔 넣는 벌이었습니다. 심한 거짓말을 한 사람을 포박하여 사람들이 보는 앞에서 공개적으로 인절미 같은 떡을 뜨겁게 달궈 입을 억지로 벌리게 하고 떡 12개를 연속으로 쑤셔 넣었다고 합니다. 이렇게 뜨거운 떡이 입에 들어가서 목에 걸리면 죄인의 얼굴이 뻘겋게 달아오르다 결국 질식해 죽는다고 합니다. 그 이후로 사람들은 거짓말에 빨간 색깔을 붙이기 시작했습니다. 심하고 악질적인 거짓말을 '새빨간 거짓말'이라고 부르기 시작한 겁니다.

이 이야기를 소설가에게 들었다는 자체가 거짓말입니다. 다시 말해 새빨간 거짓말의 유래라는 것 자체가 새빨간 거짓말이죠. 거짓말에 대한 이야기를 거짓말로 하는, 일종의 자기언급이 되는 이야기라서 지어봤습니다. 같은 의도로 만든 이야기 하나를 더 소개합니다.

### 만우절 일기

오늘은 만우절이다. 어렸을 때는 만우절에 이런 저런 재미있는 일들을 많이 꾸미려고 했는데, 언제부턴가 그런 일들이 재미없어진 지 오래됐다. 사실 만우절이면 항상 생각나는 일이 있다. 벌써 10년이나 된, 아주 오래된 일이지만, 한동안 매년 만우절이면 생각났다. 최근 몇 년 동안은 잊고 있었는데, 오늘은 왠지 그 일이 생각난다. 어릴 때부터 같은 교회에서 오랫동안 친한 친구로 지내던 여학생이 있었다. 같이 영화도 보고 수다도 많이 떨며 지낸 터라 그날도 같이 커피를 마셨다. 나는 평소와 다름없었는데, 그 친구가 갑자기 이렇게 말했다.

"오늘 만우절인 거 알아? 내가 거짓말 하나 할까? 나 널 사랑해."

그러고는 느닷없이 내게 입맞춤을 했다. 우리는 스무살이었고, 그때의 나는 손만 잡아도 결혼해야 한다고 생각했다. 물론 지금은 아무 느낌 없이 누구와도 손을 잡지만, 그땐 그랬다. 그런 내게 어설픈 키스를 하고 그녀는 가버렸다. 나는 어떻게 해야 할지 몰라 멍하니 앉아만 있었다. 그 후로 우리는 잘 만나지 못했다. 시간이 흘러 지금은 연락도 되지 않는다. 하지만 그때의 기억은 꽤 오랫동안 나를 따라다녔고 만우절만 되면 선명한 흑백 사진처럼 내 기억에 되살아났다. 최근 몇 년 전까지 말이다. 한동안 잊고 지내던 일이 오늘 갑자기 생각나는 건 왜일까.

이 일기는 예전 만우절에 제가 인터넷에 올린 글입니다. 이 글을 읽은 많은 사람들이 "좋은 추억이 부럽다" "그때 그녀와 사랑을 시작했어야 했다" 또는 "나도 비슷한 경험이 있다" 등의 댓글을 달더군요. 하지만 저는 단지 만우절에 재미있는 거짓말을 하나 썼을 뿐입니다.

# 뫼비우스의 띠

## 🔅 그리는 손

"나는 거짓말쟁이다"라는 말이 지닌 어떤 모순을 집합 $S = \{x \mid x \notin S\}$으로 표현하고 해석했다는 사실이 꽤 인상적이지 않습니까? 수학자들은 세상의 모든 현상을 수식으로 표현하고 해석합니다. 물리학 공식이나 경제학의 방정식을 보면 세상의 모든 것을 수학으로 표현할 수 있다는 사실을 알게 됩니다. 흥미롭게도, 예술가들은 그림으로 이런 것도 표현하더군요. 다음 작품을 봅시다.

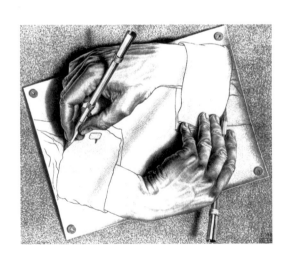

모순적 사고: 패러독스를 인정하고 즐기다

에셔의 석판화 〈그리는 손〉이라는 작품입니다. 오른손이 왼손을, 왼손이 오른손을 그리고 있는 그림입니다. 재미있는 설정이죠. 이 작품을 가만히 들여다보고 있으면 "나는 거짓말쟁이다"라고 자신을 언급하면서 만든 패러독스가 생각납니다. 오른손은 왼손 덕분에 존재하고 왼손은 오른손에 의해 만들어지는 모습이, 앞서 살펴본 거짓말쟁이 패러독스의 또 다른 사례 같습니다.

에셔의 〈그리는 손〉은 형태적으로는 수학의 뫼비우스의 띠를 연상시키고, 장자의 꿈을 떠올리게도 만듭니다. 고대 중국의 철학자 장자가 나비가 되어 날아다니는 꿈을 꾸다가 깨고 나서 '사람인 내가 나비의 꿈을 꾼 것인가, 아니면 나비인 내가 지금 사람이 되는 꿈을 꾼 것인가?' 혼란스러워했다고 하지요.

〈그리는 손〉은 자기계발이나 리더십 또는 투자의 원리도 떠오르게 하는 그림입니다. 투자란 나에게서 나간 작은 돈이 더 큰돈이 되어 돌아오는 것입니다. 일방적으로 들어오기만 바라면 투자가 아니지요. 월급을 받는 사람은 나가는 돈 없이 들어오는 돈만 있지만, 사장은 먼저 자신의 돈을 쓰고 나중에 더 큰돈을 벌어들입니다.

사회적인 트렌드를 살펴보면 빨간 옷이 인기 있으면 의류 회사에서 빨간 옷을 많이 만들지만, 먼저 빨간 옷을 많이 만들어 그것을 유행시키기도 합니다. 이는 리더십에서도 자주 적용되는데, 자녀가 100점을 맞아야 부모가 칭찬하는 것이 아니라 부모가 먼저 칭찬하면서 자녀가 100점을 맞도록 이끌어주는 리더십이 그 예시입니다. "된다고 생각하고 하면 되고, 안 된다고 생각하면 안 돼요" 라고 말하지 않습니까? 오른손이 왼손을 그리고, 왼손이 오른손을 그리는 에셔의 〈그리는 손〉은 다양한 생각들을 하게 만드는 재미있는 작품입니다.

유명 작품을 모방하거나 풍자하는 작품들도 있습니다. 다음은 에셔의 〈그리는 손〉을 의도적으로 차용한 작가의 〈에셔의 악몽〉이라는 작품입니다.

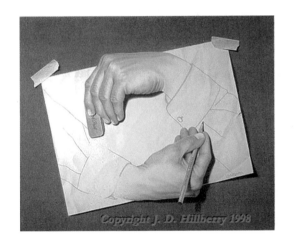

한 손이 한 손을 그려주는데, 그 손은 자신을 그리는 손을 지우개로 지우고 있습니다. 정말 재미있는 설정이죠? 자기를 그려주는 손을 지워버리면 결국 자기도 제대로 그려지지 않을 텐데, 하는 생각으로 이 그림을 보면서 플러스를 만드는 사람과 마이너스를 만

드는 사람을 떠올렸습니다.

내가 상대를 친구로 생각하고 친구로 대하면 그는 나의 친구가 되고, 내가 상대를 악당으로 생각하고 악당으로 대하면 그는 나의 악당이 되는 겁니다. 인간관계에서 중요한 것은 서로 믿고 신뢰하며 협력하는 것이죠. 긍정적인 생각은 긍정적인 결과를 낳고 부정적인 생각은 부정적인 결과로 끝나지 않을까요? 내가 먼저 상대를 그려주고 긍정적인 상황을 만드는 것이 무엇보다도 중요합니다.

## 🔦 에셔의 작품들

앞에서 이야기한 것처럼 에셔의 〈그리는 손〉은 뫼비우스의 띠를 연상시킵니다. 7장에서 살펴봤던 에셔의 작품 〈폭포〉도 뫼비우스의 띠를 연상시키는 로저 펜로즈의 불가능한 삼각 막대에서 영감을 받은 것인데, 그 역시 뫼비우스의 띠를 떠오르게 하지요. 에셔가 가장 관심을 가진 주제는 무한이라고 합니다. 그의 작품 곳곳에서 무한이라는 키워드를 찾을 수 있습니다. 수학에서 무한을 표현하는 무한대(∞)와 뫼비우스의 띠는 매우 비슷하게 생겼죠. 무한과 뫼비우스의 띠를 연상시키는 에셔의 또 다른 작품 〈도마뱀〉을 소개합니다.

이 작품의 주인공인 도마뱀은 2차원의 평면에서 나와 3차원을 돌아다니다 다시 2차원의 평면으로 들어갑니다. 차원을 넘나들고 있는 것이 재미있네요. 이 작품의 특징은 스케치북 속에 있습니다.

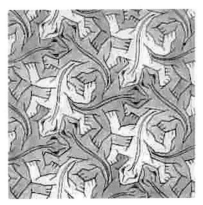

작품 속 스케치북을 보면 서로 다른 도마뱀들이 맞물려서 2차원의 평면을 빈틈없이 덮고 있습니다.

매우 특이합니다. 일정 모양을 반복해서 평면을 채우기란 쉽지 않습니다. 아니, 거의 불가능한 일입니다. 같은 모양을 반복해 평면을 빈틈없이 무한히 채울 수 있는 도형은 삼각형, 사각형, 육각형 정도입니다. 원 같은 도형을 반복해서는 빈틈없이 평면을 채울 수 없습니다. 놀랍게도 에셔는 같은 모양의 도마뱀으로 평면을 빈틈없이 가득 채웁니다. 이처럼 에셔는 같은 모양으로 평면을 빈틈없이 채우는 작품들을 많이 남겼습니다. 사람과 나비를 이용하여 평면을 채운 작품들도 있습니다.

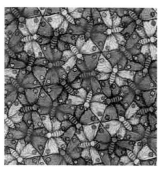 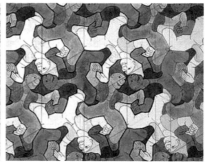

이렇게 평면을 똑같은 모양으로 채워나가는 것을 '테셀레이션tessellation'이라고 합니다. 에셔의 작품에 영감을 받은 영국의 수학자 로저 펜로즈는 어떤 모양이어야 평면을 채울 수 있는가에 대한 연구를 많이 진행하기도 했습니다. 지금은 초등학교 수학 시간에 테셀레이션을 다룹니다.

불가능한 도형을 하나 더 소개합니다. 다음은 스위스의 수학자 네커Necker가 사람들에게 설명한 '네커 큐브Necker cube'인데, 오른쪽은 그것을 컴퓨터 그래픽으로 구현한 모습입니다.

네커 큐브는 점이 정육면체의 내부에 있을 때와 정육면체의 외부에 있을 때에 따라, 다음과 같이 정육면체의 모양이 2가지로 보입니다.

 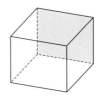

1932년 수학자 네커는 네커 큐브를 제시하면서, 입방체가 보기에 따라 전후 관계가 바뀔 수 있다는 이론을 제시합니다. 에서는 이 원리를 적용해 안팎이 교차하는 기둥을 만들어 〈전망대〉라는 작품을 탄생시켰습니다. 2층 내부에서 3층 외부로 연결된 사다리를 올라가서 저 멀리 풍경을 전망하는 사람이 있습니다. 1층에 앉아 네커 큐브의 스케치를 보며 그 스케치를 구현한 입방체를 만지는 사람도 보이네요.

## 💡 에셔의 공식

유명해진 에셔는 미국의 대학에서 많은 강연 초정을 받았습니다. 그가 MIT에서 강의했던 슬라이드를 우연히 봤는데, 첫 화면이 다음 공식이더군요.

$$W = \frac{1}{2}M + 10$$

20살이 된 에셔가 외국 유학을 위해 집을 떠날 때, 그의 아버지가 이 공식을 써주며 다음과 같이 충고했다고 합니다.

"남자 나이의 절반보다 열 살 많은 여자를 만나거라."

앞의 수식에서 M과 W는 각각 남자의 나이와 여자의 나이입니다. 우리나라에서는 4살 차이가 좋다는 말을 자주 하지요. 이것을 앞에서와 같이 공식으로 표현하면 'W=M−4'입니다. 가령 남자가 20살 때 4살 어린 여자를 만나면 16살입니다. 하지만 에셔의 공식을 적용하면 남자가 20살 때에는 20살인 여자를 만나고, 남자가 30살 때에는 25살인 여자를 만나는 것이 좋다고 합니다. 남녀가 처음 만났을 때의 나이로 생각하면 더 정교하다고 할 수 있습니다.

우리는 자연에서 발생하는 모든 현상을 수학적인 식으로 표현하여 분석하고, 모든 사회 현상을 수학적인 식으로 표현하여 해석합니다. 그래서 사람들은 수학이 세상을 지배하고 있다고 말합니다. 그런 의미로 저는 남녀 관계를 수학적인 식으로 이해하려고 노력한 에셔의 방정식이 좋습니다. 그것이 잘 맞느냐 아니냐는 다른 문제입니다. 많은 현상을 수학적으로 이해하고 해석하려는 노력이야말로 수학을 즐기며 활용하는 방법 아닐까요?

# 우리의 현실이 패러독스다

f<sub>x</sub>

## 💡 계산과 현실

수학은 확실하게 계산하는 것이라고 생각합니다. 하지만 "현실에서도 정확한 계산이 적용되는가?" 하는 질문을 가끔 던지게 됩니다. 때로 우리는 계산 결과와는 전혀 다른 선택을 내립니다. 이런 실험을 생각해봅시다.

| 생각<br>실험 | 선택 |
|---|---|
| | A 주머니에는 흰 공 60개와 검은 공 40개, B 주머니에는 흰 공 99개와 검은 공 1개가 있습니다. A에서 흰 공을 꺼내면 10만 원을 받고, B에서 흰 공을 꺼내면 5만 원을 받습니다. 검은 공을 꺼내면 돈을 받지 못합니다. A, B 중 하나의 주머니를 선택할 수 있다면 어떤 주머니를 고르겠습니까? |

이 상황에 대한 합리적인 판단은 기대값을 따르는 것입니다. A 를 선택하면 $\frac{6}{10}$ 의 확률로 10만 원을 받을 수 있기 때문에 기대값 이 6만 원이고 B를 선택하면 기대값이 5만 원에 약간 못 미칩니다. 기대값을 계산하면 당연히 A를 선택해야 하지만 많은 사람들이 B 를 선택합니다. B는 거의 확실하게 5만 원을 받을 수 있지만 A는 $\frac{4}{10}$ 의 확률로 한 푼도 받지 못하니까요.

B를 선택한 사람들에게 계산한 기대값을 말해줘도 그들의 선택 은 바뀌지 않습니다. 이것이 바로 계산과 현실의 차이입니다. 계산 결과에 따라 A를 선택하는 것이 꼭 현명한 것은 아닙니다. 문제를 이렇게 바꿔봅시다.

**생각 실험**

## 또 다른 선택

A 주머니에는 흰 공 60개와 검은 공 40개, B 주머니에

는 흰 공 99개와 검은 공 1개가 있습니다. A에서 흰 공을 꺼내면 1,000만 원을 받고, B에서 흰 공을 꺼내면 500만 원을 받습니다. 검은 공을 꺼내면 돈을 받지 못합니다. A, B 중 하나만 선택할 수 있다면 어떤 주머니를 선택하겠습니까?

이렇게 액수가 커진다면 기대값 계산으로는 A를 선택하는 것이 더 이익입니다. 하지만 상황이 이렇게 바뀌면 B를 선택하는 사람들이 더 늘어납니다. 안정적으로 500만 원을 받기를 원하는 사람들이 더 많을 테니까요. 현실과 계산의 차이입니다.

사람들이 현실에서 취하는 행동은 합리적이고 논리적인 생각과 분명 차이가 있습니다. 그래서 나 혼자 합리적이고 논리적으로 생각한다고 좋은 결과를 얻는 것은 아닙니다. 맥도날드는 광범위한 시장 조사를 통해 '다이어트 버거'의 수요가 충분하다고 판단했습니다. 그러나 실제로 제품을 출시하자 철저하게 외면당했다고 합니다.

사람들에게 다이어트를 할 거냐고 물으면 "다이어트 해야지"라고 응답하지만, 정작 제품을 선택할 때 맛을 포기하고 다이어트를 선택하는 소비자들은 많지 않았던 것입니다. "거리에 있는 쓰레기를 주워야 한다"라고 응답한 사람 중 90%는 실제로 쓰레기를 줍지 않았다는 연구 결과와 비슷합니다. 합리적이고 논리적으로 생각하여 다이어트 버거를 만든 맥도날드는 손해를 보았지요.

때로는 아무리 합리적이고 논리적인 계산 결과가 나와도 결코 그대로 따라 할 수 없는 경우가 있습니다. 다음 상황을 생각해봅시다.

| 생각<br>실험 | **베르누이의 게임** |
|---|---|
| | 이런 도박이 있습니다. 동전을 던져서 뒷면이 나오면 다시 동전을 던지고, 앞면이 나오면 게임은 끝나며 그때까지 동전을 던진 횟수의 200배를 돈으로 받습니다. 가령 동전을 던져서 처음부터 앞면이 나오면 200원을 받고 게임은 끝납니다. 만약 처음에는 뒷면이 나오고 그 다음에 앞면이 나오면 400원을 받습니다. 뒷면이 2번 연속으로 나오고 그 다음에 앞면이 나오면 800원을 받습니다. 동전을 처음 던졌을 때부터 연속으로 뒷면이 많이 나오면 나올수록 더 많은 돈을 받지요. 이 게임에 참가비가 있다면 얼마가 적당할까요? |

$n$번째에서 처음으로 앞면이 나왔다면 $2^n \times 100$원을 받습니다. 만약 동전을 던져서 9번 연속으로 뒷면이 나오고 10번째에 처음으

로 앞면이 나오면 $2^{10} \times 100 = 1024 \times 100$원, 대략 10만 원 정도를 받는 겁니다. 20번 던져서 처음 앞면이 나오면 대략 1억 원을 받습니다. 실제로 기대값을 계산해봅시다.

동전을 던져서 처음부터 앞면이 나올 확률은 $\frac{1}{2}$이고 참가자는 200원을 받습니다. 처음에는 뒷면이 나오고 2번째에 앞면이 나올 확률은 $\frac{1}{4}$이니 참가자는 400원을 받고, 3번째에 처음으로 앞면이 나오는 확률은 $\frac{1}{8}$이고 참가자는 800원을 받습니다. 이것을 식으로 쓰면 다음과 같습니다.

$$기대값 = 200 \times \frac{1}{2} + 400 \times \frac{1}{4} + 800 \times \frac{1}{8} + \cdots$$
$$= 100 + 100 + 100 + 100 + \cdots$$

이 게임의 기대값은 무한대입니다. 산술적인 계산으로만 본다면 기대값이 무한대이기 때문에 참가비로 얼마를 내든 참가자는 이익입니다. 정말 그럴까요? 18세기 수학자 니콜라스 베르누이Nicolaus Bernoulli가 처음 소개한 이 게임에는 어떤 속임수도 없습니다. 단지 이론과 현실의 차이가 있을 뿐이죠.

## 💡 패러독스 세상

이 세상에는 우리가 이해하지 못하거나 우리 생각을 뛰어넘는 수많은 패러독스들이 있습니다. 지금 이 순간에도 지구는 초속

29.8km의 속도로 태양의 주위를 돌고 있는데, 이를 시속으로 계산하면 107,280km/h입니다. 지구는 하루에도 258만 km를 날고 있지요. 게다가 적도를 중심으로 1,667km/h의 속도로 자전합니다. 지구가 둥글기 때문에 적도에서는 자전 속도가 빠르고 극지방에서는 느립니다. 북위 37도 부근에 살고 있는 우리나라를 기준으로 보면, 1,260km/h의 속도로 지구는 자전합니다. 이렇게 폭발적인 속도로 움직이고 있지만, 우리는 아무 느낌 없이 지내고 있죠. 이 또한 패러독스 아닐까요?

생활 속에도 많은 패러독스들이 존재합니다. 물과 다이아몬드를 비교해보면 인간의 삶이 얼마나 이상한지 알 수 있습니다. 물은 우리에게 없어서는 안 되는 필수 요소입니다. 물 없이 사람은 며칠도 버티지 못합니다. 물을 대체할 수 있는 것도 없죠. 반대로 다이아몬드는 꼭 필요하지 않습니다. 특수 가공을 하는 공장에서는 쓸모 있을지 몰라도 일반적으로는 쓰임새가 없죠. 그런 공장에서조차도 다이아몬드가 아닌 다른 대체물이 있기 때문에 꼭 필요하다고도 할 수 없습니다. 그런데 꼭 필요한 물보다 필요 없는 다이아몬드가 비교도 안 될 정도로 더 비쌉니다. 이런 것이 현실 인생의 패러독스입니다.

다음 착시도 우리에게 충분한 혼돈을 줍니다. 흰색과 검은색을 교차로 배치한 이 그림의 선들은 들쭉날쭉해 보이지만 사실 모두 직선입니다.

실제로 호주 멜버른에는 이 착시를 연상시키는 오른쪽과 같은 건물이 있다고 합니다. 이 건물을 보고 있으면 '패러독스는 현실이고, 현실이 패러독스'라는 생각이 듭니다.

2013년 두 학자가 노벨 경제학상을 공동 수상했습니다. 그런데 많은 사람들이 이를 이상하게 생각했다고 하더군요. 둘은 평소 완전히 상반되는 주장을 펼쳤기 때문입니다. 시카고대학교 유진 파마 교수는 "주가 변화는 예측할 수 없다"고 주장한 반면, 예일대학교 로버트 쉴러 교수는 "장기간에 걸친 주가 변화는 예측할 수 있다"고 주장했습니다. 노벨상 시상식장에서는 상을 받으며 자신의 이론에 대해 잠깐 강의하는 시간이 있는데, 둘은 이때조차도 상반되는 주장을 했다고 합니다.

이에 대해 노벨위원회는 "서로 모순적인 연구 성과가 놀랍게도 현실을 이해하는 데 모두 도움을 주었다"며 선정 이유를 밝혔습니다. 우리가 사는 이 현실은 너무나 복잡하고 불확실해서, 하나의 해석이 옳다고 반대 해석이 틀린 것은 아닙니다. 오히려 다양한 시각과 해석이 있어야 현실을 더 정확하게 이해할 수 있죠. 이런 태도가 패러독스로 가득 찬 현실을 현명하게 살아가는 방법 같습니다.

확실하면서도 불확실하고, 논리적이면서도 비논리적으로 엉켜 있는 것이 현실입니다. 모든 것이 합리적이고 세상이 이해할 수 있는 것으로만 채워져 있다면 그것도 재미없지 않을까요. 세상은 애매모호한데, 심리학자 로버트 스턴버그는 "애매모호함을 참고 견디는 것이 현명함"이라고 지적합니다. 모호함을 외면하기보다는 그 속에서 새로운 지혜를 찾는 것이 현명한 사람의 자세입니다.

## 💡 '그럼에도 불구하고' 도전하기

이제껏 살펴보았듯이 세상은 패러독스로 가득합니다. 명확하지도 않고 모호하며 알 수 없는 것들로 가득하지요. 이런 불확실한 세상에서 창의성을 발휘하며 성공 스토리를 만드는 방법은, 패러독스를 인정하고 '그럼에도 불구하고' 뭔가에 도전해나가는 것입니다.

창의성이나 성공학에서 가장 중요한 단어 중 하나가 '그럼에도 불구하고'입니다. 모든 사람이 기대하고 당연하게 되리라 여기는 일은 성공해봐야 큰 가치가 없는 경우가 많습니다. 하지만 누구도 기대하지 못하던 일, 모두 안 될 거라고 말하던 일을 '그럼에도 불구하고' 성공시킨다면 엄청난 가치가 발생합니다. 사람들이 이야기하는 '대박'인 거죠.

그래서 창의성을 발휘하고 성공 스토리를 만들고 싶다면 '그럼에도 불구하고' 정신이 필요합니다. 안 되는 것 같아 보이는 일에도 어딘가에는 분명 방법이 있다고 생각하는 마인드가 필요합니다. 이론적으로 불가능한 일이라도 뭔가 해결책이 있다고 생각하며 도전하면서 새로운 방법을 만들어내야 합니다.

　동전 던지기를 생각해봅시다. 만약 찌그러져서 한쪽이 더 유리하게 나온다면 그런 동전으로는 공평한 게임을 할 수 없죠. 가령, 동전의 앞면이 60% 나오고 뒷면이 40% 나온다면, 공평한 동전 던지기를 할 수 없습니다. 하지만 수학자 폰 노이만은 이렇게 찌그러진 동전으로 공평한 동전 던지기를 했습니다. 방법은 이렇습니다.

　일단 동전을 2번 던집니다. 동전을 2번 던졌을 때 가능한 결과는 4가지인데요, H를 앞면 T를 뒷면이라고 하면, HH HT TH TT입니다. 동전이 찌그러져 있다면 어느 한쪽이 더 많이 나오겠죠. 따라서 HH TT의 확률은 같지 않습니다. 그러나 HT와 TH의 확률은 동전이 찌그러져 있어도 항상 같습니다. 앞면 H의 확률이 60%이고 뒷면 T의 확률이 40%라고 가정하면, HT의 확률은 $0.6 \times 0.4 = 0.24$이고 TH의 확률도 $0.4 \times 0.6 = 0.24$로 동일합니다. 따라서 동전을 2번 던지기로 하고, 한 명은 HT를 선택하고 다른 사람은 TH를 선택하면 공정한 동전 던지기가 됩니다. 불가능해 보였던 찌그러진 동전으로도 공평한 동전 던지기가 가능한 겁니다.

H 확률: 0.6, T 확률: 0.4

HH 확률: 0.6 × 0.6 = 0.36

HT 확률: 0.6 × 0.4 = 0.24

TH 확률: 0.4 × 0.6 = 0.24

TT 확률: 0.4 × 0.4 = 0.16


어느 호텔의 CEO가 외국에 갈 때마다 매번 같은 호텔에 묵었습니다. 그 호텔의 프런트 직원이 얼굴만 보고도 "또 방문해주셔서 감사합니다"라고 인사해 큰 감명을 받은 것입니다. 자신의 호텔에서도 2번 이상 방문한 고객에게 그렇게 인사하면 좋겠다고 생각했습니다. 그는 자신의 호텔에 가자마자 상대방의 얼굴을 인식해서 한 번이라도 왔던 적 있는 사람을 알아보는 컴퓨터 시스템을 갖추려 했지만, 비용이 너무 많이 들어서 포기했습니다.

시간이 지나 다시 그 나라에 여행을 갔을 때, 자신에게 "또 방문해주셔서 감사합니다"라고 말하는 직원에게 물었습니다. "어떻게 나를 기억합니까?" 그 직원은 자신의 노하우를 솔직히 말해주었습니다. 손님이 공항에서 호텔로 택시를 타고 오는 동안 기사가 이 호텔에 온 적이 있는지 묻는 겁니다. 그렇다고 하면 왼편에, 처음이라고 하면 오른편에 짐을 내려놓는다는 것이죠. 그 대가로 택시기사에게 1달러씩 팁을 주고 있었습니다.

비용이 너무 많이 들어서 포기한 일, 기술 난도가 높아서 중단한 일, 현실적인 제약으로 그만둔 일, 이런 모든 일이 '그럼에도 불구하고' 어떤 방법으로든 해결되고는 합니다. 그냥 손 놓고 말기보다는 된다는 보장이 없어도 '그럼에도 불구하고' 정신을 발휘하는 자세가 필요한 이유입니다.

야구 경기를 보면, 1년에 한두 번 정도 '홈스틸'이 나옵니다. 3루 주자가 투수가 던지는 공보다 빨리 홈으로 뛰어드는 홈스틸은 명백한 패러독스입니다. 투수들은 평균 시속 140~150km의 공을 던집니다. 더구나 3루 베이스는 투수 플레이트보다 뒤에 있고요. 사람이 더 먼 곳에서 공보다 빨리 달리기는 불가능합니다. 하지만 그런 불가능한 일이 1년에 한두 번씩 나옵니다. 그래서 패러독스라고 한 겁니다.

그런데 생각해보면 홈스틸뿐 아니라 야구의 모든 도루가 패러독스입니다. 도루는 이론적으로 불가능합니다. 사람이 공보다 더 빨리 달릴 수는 없으니까요. 투수뿐 아니라 포수도 매우 빠른 공을 던집니다. 이론적으로 생각하면 투수의 공을 포수가 받아 2, 3루에 던지는 것보다 주자가 1루에서 2루, 2루에서 3루로 더 빨리 뛰는 것이 불가능합니다. 하지만 '그럼에도 불구하고' 매 경기 1~2번의 도루가 나옵니다.

포기한 일, 어려운 장벽에 부딪힌 일, 하고 싶은데 차마 엄두가 안 나는 일, 모두 '그럼에도 불구하고'의 마인드로 도전해보세요. 우리의 인생 자체가 바로 패러독스입니다.